Canon EOS 5Ds/5Dsʀ 数码单反摄影从入门到精通（超值版）

FUN视觉 雷波 编著

化学工业出版社

前言

本书是一本全面讲解 Canon EOS 5Ds/5DsR 使用方法与拍摄技巧的摄影书籍，具有以下三大特色。

1. 内容讲解全面、实用

本书除讲解了 Canon EOS 5Ds/5DsR 相机各按钮以及菜单的操作和使用方法，及光圈、快门速度、感光度、高级曝光模式、景深、对焦模式、测光模式、白平衡、照片风格、柱状图、曝光补偿、多重曝光、HDR 等对拍摄而言至关重要的摄影知识外，还讲解了笔者的一些使用相机和实拍经验，例如，在第 4 章讲解了 3 种没有携带三脚架时的解救措施；在第 10 章讲解了利用高光警告功能及时发现照片过曝情况。

2. 阅读方式灵活，内容扩展性强

为了顺应网络时代读者习惯的碎片化阅读方式，也为了最大程度上提高本书的性价比，笔者在编写过程中增加了侧栏内容，其中包括摄影问答、学习技巧、知识链接、佳片欣赏、名师指路、拍摄技巧、拍摄提示等类型的知识点，数量多达 200 余个，这些知识点内容短小、精练，而且与图书主体内容密切相关，是对主体内容的补充和完善。例如，以“摄影问答”知识点为例，在第 1 章讲解相机主体结构的侧栏中安排了“什么是中画幅数码后背”“从取景器中观看时，能够看到半个被拍摄场景的倒影，这正常吗”等知识点；在讲解存储卡的主体内容旁安排了“如何避免买到扩容卡”等知识点；在讲解人像摄影的章节，安排了“学习人像摄影应该从小景别开始，还是从大景别开始”“为什么拍摄业余模特时，有许多好照片反而是意外拍摄出来的”等知识点。这种编排方式丰富了图书内容，提高了阅读的灵活性，并大大拓展了读者的视野。

3. 附赠视频光盘，内容丰富实用

为方便读者学习，本书附赠了一张 DVD 光盘，内容丰富、实用，主要包括：

- 110 分钟 Camera Raw 软件应用视频教程
- 110 分钟 Digital Photo Professional 软件应用视频教程
- 200 分钟数码照片后期处理视频教程
- 380 分钟单反摄影实战技巧视频教程
- 120 分钟花卉、风光、建筑等常见摄影题材拍摄技巧视频教程
- 50 分钟构图法则剖析教学视频
- 360 分钟 Photoshop CC 软件应用视频教程
- 46 页《佳能流行镜头全解》电子书
- 353 页《数码单反摄影常见问答 150 例》电子书
- 100 页《时尚人像摄影摆姿宝典》电子书

相信这些视频与电子书一定能够帮助读者更便捷地掌握数码单反摄影的精髓，拍出优秀的摄影作品。

为了方便及时与笔者交流与沟通，欢迎读者朋友加入光线摄影交流 QQ 群（群 1：140071244，群 2：231873739，群 3：285409501）。此外，还可以关注我们的微博 @FUN 视觉 _ 雷波或微信公众号 FUNPHOTO，每日接收最新、最实用的摄影技巧。也可以拨打我们的 400 电话 4008367388 与我们沟通交流。为了方便各位读者接收更多、更新摄影资讯，我们还开发了专业的摄影学习 APP“好机友摄影”，各大应用下载商店均可下载，或直接在封底扫描二维码下载。

本书是集体劳动的结晶，参与本书编著的还包括雷剑、吴腾飞、左福、范玉婵、刘志伟、李美、邓冰峰、詹曼雪、黄正、孙美娜、邢海杰、刘小松、陈红艳、徐克沛、吴晴、李洪泽、漠然、李亚洲、佟晓旭、江海艳、董文杰、张来勤、刘星龙、边艳蕊、马俊南、姜玉双、李敏、邰琳琳、卢金凤、李静、肖辉、寿鹏程、管亮、马牧阳、杨冲、张奇、陈志新、孙雅丽、孟祥印、李倪、潘陈锡、姚天亮、车宇霞、陈秋娣、楮倩楠、王晓明、陈常兰、吴庆军、陈炎、苑丽丽、杜林、刘肖、王芬、彭冬梅、赵程程等。

编 者

2015 年 7 月

光盘说明

Camera RAW 软件应用视频教程

Camera RAW（简称 ACR）是处理 RAW 格式照片必须掌握的软件，各位读者可以在全真软件模拟环境中，通过单击希望学习的工具或功能面板来进行学习。例如，当单击“裁剪”工具时，软件就会自动调用讲解“裁剪”工具的视频对其进行详细讲解。通过学习，各位读者将能够掌握 ACR 软件所有工具及功能面板的使用方法，从而轻松、便捷地进行修改 RAW 格式照片的色彩、白平衡、饱和度，对照片进行锐化，去除照片的噪点等操作。

Digital Photo Professional 软件应用视频教程

Digital Photo Professional（简称 DPP）是佳能出品的照片处理软件，功能丰富而又强大。各位读者可以在全真软件模拟环境中，通过单击希望学习的工具或菜单命令来进行学习。例如，当单击“批量处理”按钮时，软件就会自动调用讲解“批量处理”的讲解视频对其功能进行详细讲解。通过学习，各位读者将能够掌握 DPP 软件绝大部分工具、面板、菜单的使用方法，从而轻松地完成批量处理照片、旋转照片、合成 HDR 照片、去除照片噪点、改变照片白平衡模式等操作。

200 分钟数码照片后期处理视频教程

此视频集由 49 个数码照片修饰处理案例视频构成，其中既包括调色、锐化、二次制作等这样通用性很强的案例，也包括人像面部修饰、身形修饰等针对人像照片进行修饰处理的案例。所有案例都附有素材与最终源文件，各位读者可以一边观看视频，一边使用这些素材文件进行练习，从而提高学习效率。通过学习，各位读者将能够快速提高数码照片的后期处理技能，使自己的照片更出彩。

380 分钟单反摄影实战技巧视频教程

这部分视频由中关村在线数码影像事业部提供。内容为其数年来拍摄的专业摄影人员摄影技巧讲座，其中既有各类常见摄影题材的实战拍摄技巧，如风光、美女、宠物、儿童、老人、微距、夜景、星空、极限运动等，也有闪光灯、镜头、滤镜等摄影附件的使用技巧，此外，还提供了使用单反相机拍摄视频的方法和相关操作技巧。

10 种花卉拍摄技巧教学视频

花卉几乎是为数不多的几个能够常年拍摄的摄影题材之一，如果室外鸟语花香，可在大自然中拍摄，如果室外风雪交加，则可在温室或家里拍摄。本视频分 10 讲，针对 10 种常用的花卉拍摄技巧进行了深入讲解。其中包括以 3 种不同焦段镜头拍摄花卉、以 3 种不同视角拍摄花卉、以 3 种不同光线拍摄花卉、利用昆虫点缀花卉、拍摄有水滴的花卉、十种花卉的构图技法、使用反光板为花卉补光、利用大光圈虚化背景等。

8 种风光摄影技巧教学视频

风光是每一位摄影爱好者拍摄最多的题材。本视频分 8 讲，针对 8 种常用的风光拍摄技巧进行了深入讲解。其中包括利用黄金时间进行拍摄、选好拍摄位置与角度、按主题进行构图拍摄、利用前景吸引视线、使用画面更有比例感、利用引导线创建视觉流程、在拍摄时以剪影取胜等。

10 种建筑拍摄技巧教学视频

建筑是每一个身在城市中的摄影爱好者最常拍摄的题材之一，本视频分 10 讲，针对 10 种常用的建筑拍摄技巧进行了深入讲解。其中包括标新立异的角度、不同焦距的运用、不同视角的运用、城市夜景摄影技巧、如何拍出建筑的形式美感、如何拍摄出极简风格的建筑、如何在弱光下拍摄建筑、如何突出建筑的体量感等。

15 种构图法则剖析教学视频

本视频共分 15 讲，每一讲针对一种构图法则进行深入讲解。这 15 种构图法则包括 L 形构图、垂直线构图、对称构图、对角线构图、辐射构图、黄金分割构图、框式构图、曲线构图、三角形构图、散点式构图、水平线构图等。

360 分钟 Photoshop CC 软件应用视频教程

Photoshop 是每一位摄影师都应该掌握的后期处理软件，在此笔者通过近百个视频较全面地讲解了此软件的各种功能及使用技巧。通过学习这些视频，各位读者能够掌握 Photoshop 的绝大部分功能，从而有能力对照片进行深层次调整、修饰，如合成照片、修除照片的污点、局部调整照片的色彩、改变照片大小与画幅、锐化照片、为照片增加暗角等操作。

电子书《佳能流行镜头全解》

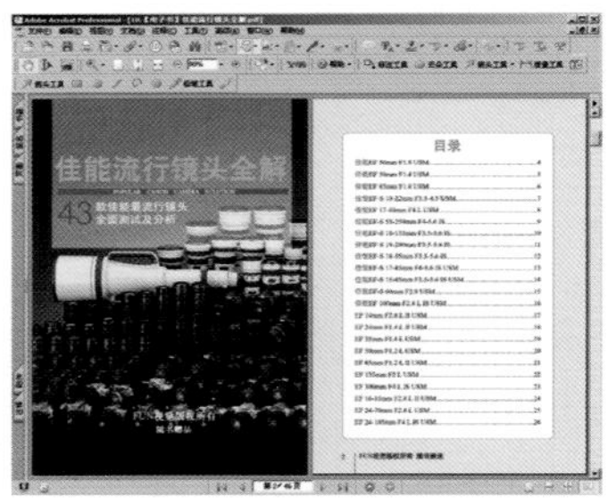

这本电子书主要讲解了 43 款佳能原厂及能够安装在佳能相机上的副厂镜头，如适马、腾龙、图丽。

阅读这本电子书后，相信各位读者能够对各款镜头的性能有广泛了解，在为自己的相机选配镜头时的判断也会更加准确。

电子书《数码单反摄影常见问题 150 例》

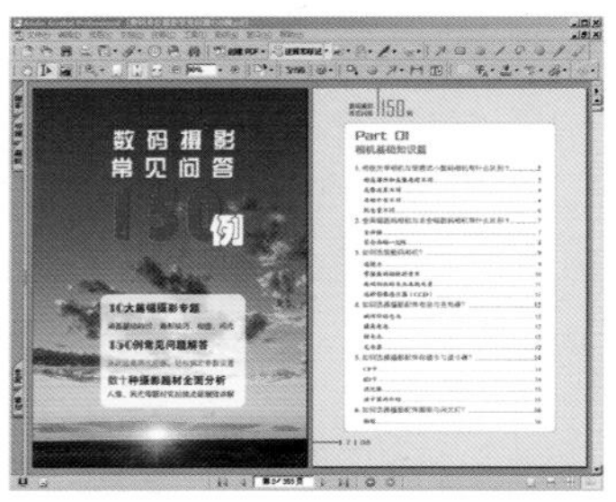

本书主要从摄影基础知识、摄影基本技能、拍摄常见问题、摄影构图、摄影用光、人像摄影、风光摄影、常用摄影技巧等几个方面搜索、整理了 150 个网友常问的问题，并针对这些问题给出了全面、详细的解答。

这本电子书的总页码达到了 353 页，因此内容不可谓不丰富。通过阅读这本电子书，相信各位读者一定能够解决许多摄影方面的疑惑，提升摄影技能，拍出更多佳片。

电子书《时尚人像摄影摆姿宝典》

美姿是一种人像摄影的专题性技巧，通过合理地在摄影中运用美姿技巧，即便是初级摄影师 + 业余模特的搭配，都能够轻松地拍摄出漂亮的人像摄影作品。由于美姿并不是一种随心所欲的姿势，有一定的规范与“招式”，因此，如果还不能够理解美姿的要点、熟记许多美姿的“招式”，摄影师随身携带一本美姿专业图书，则是救场妙招。这本电子书展示了站姿、坐姿、蹲姿、跪姿、躺姿、趴姿等各种美姿数十种，极具实用价值。

目录

Chapter 01
玩转 EOS 5Ds/5DSR 从这里开始

Chapter 02
细节决定成败——开始拍摄就要注意的问题

Chapter 03

好马配好鞍，5Ds 配红圈——能够与EOS 5Ds/5DsR 匹配的那些镜头

Chapter 04

铁手不如烂架子——长时间曝光必用三脚架

Chapter 05

绝不仅仅是锦上添花——滤镜

Chapter 06

成就光影传奇的核心——曝光三要素

Chapter 07 五种必知必会的高级曝光模式

Chapter 08 理解景深是为了拍出情深

Chapter 09 与其准确曝光不如正确测光

Chapter 10 柱状图——判断照片曝光是否正确的重要标准

Chapter 11 这么理解曝光补偿才对

Chapter 12

活的色彩——利用白平衡随意变换照片的色调

Chapter 13

对焦跟瞄准一样重要

Chapter 14

多拍优选——提高拍摄成功率的秘笈

Chapter 15

成就高手的必由之路一 ——高级曝光技巧

Chapter 16

成就高手的必由之路二 ——高级对焦技巧

Chapter 17

所见即所得——活用实时显示拍摄方式

Chapter 18

那些年我们一起追过的“麻豆”——人像摄影理念与技巧

Chapter 19

小鬼当家——拍好小宝贝就这几招

Chapter 20

拍出梦中的理想国度——风光摄影理念与技巧

Chapter 21
生态自然摄影理念与技巧

Chapter 22

钢铁森林入画来——建筑、城市夜景摄影理念与技巧

侧栏目录

摄影问答

知识链接

学习技巧

名师指路

佳片欣赏

操作步骤

拍摄技巧

拍摄提示

玩转EOS 5Ds/5DsR 从这里开始

Chapter 01

从超高像素认识5Ds/5DsR

对佳能5Ds/5DsR数码单反相机来说，最让业界震惊的就是，它拥有史无前例的5060万的超高像素量，下面从几个主要方面介绍一下超高像素带给摄影师的好处。

超高像素满足更大幅面的输出精度

对大多数摄影爱好者甚至专业摄影师而言，往往还停留在1200~2000万像素的数量级别上，突然猛增至5060万像素，给人的印象只是高，那么到底有多高呢？举例而言，以一张A1（841mm×594mm）尺寸的纸张来说，5060万像素可以满足275dpi左右的高精度印刷，如果只是高清喷绘或其他分辨率要求更低的印刷品，以100dpi为例，可以输出约2米×1.5米的印刷品，即使是贴近仔细观看，仍然能够保持纯净、细腻的画质。

卓越的画质控制力

除了超高的像素量之外，画质也是数码单反相机极为重要的衡量标准。佳能5Ds/ 5DsR双DIGIC 6数字影像处理器，可以从容处理海量数据，在保证画质的同时，清晰呈现画面的细节。

此外，相对于主流2000万像素以下的相机来说，5060万像素所呈现的细节更多了，对稳定性也有了更高的要求。从前在2000万像素下不需要在意的微小抖动，对于5060万像素来说就是一个很严峻的问题了。因此，佳能5Ds/5DsR相机还提供了反光镜振动控制系统、手动设置快门时滞、全新照片风格“精致细节”以及强化三脚架连接处坚固性等一系列措施，以尽可能保证不会由于抖动问题导致的画质损失。

挑战中画幅及数码后背的实力

从像素量上来说，佳能5Ds/5DsR的5060万有效像素，已经堪比一些入门甚至中端的中画幅数码单反或数码后背了，而相比后两者动辄十几万甚至几十万元的价格来说，佳能5Ds/5DsR的2.2~2.4万元售价，简直就是“廉价”，再加上全画幅数码单反相机相对更轻便的特性等，可以说是非常具有竞争力的。

画幅裁剪使长焦更有优势

佳能5Ds/5DsR除了可以以全画幅尺寸进行输出外，还贴心的提供了裁剪拍摄功能，实现以APS-H和APS-C画幅的视角进行拍摄，即使将所拍图像裁切至APS-C画幅大小，也可保留约1960万像素，能够满足以350dpi打印A3大小的照片，同时还能够获得1.6倍的放大视角（即焦距转换系数）。

以佳能EF 70-200mm f/2.8LIS Ⅱ USM镜头为例，以APS-C画幅裁剪后，相当于一台1960万像素机身加112-320mm超长焦镜头的组合，且镜头仍然拥有F2.8的大光圈。

摄影问答 什么是中画幅数码后背

中画幅与数码后背是2个概念。

中画幅是指介于全画幅（36mm×24mm）与大画幅（4×5英寸，约101.6mm×127mm）之间的一种画幅，其规格较为多样，常见的有60mm×45mm、60mm×60mm、60mm×70mm以及60mm×90mm等。

中画幅相机目前是以胶片相机为主，所以就开发出了相应的数码后背，它可安装在中画幅相机上，取代原有的胶片后背，目前主流的中画幅数码后背多在1500~8000万像素。

值得一提的是，数码后背并非中画幅相机专属，全画幅与大画幅相机也均有相应的数码后背生产。

有效像素1500万的飞思IQ160中画幅数码后背，售价约27万元

有效像素5140万的宾得中画幅数码单反相机645Z套机（FA75mm），售价约5.6万

红线：约1.3倍的裁切范围
蓝线：约1.6倍的裁切范围

从低通滤镜认识5Ds/5DsR的区别

佳能5Ds/5DsR最大的区别就在于二者的低通滤镜，前者采用的是传统的低通滤镜，而后者则对其进行了功能的变动，使得画质能够有较大的提高，但缺点就是可能会产生摩尔纹、伪色的问题。下面就从低通滤镜及其影响开始，了解一下佳能5Ds/5DsR的区别。

摩尔纹与低通滤镜

对数码单反相机来说，当感光元件上的像素的空间频率，与拍摄对象中的条纹的空间频率接近时，就会产生摩尔纹，具体的表现就是会在照片上产生彩色的、形状不规律的高频率条纹。

低通滤镜（OLPF）的存在，就是为了消除摩尔纹。低通滤镜的工作原理非常复杂，简单来说，我们可以将其理解为安装于感光元件前方的一块特殊滤镜，其作用是消除影像中的高频部分，使得感光元件与拍摄对象之间的空间频率有较大的差异，这样就能够减弱甚至消除摩尔纹。但在这个过程中，低通滤镜同时也会降低一定的成像质量，产生轻微的模糊。也就是说，如果拍摄不会产生摩尔纹的对象时，这种损失画质的行为就是完全没有必要的。

佳能5Ds/5DsR的低通滤镜对比

首先要注意的是，佳能5DsR的“无低通滤镜”并非是拿掉了传感器前的低通滤镜，而是通过一片特殊滤镜实现了低通滤镜的无效化，从而达到近似去低通的成像效果。

对于目前主流的1600万左右像素的相机来说，是否设计为“无低通滤镜”的影响并不太大，但对于佳能5DsR来说，5060万超高像素本身就拥有非常强大的细节的表现力，配合“无低通滤镜”设计，可以有效地进一步优化画质，这对于追求每一个成像细节的5Ds而言真是再合适不过了，因此“无低通滤镜”设计就能彰显出它的实用价值了。

佳能5DsR经低通滤镜1将被摄体的像沿垂直方向分离。通过红外光吸收玻璃后，再利用低通滤镜2将分离的像结合起来，最后照射到CMOS图像感应器上。通过低通滤镜2消除低通滤镜效果的构造，可充分发挥高解像感。以下是佳能5Ds和5DsR的低通滤镜构造对比。

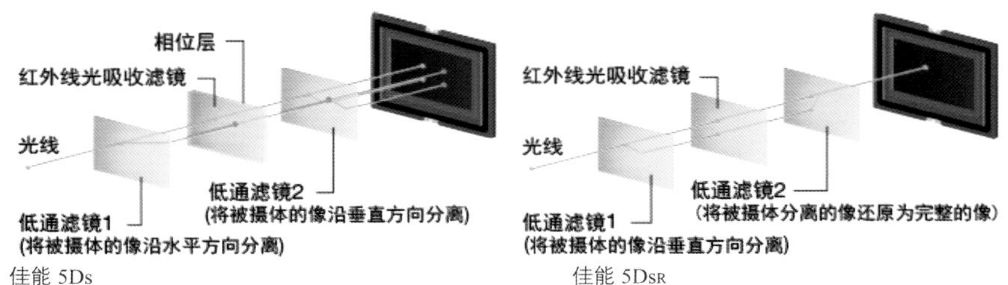

佳能 5Ds　　佳能 5DsR

当然，由于是依靠特殊滤镜来实现低通无效化，增加的特殊滤镜势必会增加相机的制造成本，因此佳能5DsR的售价高于佳能5Ds也就在情理之中了。

使用无低通滤镜数码单反相机拍摄的照片，画面上有明显的摩尔纹

通过后期处理进行摩尔纹修复后的效果

摄影问答 为Canon EOS 5Ds/5DsR电池充电时，指示灯闪烁的频率不一样，什么意思

根据充电器指示灯闪烁的频率可以判断充电的进度：

- 指示灯为橙色，并每秒闪烁一次时，表示电池电量为 0 ~ 49%；每秒闪烁两次时，表示电池电量达到 50 % ~ 74%；每秒闪烁三次时，表示电池电量为 75% 以上。
- 当指示灯为绿色时并持续亮起时，表示电池被完全充满。

从相机结构开始掌握EOS 5Ds/5DsR

每一台数码单反相机的结构都是厂商经过广泛调研后设计出来的，相机的结构部件及分布在相机不同位置的按钮，都有其特定的作用，了解这些部件与按钮的作用，对于熟练操作相机有很重要的意义。

相机正面

相机背面

评分按钮
在回放照片时，按下此按钮可以快速为照片进行评分
信息按钮
每次按下此按钮，可以分别显示相机设置、电子水准仪、速控屏幕及自定义速控屏幕；在回放模式、实时显示拍摄模式及短片拍摄模式下，每次按下此按钮，会依次切换信息显示
开始 / 停止按钮
用于开始或停止实时显示 / 短片拍摄状态
菜单按钮
用于启动相机的菜单功能。在菜单中可以对画质、日期 / 时间等参数进行设置
实时显示拍摄 / 短片拍摄开关
将此开关设置为相机图标，可以启动实时显示拍摄功能，切换至摄像机图标，可以启动短片拍摄模式
MENU
INFO.
AF-ON
START/STOP
RATE
SET
Canon
LOCK
速控按钮
按下此按钮将显示速控屏幕，从而进行相关设置
图像回放
按下此按钮可以回放刚刚拍摄的照片，还可以使用放大 / 缩小按钮对照片进行放大或缩小。当再次按此按钮时，可返回拍摄状态
扬声器
用于播放短片的录制声音
环境光照感应器
可以感应环境光照亮度，自动将液晶监视器调节为最佳观看亮度
数据处理指示灯
拍摄照片、正在将数据传输到存储卡以及正在记录、读取或删除存储卡上的数据时，该指示灯将会亮起或闪烁
设置按钮
用于菜单功能选择的确认，类似于其他相机上的OK 按钮
多功能锁开关
当推至右侧时，可以锁定主拨盘、速控转盘或多功能控制钮，以防止移动改变参数设置；当推至左侧时即可解锁

眼罩
推眼罩的底部即可将其拆下

取景器目镜
在拍摄时，可通过观察取景器目镜里面的景物进行取景构图

自动曝光锁定按钮
在拍摄模式下，按下此按钮可以锁定曝光，可以以相同曝光值拍摄多张照片

创意图像/对比回放（两张图像显示）
在拍摄状态下，按下此按钮可以启用并设置多重曝光、HDR等创意拍摄功能；在回放照片时，按下此按钮可以在两张照片之间进行对比查看

自动对焦启动按钮
在创意自动曝光模式下，按下此按钮与半按快门的效果一样；在实时显示拍摄和拍摄短片时，可以使用此按钮进行对焦

自动对焦点选择按钮
在拍摄模式下，按住此按钮不放，可以通过转动主拨盘来选择自动对焦点

多功能控制钮
使用该控制钮可以选择自动对焦点、校正白平衡、在实时显示拍摄期间移动自动对焦框；对于菜单和速控屏幕而言，只能在上下方向和左右方向工作

索引/放大/缩小按钮
在回放照片时，使用此按钮可以在一定比例范围内对照片进行缩放，配合主拨盘使用时，还可以精确调整缩放比例

速控转盘
按下一个功能按钮后，转动速控转盘，可以完成相应的设置

删除按钮
在回放照片模式下，按下此按钮可以删除当前照片。照片一旦被删除，将无法恢复

液晶监视器
使用液晶监视器可以设定菜单功能、使用实时显示拍摄、拍摄短片以及回放照片和短片

触摸盘
在拍摄短片的过程中，为了避免按下机身按键时可能产生噪音，Canon EOS 5Ds和5DsR在速控转盘上安排了上、下、左、右4个触摸键，用于安静地调节快门速度、光圈、ISO感光度、曝光补偿及录音电平等参数

相机顶面

背带环
用于安装相机背带

热靴
用于外接闪光灯，热靴上的触点正好与外接闪光灯上的触点相合。也可以外接无线同步器，在有影室灯的情况下起引闪的作用

驱动模式选择按钮 / 自动对焦操作 / 自动对焦模式按钮
按下此按钮，转动速控转盘可调节驱动模式; 转动主拨盘可调节自动对焦模式; 在实时显示拍摄模式下，按下此按钮可以选择自动对焦方式

模式转盘锁释放按钮
只需按住转盘中央的模式转盘锁释放按钮，转动模式转盘即可选择拍摄模式

白平衡选择按钮 / 测光模式选择
按下此按钮，转动速控转盘可调节白平衡；转动主拨盘可调节测光模式

自动对焦区域选择模式 / 多功能按钮
按下自动对焦点选择按钮后，再按下此按钮可以选择不同的自动对焦区域选择模式；当安装了闪光灯时，按下此按钮还可以锁定闪光曝光

液晶显示屏
显示拍摄时的各种参数

主拨盘
使用主拨盘可以设置快门速度、光圈、自动对焦模式、ISO 感光度等

电源开关
控制相机的开启与关闭

屈光度调节按钮
用于调节取景器的清晰度

液晶显示屏照明按钮
按下此按钮可开启 / 关闭液晶显示屏照明功能

模式转盘
用于选择拍摄模式，包括场景智能自动曝光模式以及 P、Tv、Av、M、B、C1、C2、C3 等模式。使用时要按下模式转盘锁释放按钮，然后旋转转盘，使相应的模式对准左侧的小白线即可

闪光同步触点
用于相机与闪光灯之间传递焦距、测光等信息

闪光曝光补偿按钮 /ISO 感光度设置
按下此按钮，转动速控转盘可调节闪光曝光补偿数值，转动主拨盘可以调节 ISO 感光度数值

知识链接 EOS 5Ds/5DsR遥控拍摄附件

在对相机的稳定性要求很高的情况下，通常会采用快门线或遥控器与脚架结合使用的方式进行拍摄。

使用快门线可以避免直接按下机身快门时，相机可能产生的震动，以保证相机稳定，从而得到高质量画面。快门线只能够完成锁定快门、拍摄的操作，如果希望配合相机完成延迟拍摄、定时拍摄，或按时间拍摄多张照片，则需要使用定时遥控快门线。

▲ 快门线 RS-80N3

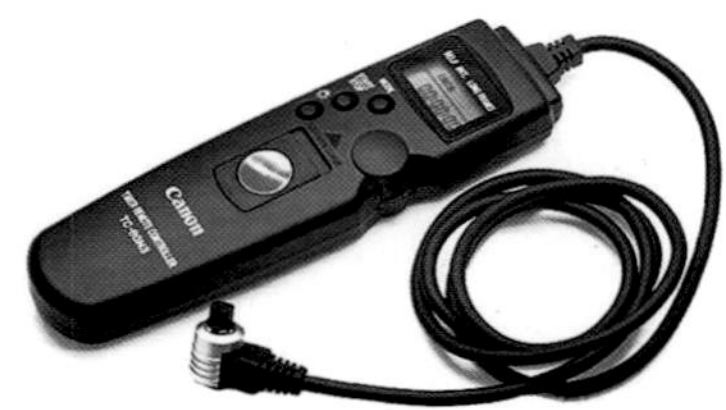

▲ 定时遥控快门线 TC-80N3

遥控器的功能类似于电视机的遥控器，可以在远离相机的情况下，使用遥控器进行对焦及拍摄，通常这个距离是10m左右，这已经可以满足自拍或拍集体照的需求了。

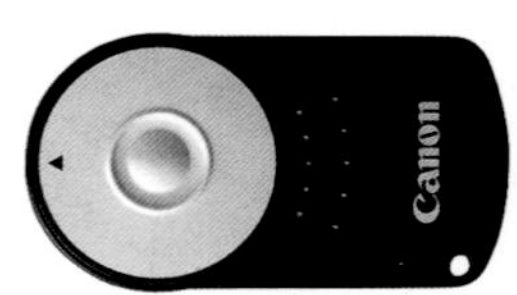

▲ 遥控器 RC-6

相机侧面

外接麦克风输入端子

通过将带有立体声微型插头的外接麦克风连接到相机的外接麦克风输入端子，便可录制立体声

HDMI mini 端子

此端口用于将相机与HD高清晰度电视连接在一起。但是，连接的电缆HDMI和HTC-100需要另外购买

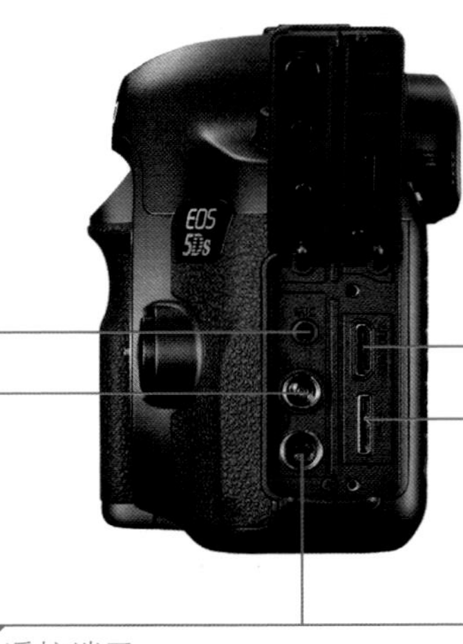

存储卡插槽盖

本相机兼容SD、CF存储卡

遥控端子

可以将快门线RS-80N3、定时遥控器TC-80N3或任何装有N3型端子的附件连接到相机上

数码端子

用AV线可将相机与电视机连接起来，可以在电视机上观看图像；连接打印机可以进行打印

PC 端子

用于连接带有同步电缆的闪光灯，其上的丝扣可以防止连接意外断开。由于PC端子没有极性，因此可以连接任何同步线

相机底面

电池仓盖释放杆

用于安装和更换锂离子电池。安装电池时，应先移动电池仓盖释放杆，然后打开舱盖

电池仓盖

打开电池舱盖后可拆装电池释放杆

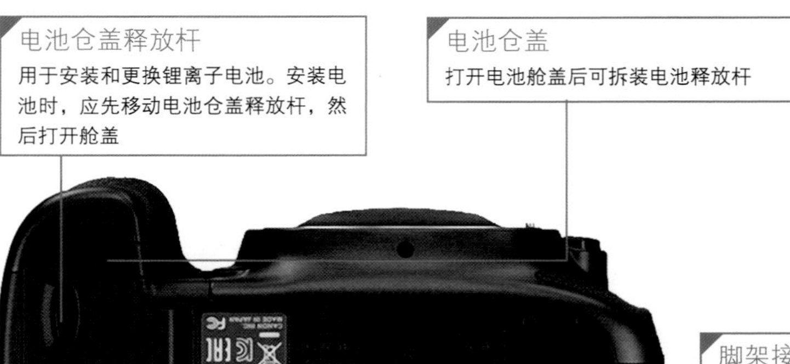

脚架接孔

用于将相机固定在脚架上。可通过顺时针转动脚架快装板上的旋钮，将相机固定在脚架上

从屏幕参数开始精通EOS 5Ds/5DsR

EOS 5Ds/5DsR利用三个屏幕来显示参数，即"光学取景器""速控屏幕""液晶显示屏"，因此要用好相机，必须了解相机在这三个屏幕上显示的相关信息参数的含义。

光学取景器参数释义

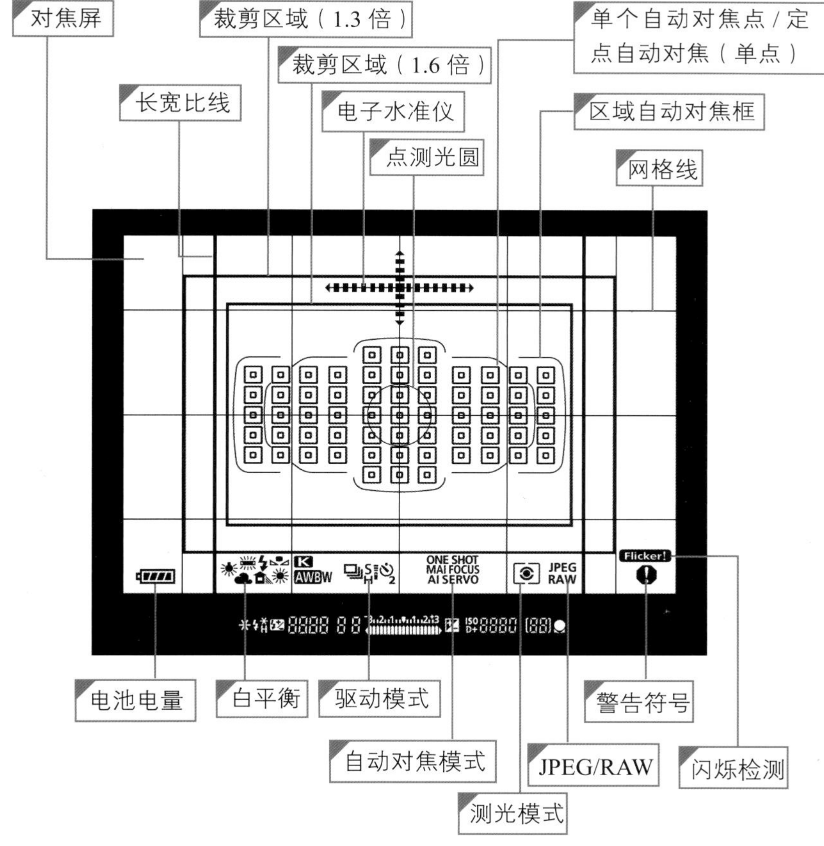

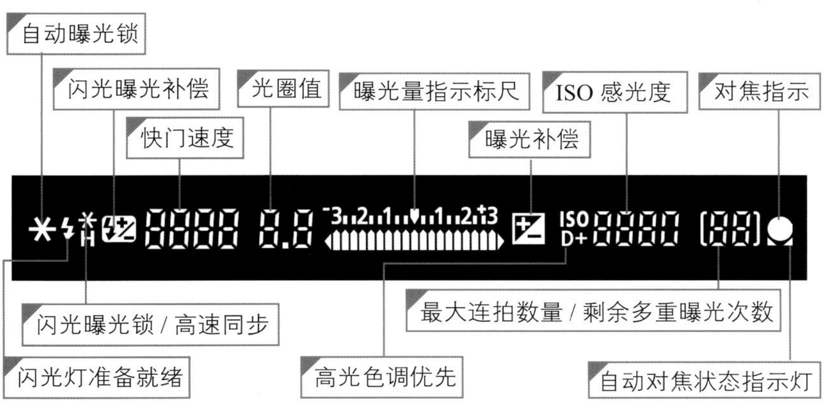

摄影问答 从取景器中观看时，能够看到半个被拍摄场景的倒影，这正常吗

这是正常现象，倒影是光线在反光镜上折射产生的。

摄影问答 取景器中的警告符号，警告的具体内容是什么

当取景器的右下方显示❗图标，说明相机可能处于以下几种拍摄状态之一。

- 设置了单色照片风格。
- 在"拍摄菜单 2"中设置了白平衡偏移。
- 在"自定义菜单 3"的"自定义控制按钮"中为某按钮指定了单按图像画质设置功能，并按下了此按钮。
- 在"拍摄菜单 3"的"高 ISO 感光度降噪功能"菜单中，设置为"多张拍摄降噪"选项。。
- 使用了点测光模式。

拍摄技巧 在取景器中显示电子水准仪的技巧

EOS 5Ds/5DsR 具有在取景器中显示电子水平仪的功能。当手持相机按水平或竖直方向拍摄时，能够很好地校正相机的水平或垂直角度。

操作步骤 设置电子水准仪

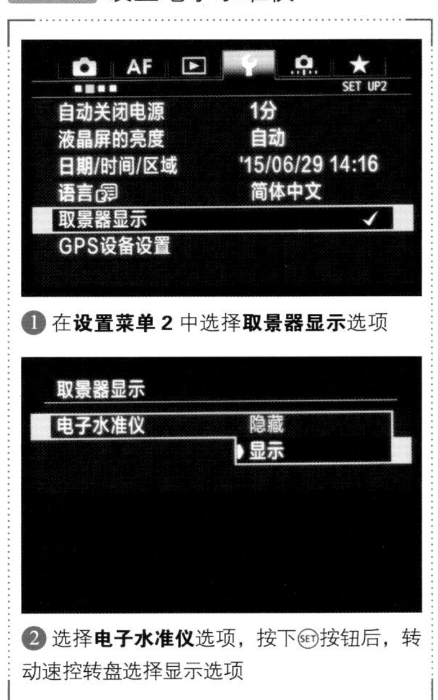

❶ 在**设置菜单 2** 中选择**取景器显示**选项

❷ 选择**电子水准仪**选项，按下SET按钮后，转动速控转盘选择显示选项

拍摄提示 **调整速控屏幕显示亮度的技巧**

为了便于查看、编辑所拍摄的照片，通常应将液晶监视器的明暗度调整到与电脑显示屏幕相当的程度，这样能够减少前期拍摄与后期电脑处理时可能出现的色差、亮度差。

操作步骤 **设置液晶屏的亮度**

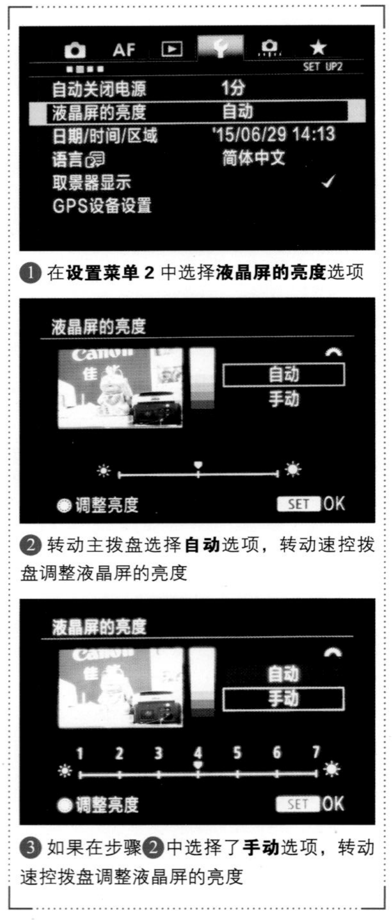

❶ 在**设置菜单 2** 中选择**液晶屏的亮度**选项

❷ 转动主拨盘选择**自动**选项，转动速控拨盘调整液晶屏的亮度

❸ 如果在步骤❷中选择了**手动**选项，转动速控拨盘调整液晶屏的亮度

在环境光线较暗的地方拍摄时，为了方便查看，可以将液晶监视器的显示亮度调得低一些，不仅能够保证清晰显示照片，还能够节电。

速控屏幕参数释义

速控屏幕是指液晶监视器显示参数的状态，在开机的情况下，按下机身背面的Q按钮即可开启速控屏幕，用于显示拍摄参数、浏览照片、显示菜单。

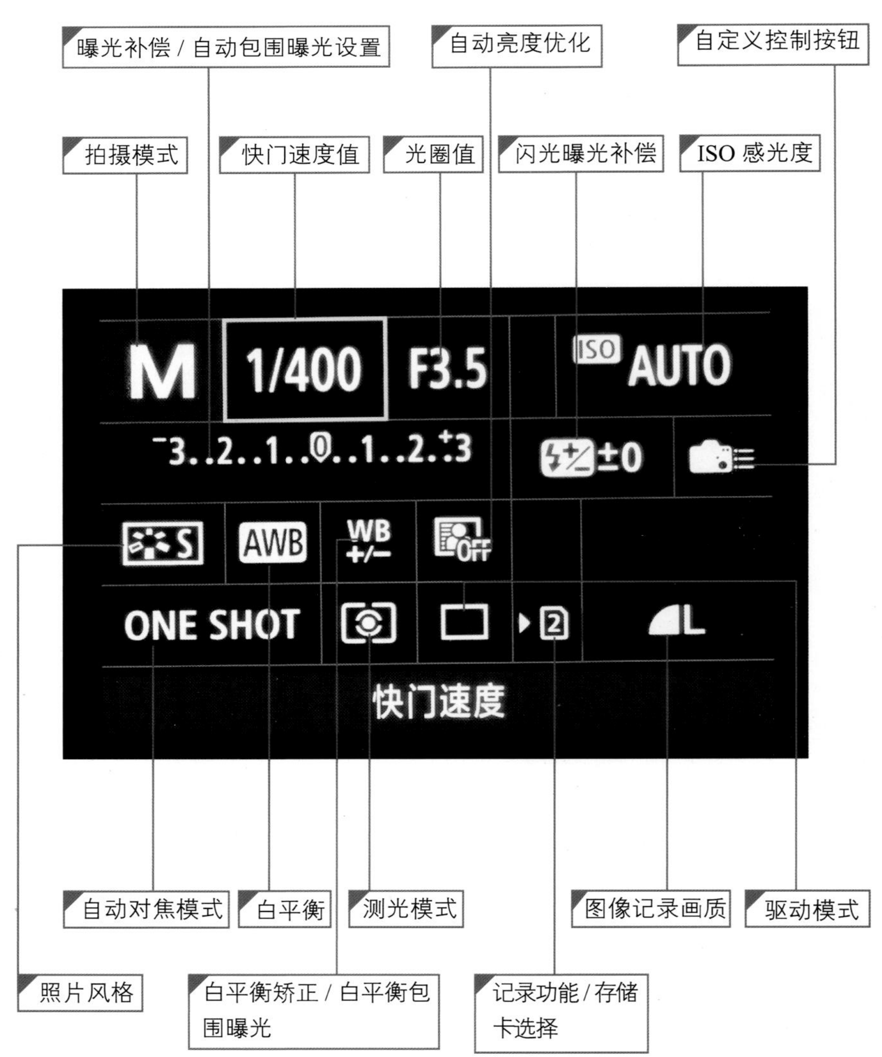

液晶显示屏参数释义

液晶显示屏（也称为肩屏）虽小，但能够显示全部的常用拍摄参数，足以满足摄影师观察常用参数设置情况的需要，在拍摄过程中一定要养成经常观看液晶显示屏中拍摄参数的习惯。

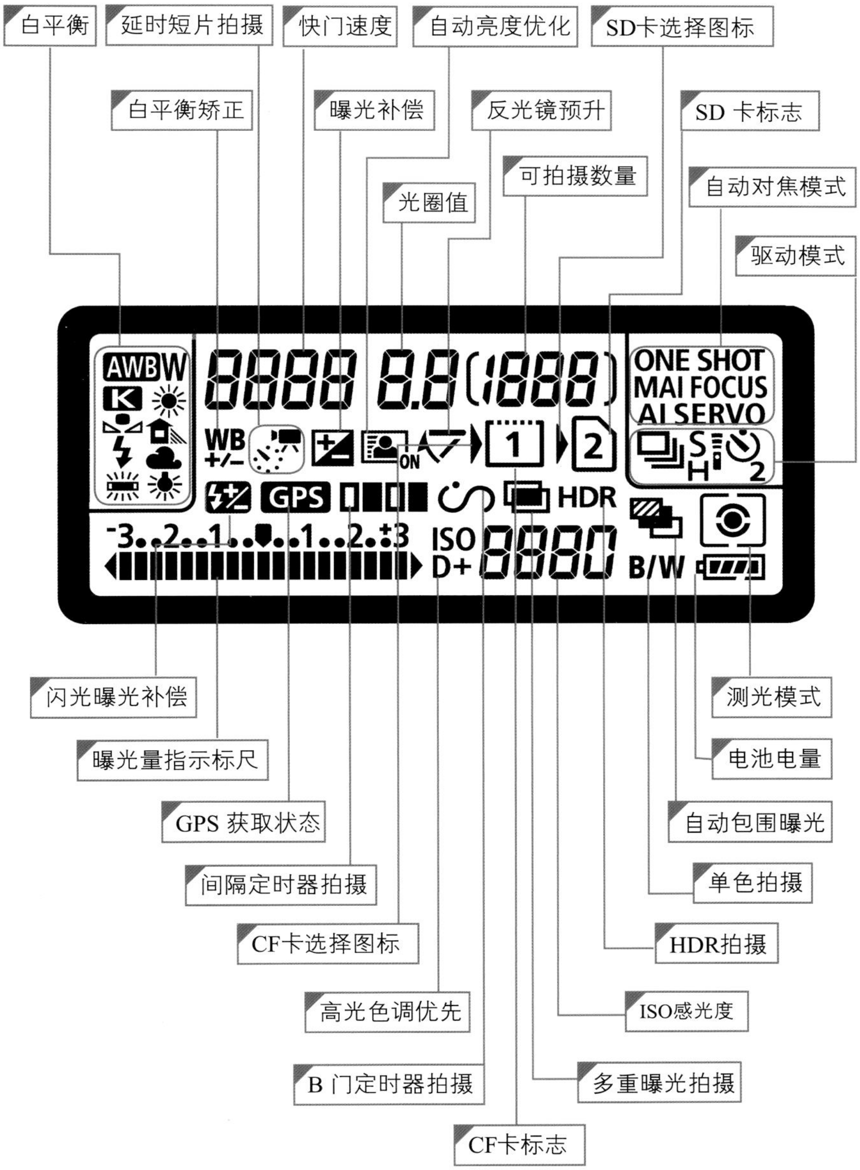
白平衡
延时短片拍摄
快门速度
自动亮度优化
SD卡选择图标
白平衡矫正
曝光补偿
反光镜预升
SD 卡标志
可拍摄数量
自动对焦模式
光圈值
驱动模式
ONE SHOT
MAI FOCUS
AI SERVO
GPS
HDR
ISO
B/W
闪光曝光补偿
曝光量指示标尺
GPS 获取状态
间隔定时器拍摄
CF卡选择图标
高光色调优先
B 门定时器拍摄
CF卡标志
测光模式
电池电量
自动包围曝光
单色拍摄
HDR拍摄
ISO感光度
多重曝光拍摄

摄影问答 液晶显示屏重要吗，如何用好它

佳能相机配备的液晶显示屏又被称为肩屏。其主要作用就是显示一些常用的拍摄参数及相关信息，如右图所示，还可以结合机身上的按钮与拨盘进行快速的参数设置，甚至可以说，掌握了肩屏各项参数的含义及设置方法，就能够实现对相机绝大部分常用功能的设置了。

虽然这些功能都可以在背部的液晶监视器上实现，但相对而言，肩屏具有方便、省电、易看这3个优点，下面分别进行介绍。

- 方便：在拍摄时，肩屏是朝上的，摄影师只需要低头就可以看到拍摄参数，因此能够非常方便地进行参数确认或调整。而如果使用液晶监视器查看或设置参数，则需要将相机背面翻过来。
- 省电：肩屏的作用就是用于观看和设置相机参数，且屏幕较小，相应的，其耗电量也更低；而液晶监视器的主要作用是拍摄视频与浏览照片及视频，而且Canon EOS 5Ds/5DsR配备的是3.2寸约104万像素的液晶监视器Ⅱ型，其显示性能更为优秀，但同时也会增加电量的消耗，尤其在寒冷环境中，电池的续航能力已经受到了很大的考验，此时再经常使用液晶监视器设置或查看相机参数，无疑是雪上加霜的做法。
- 易看：由于肩屏和液晶监视器的材质不同，因此在强光照射下，肩屏基本不会受到影响，可以清晰地看到相机的设置与拍摄参数，而对于液晶监视器而言，则可能会产生较强的反光，或导致用户看不清其中的内容。

综上所述，肩屏虽然并非无可替代，但却有着其非常突出的特点，能够为我们的拍摄提供有力的保障。

因此，建议用户平时在设置或查看拍摄参数时，以肩屏为主，而在拍摄视频、浏览照片时则以液晶监视器为主。

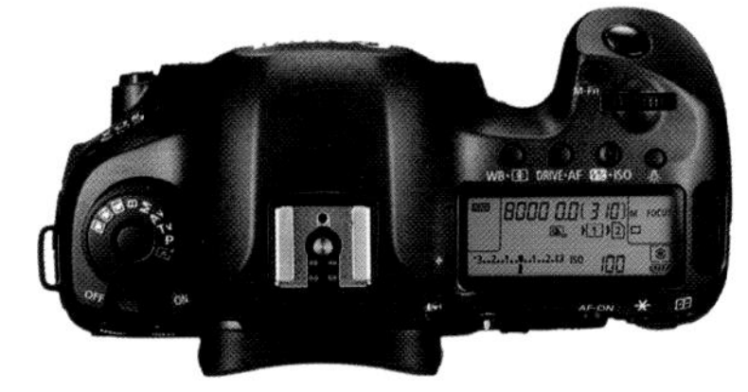

利用菜单深入控制EOS 5Ds/5DsR

Canon EOS 5Ds/5DsR的菜单功能非常丰富，熟练掌握与菜单相关的操作，可以帮助我们进行更快速、准确的设置。下面介绍机身上与菜单设置相关的功能按钮。

▲ 每次按下Q按钮，可以从当前主设置菜单切换至下一主设置菜单；转动主拨盘选择分级设置页

虽然Canon EOS 5Ds/5DsR的菜单项多达近百个，但其基本上都是依据功能用途来划分的，因此非常有规则。例如，要寻找与对焦操作有关的菜单项，只需要在AF图标主设置菜单中查找即可；同样，如果要查找与播放操作有关的菜单项，只需要跳转到▶图标主设置菜单中查找即可。掌握这一特点后，再寻找菜单项时就能做到更准确、更有效率。

Canon EOS 5Ds/5DsR菜单的设置方法都是相同的，下面以设置“提示音”菜单项为例介绍其操作流程。

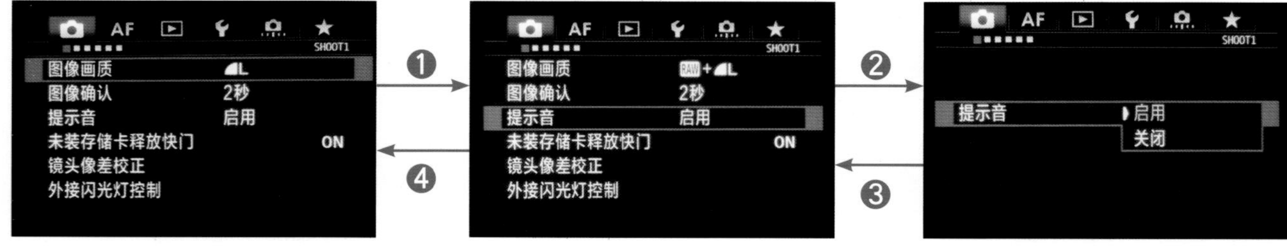

❶ 如果向下选择菜单项目，可以通过顺时针转动◎速控转盘来实现。

❷ 按下SET按钮可以进入菜单项目的具体参数设置界面。

❸ 在参数设置界面中，按下SET按钮可以确认选项的设置，并返回上一级页面。

❹ 逆时针转动◎速控转盘可以向上选择菜单项目。如果要切换至下一设置页，需要转动主拨盘。

利用速控屏幕更好地控制Canon EOS 5Ds/5DsR

什么是速控屏幕

Canon EOS 5Ds/5DsR作为一款准专业级全画幅相机，有一块位于机身背面的显示屏，即官方称为“液晶监视器”的组件。速控屏幕是指液晶监视器显示参数的状态，在开机的情况下，按下机身背面的Q按钮即可开启速控屏幕。

可以说，Canon EOS 5Ds/5DsR所有的查看与设置工作，都需要通过这块液晶监视器来完成，如回放照片、处理浏览中的照片以及拍摄参数设置等。例如，在照片回放状态下，如果按下Q按钮，即可调用此状态下的速控屏幕，通过选择速控屏幕中的不同图标，可以进行保护图像、旋转图像等若干操作。

▲ 按下Q按钮开启速控屏幕后的液晶监视器显示状态

使用速控屏幕设置拍摄参数

使用速控屏幕设置参数的方法如下。

❶ 按下机身背面的Q按钮开启速控屏幕，使用多功能控制钮选择要设置的功能。

❷ 转动速控转盘或主拨盘可以更改设置。

❸ 如果在选择一个参数后直接按下SET按钮，可以进入该参数的详细设置界面。调整参数后再按下SET按钮即可返回上一级界面。其中，光圈、快门速度等参数是无法按照此方法设置的。

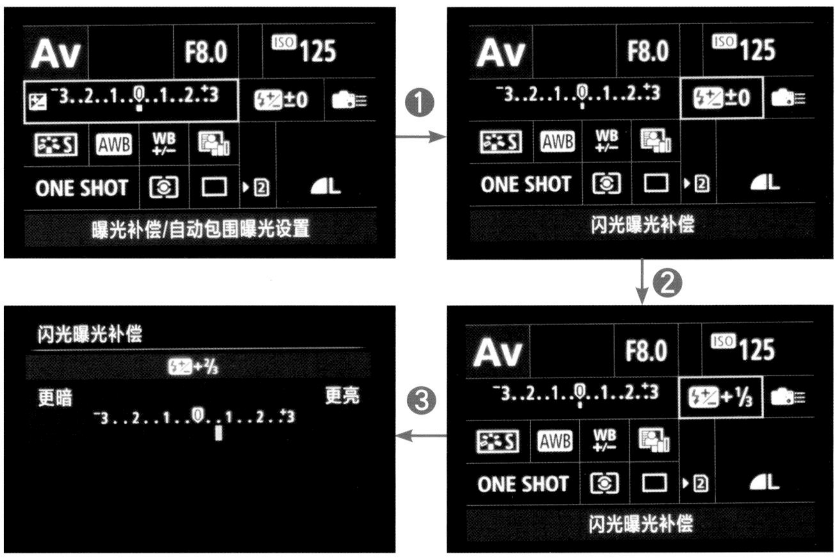

使用速控屏幕处理RAW格式文件

Canon EOS 5Ds/5DsR提供了RAW文件机内处理功能，在回放RAW格式照片时按下Q按钮，再选择RAW JPEG图标，即可使用速控屏幕对RAW格式的照片进行处理，可处理的项目包括RAW格式照片的文件大小、色彩空间、亮度、白平衡、照片风格、自动亮度优化、高ISO感光度降噪功能、色差校正等。

❶ 在照片回放状态下，按下Q按钮，调出速控屏幕

❷ 使用多功能控制钮选择RAW JPEG图标，转动速控转盘选择（**自定义 RAW 处理**）选项

❸ 按下 SET 按钮显示 RAW 处理选项，使用多功能控制钮选择要修改的选项 。转动速控转盘可以更改设置

❹ 若按下 SET 按钮则显示设置屏幕，转动速控转盘或主拨盘改变设置

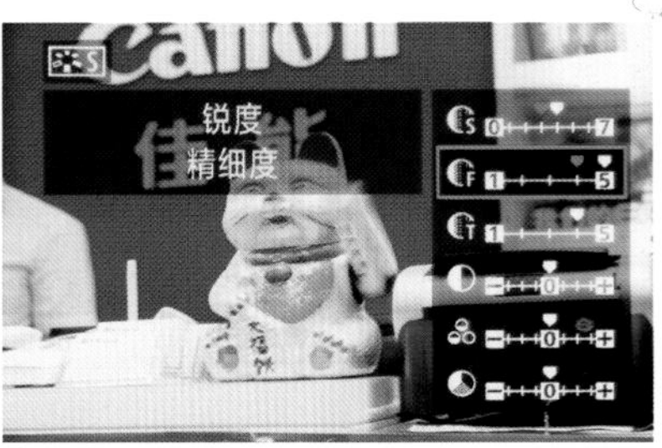

❺ 在照片风格设置或当白平衡选择了色温选项时，按下 INFO. 按钮可进一步详细设置，转动速控转盘修改设置，然后按下 SET 按钮

❻ 选择（**保存**）选项，然后按下 SET 按钮

❼ 选择**确定**选项并按下 SET 按钮，即可将修改过的图像保存为一个新的 JPEG 格式照片

▲ 回放 RAW 照片时，可通过速控转盘修改照片的白平衡，使画面呈现一种暖色调效果「焦距：16mm ｜光圈：F16｜ 快门速度：1s｜ 感光度：ISO200」

「焦距：20mm｜光圈：F6.3｜快门速度：250s｜感光度：ISO100」

细节决定成败——开始拍摄就要注意的问题

Chapter 02

数据无价——选对用好存储卡

全面认识不同类型的SD存储卡

SD卡（Secure Digital Memory Card）中文翻译为安全数码卡，被广泛用于便携式数码设备上，Canon EOS 5Ds/5DsR可以使用SD卡存储照片。

容量与存储速度是评判SD卡的两个重要指标，判断SD卡的容量很简单，只需要看一下存储卡上标注的数值即可；而要了解存储卡的存储速度，则首先要知道评定SD卡存储速度的三种方法。

第一种是使用Class评级。比如，大部分的SD卡可以分为Class2、Class4、Class6和Class10等级别，Class2表示传输速度为2MB/s，而Class10则表示传输速度为10MB/s。

第二种是按UHS（超高速）评级，分UHS-Ⅰ、UHS-Ⅱ两个级别。

第三种是用“x”评级。每个“x”相当于150KB/s的传输速度，所以一个133x的SD卡的传输速度可以达到19950KB/s。

SDHC型SD卡

SDHC是Secure Digital High Capacity的缩写，即高容量SD卡。SDHC型存储卡最大的特点就是高容量（2～32GB）。另外，SDHC采用的是FAT32文件系统，其传输速度分为Class2（2MB/s）、Class4（4MB/s）、Class6（6MB/s）等级别。

SDXC型SD卡

SDXC是SD Extended Capacity的缩写，即超大容量SD存储卡。理论容量可达2TB。此外，其数据传输速度也很快，最大理论传输速度能达到300MB/s。但目前许多数码相机及读卡器并不支持此类型的存储卡，因此在购买前要确定当前所使用的相机与读卡器是否支持此类型的存储卡。

▲ 具有不同标识的 SDXC 及 SDHC 存储卡

摄影问答 存储卡上的 I 与 U1 标识是什么意思

存储卡上的 I 标识表示此存储卡支持 UHS（Ultra High Speed，即超高速）接口，写入速度最高可以达到 50MB/s，读取速度最高可以达到 104MB/s，因此，如果电脑的 USB 接口为 USB 3.0，在不考虑本地硬盘写入速度的情况下，存储卡中的 1G 照片只需要 10 秒左右就可以传输到电脑中。如果存储卡还能够满足实时存储高清视频的标准，即可标识为 U1，即满足 UHS Speed Class 1 标准。

知识链接 认识十大SD卡品牌

1. 金士顿 Kingston
2. 闪迪 SanDisk
3. 索尼 SONY
4. 威刚 ADATA
5. 胜创 Kingmax
6. 创见 Transcend
7. 宇瞻 Apacer
8. 三星 SAMSUNG
9. 雷克沙 Lexar
10. 东芝 Toshiba

MicroSDHC型存储卡

MicroSDHC是“Micro Secure Digital High Capacity Card”的缩写，即“微型安全数字高容量卡”。其最大的特点是体积小，大小约只有手指甲一般，目前最高可以支持32GB容量，当其安装在卡套中后，一样可以使用在Canon EOS 5Ds/5DsR上。

▲ MicroSDHC 型存储卡及卡套

存储卡对相机整体性能的影响

通常情况下，如果购买的是当前市场上主流的存储卡，而且不经常使用高速连拍功能，更很少使用相机录制高清视频，则存储卡并不会对相机的性能造成影响。

但如果拍摄的是动物、体育纪实等类型的题材，需要经常使用高速连拍功能，或者经常使用相机为婚礼录制高清视频，此时只有选择大容量的高速存储卡，才能够保证相机的总体性能不变，否则就有可能导致相机的性能下降。

存储卡使用注意事项

1.不要热插拔，避免在开机状态下插卡或取卡。

2.插卡要到位，注意插卡时用力要均匀。

3.取出要小心，长时间不使用数码相机时，应将存储卡取出。

4.数据勤转移：为避免由于存储卡损坏而丢失数据，在数码相机存储卡装满数据之前，就应及早将里面的数据转存到电脑中。

5.在进行格式化处理时，不得打开数码相机上的存储卡仓盖，也不能关闭相机。

6.过大的震动有可能会造成存储卡数据错误或丢失，因此当存储卡在工作时应注意防震。

7.避免在高温、高湿度下使用和存放存储卡。

8.最好将存储卡放在抗静电袋中或者专用的存储盒中进行妥善保管，这样既能防潮防尘，还可阻挡一些外力，应特别注意避免弯曲存储卡。

9.尽可能将已存放有照片的存储卡置于防静电盒中，避开电视机、音箱等有静电、磁场的物件。

摄影问答 如何避免买到扩容卡

扩容卡是山寨厂家和奸商最常用的牟利手段，即其通过技术手段，将一张2GB内存卡，扩容成16GB或32GB，然后以相对较低的价格销售给消费者。扩容卡的危害性在于数据的安全性得不到保障。

要检查买到的存储卡是否被扩容，就要用特定的测试工具——MyDiskTest，此软件不仅可以检查存储卡的真实容量，还能够测试其读取和写入速度。

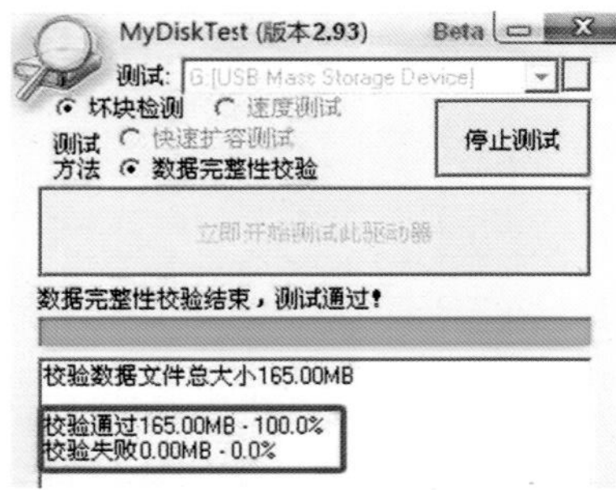

▲ 通过检查结果图可以看出来，此存储卡是真正的16GB容量存储卡，并非扩容卡

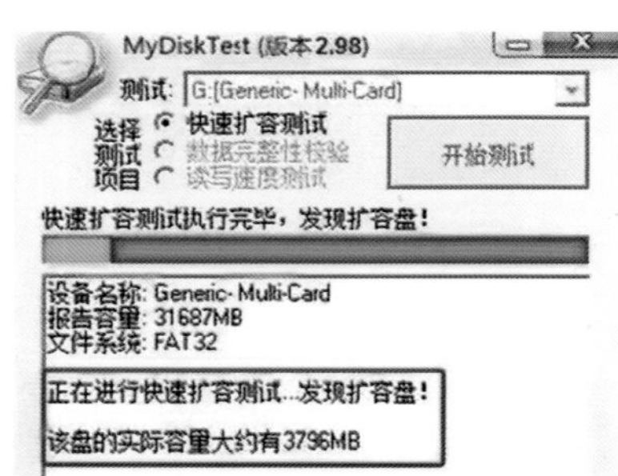

▲ 这张检查结果图表明，被检查的是扩容卡，图中绿色进度条为实际容量，而红色部分则是扩展容量

正确设置文件储存格式与尺寸

在Canon EOS 5Ds/5DsR中，可以设置JPEG与RAW两种文件存储格式。其中，JPEG是最常用的图像文件格式，它用压缩的方式去除冗余的图像数据，在获得极高压缩率的同时能展现十分丰富、生动的图像，且兼容性好，广泛应用于网络发布、照片洗印等领域。

RAW原意是“未经加工”，其是数码相机专有的文件存储格式。RAW文件既记录了数码相机传感器的原始信息，同时又记录了由相机拍摄所产生的一些原数据（如相机型号、快门速度、光圈、白平衡等）。

需要注意的是，使用这种文件格式保存的照片无法直接使用，例如，不可以直接嵌入到Indesign、Illustrator等软件用作平面设计素材，也不可以直接冲印，更不可以直接作为电脑屏幕或手机屏幕的壁纸。如果要用作以上用途，必须将其转存成为JPEG或TIFF格式的图像。

设置合适的分辨率为后期处理做准备

分辨率是照片的重要参数，照片的分辨率越高，在电脑后期处理时裁剪的余地就越大，同时文件所占空间也就越大。Canon EOS 5Ds/5DsR可拍摄图像的最大分辨率为8688×5792，相当于5530万像素，因而按此分辨率保存的照片有很大的后期处理空间。Canon EOS 5Ds和5DsR各种画质的格式、记录的像素量、文件大小、可拍摄数量和最大连拍数量（依据8GB CF存储卡、ISO100、裁切/长宽比：全画幅、标准照片风格的测试标准）如下表所示。

文件格式	画　质	记录的像素量	打印尺寸	文件大小（MB）	可拍摄数量	最大连拍数量
JPEG	◢L	50M	A1	14.1	510	31
	▟L			7.0	1030	1030
	◢M1	39M		10.9	660	45
	▟M1			5.5	1310	1310
	◢M2	22M	A2	7.1	1010	1010
	▟M2			3.5	2030	2030
	◢S1	12M	A3	4.5	1590	1590
	▟S1			2.3	3120	3120
	S2	2.5M	9×13cm	1.2	5600	5600
	S3	0.3M	-	0.3	20380	20380
RAW	RAW	50M	A1	60.5	100	12
	M RAW	28M	A2	44.0	140	12
	S RAW	12M	A3	29.8	190	14
RAW + JPEG	RAW+◢L	50M+50M	A1+A1	60.5+14.1	87	12
	MRAW+◢L	28M+50M	A2+A1	44.0+14.1	110	11
	SRAW+◢L	12M+50M	A3+A1	29.8+14.1	140	14

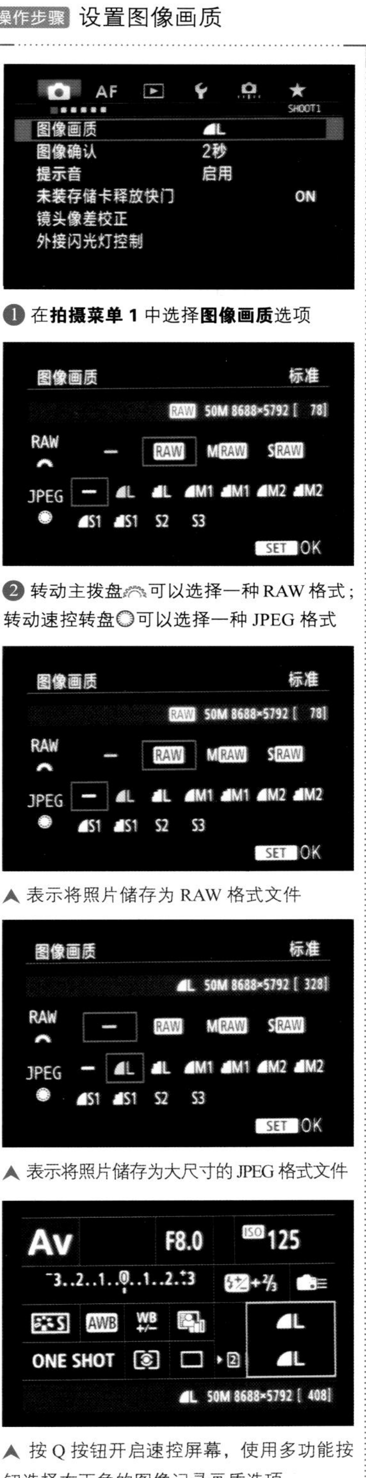

操作步骤 设置图像画质

❶ 在**拍摄菜单 1** 中选择**图像画质**选项

❷ 转动主拨盘可以选择一种 RAW 格式；转动速控转盘可以选择一种 JPEG 格式

▲ 表示将照片储存为 RAW 格式文件

▲ 表示将照片储存为大尺寸的 JPEG 格式文件

▲ 按 Q 按钮开启速控屏幕，使用多功能按钮选择右下角的图像记录画质选项

知识链接 **常见照片洗印尺寸及对应的像素量**

常用照片尺寸	照片规格（英寸）	照片规格（厘米）	照片规格（像素）
5 寸	5×3.5	12.7×8.9	1200×840 以上
6 寸	6×4	15.2×10.2	1440×960 以上
7 寸	7×5	17.8×12.7	1680×1200 以上
8 寸	8×6	20.3×15.2	1920×1440 以上
10 寸	10×8	25.4×20.3	2400×1920 以上
12 寸	12×10	30.5×20.3	2500×2000 以上
15 寸	15×10	38.1×25.4	3000×2000

学习技巧 **利用大分辨率优势进行二次构图的技巧**

为了使画面更美观，或者从画面中裁剪掉与主题无关的景物，有时需要通过后期裁剪对画面进行二次构图。

Canon EOS 5Ds/5DsR 的有效像素能够达到 5060 万，因此当摄影师以 RAW 格式拍摄、保存照片时，即使二次构图时将照片裁切掉一半，整个照片的像素量也能够达到 2000 万左右，这样的像素量已经能够满足绝大多数应用场合的要求。

设置照片画质

确定照片的尺寸后，还要设置照片的文件存储格式与画质。

此功能同样需要通过设置“图像画质”菜单来实现，每一种尺寸均有“优”与“普通”两种画质选项，即◢L、▟L、◢M、▟M、◢S1、▟S1。如果选择“优”，则照片的画质最优秀，细节最丰富，但文件也会相应大一些；如果选择“普通”，则相机自动压缩照片，照片的细节有一定损失，但如果不放大仔细观察，这种损失并不明显，同时文件大小也稍微小一些。

在存储卡的存储空间足够大的情况下，应选择使用RAW+◢L JPEG文件格式来保存照片；如果存储卡空间比较紧张，可以根据拍摄照片的用途来选择◢L JPEG格式或RAW格式保存照片；如果仅仅是用于平常记录性质的拍摄，可以在RAW一栏中选择“—”选项，而在JPEG一栏中选择◢M。

设置文件储存格式为什么如此重要

设置照片文件储存格式至少对以下两点有重要影响：①照片文件的用途；②照片文件后期处理方法。

例如，如果照片文件需要直接用作纸媒体印刷，很显然应该保存为JPEG格式，而且尺寸要选择L。这是根据最终用途倒推存储文件格式的典型案例。

又如，在拍摄时环境光线变化较快，或者要拍摄的照片很重要，则应该用RAW格式保存照片文件，从而在最大程度上为照片后期处理留有余地。

因此，在实际拍摄前一定要检查照片存储格式，尤其是其他人借用相机后。

▲ 通过后期裁剪突出了闹市中的小女孩和中年妇女，由于设定了较高分辨率，因此裁剪后的画质还很精细

RAW比你想象得更重要——对比认识JPEG与RAW文件

如前所述，RAW格式图像是CCD或CMOS图像感应器将捕捉到的光源信号转化为数字信号的原始数据。正因如此，在对RAW格式的照片进行后期处理时，才能够随意修改原本由相机内部处理器设置的参数选项，如白平衡、色温、照片风格等。需要注意的是，RAW格式只是原始照片文件的一个统称，各厂商的RAW格式有不同的扩展名，例如佳能RAW格式文件的扩展名为.CR2，而尼康RAW格式文件的扩展名则是.NEF。

通过对比下面描述的JPEG格式照片与RAW格式照片的生成过程，能够更加深入地理解RAW格式照片的优点。

对于绝大部分数码相机而言，如果拍摄的是JPEG格式照片，则按下快门完成曝光后，相机的CCD或CMOS图像传感器会通过相机镜头获得光源信息，并将其记录成为一个RAW数据文件。相机的处理器从 CCD或CMOS得到原始RAW数据后，按照摄影师设置好的色彩空间、白平衡模式、照片风格、JPEG照片画质等各项参数，对RAW格式文件进行处理，最终得到JPEG格式文件。

而如果拍摄的是RAW格式文件，则除了ISO、快门速度、光圈、焦距之外的所有设定一律对RAW文件不起作用，因此RAW格式文件是原生文件，拥有最大的调整空间。

通过合适的软件（最常用的是Photoshop自带的Camera Raw软件），不仅能够随意修改RAW格式照片文件的亮度、饱和度、锐度、白平衡、色温、暗角、曝光量等参数选项，而且这些调整并不会改变RAW格式本身，只会生成一个附注文件，因此针对一张RAW格式照片，摄影师可以在后期处理时尝试多种调整可能性。

在后面的章节中，笔者还将讲解如何在拍摄后利用RAW照片格式的优点，来弥补实战拍摄时存在的不足。

摄影问答 为什么用Photoshop打不开使用Canon EOS 5Ds/5DsR拍摄的RAW照片

如果使用 Photoshop 软件无法打开使用 Canon EOS 5Ds/5DsR 拍摄并保存的后缀名为 CR2 的 RAW 格式文件，则需升级 Adobe Camera Raw 软件。此软件会根据新发布的相机型号，不断地更新升级包，以确保使用此软件能够打开各种相机保存的 RAW 格式文件。

由于此软件为免费软件，许多下载网站均收录了该软件的新版本，因此如果遇到打不开 RAW 格式文件的情况，可以在百度中搜索 Adobe Camera Raw，并在相对正规的网站下载该软件的最新版本。

◀ RAW 格式的后期调整空间非常大，即使拍摄出来的夕阳画面不尽如人意，通过后期对白平衡的调整仍然可以得到金色天空的夕阳画面「焦距：33mm ｜光圈：F7.1｜ 快门速度：1/500s｜ 感光度：ISO320」

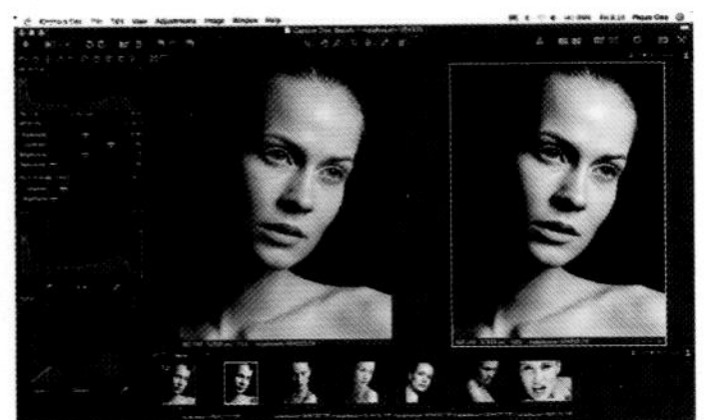
Capture One

Adobe Camera Raw

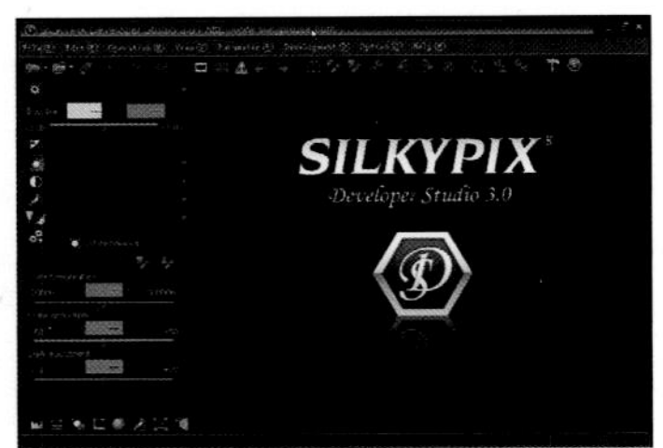

SLIKYPIX

Lightroom

Aperture

Digital Photo Professional

处理RAW格式照片的6大软件

Capture One

Capture One是由丹麦PHASEONE数码后背公司开发的，拥有核心运算技术的专业 RAW 格式处理软件，其最新的Capture One Pro7支持超过250种相机或数码后背的原始格式文件，新设计的用户操作界面非常直观，尤其是Windows和Mac版本采用了同样的界面、参数设定方式，与以前的软件版本保持了较好的连续性。

Adobe Camera Raw

此软件是Photoshop内嵌的RAW格式照片处理软件，功能较为强大，由于内嵌在Photoshop中，而Photoshop又是世界上应用最广泛的图形图像处理软件，因此Adobe Camera Raw也就成为了当前使用最多的RAW格式照片转换、处理软件。

SLIKYPIX

SILKYPIX是由日本ICHIKAWA SOFT LABORATORY开发的RAW格式数码照片处理软件，利用这款软件可以轻松地完成曝光、白平衡、锐化、色调、色彩、镜头畸变、降噪、旋转、剪裁等处理。

Lightroom

Lightroom是Adobe专门为数码摄影师开发的专业数码照片处理软件，可以快速导入、处理、管理、展示不同格式的数码照片。虽然Lightroom与Photoshop有很多相通之处，但软件定位不同，因此不可相互替代。目前此软件的最高版本为Lightroom 5.0。

Aperture

Aperture软件是苹果公司推出的专业照片处理软件，能够使摄影爱好者在编辑处理RAW照片文件时的难度大大降低。通过Aperture独特的对比和选择工具，摄影师可以在所拍摄的照片中轻松地排查照片，并从中迅速选出最令人满意的照片。但此软件仅能够在苹果操作系统中运行。

Digital Photo Professional

此软件是摄影爱好者在购买佳能相机时，佳能厂商附赠的RAW格式处理软件。虽然参数不够丰富，但也能够满足大多数摄影爱好者的需求。值得一提的是，此软件针对佳能原厂镜头提供了数码镜头优化功能，可以大幅度提高照片的品质。

需要特别注意的是，不建议使用光影魔术手、ACDSee等照片浏览软件转换RAW文件，因为对RAW格式照片进行转换与处理，并非这些软件的强项。

设置裁切/长宽比

Canon EOS 5Ds/5DsR为全画幅的相机，与APS-C画幅相机相比，在拍摄远景时不具备优势，所以佳能在Canon EOS 5Ds/5DsR相机中加入了裁切拍摄功能，通过在“裁切/长宽比”菜单中，选择“1.3”或“1.6”选项，就可以使用传感器的中间部分进行拍摄，从而以图像裁剪的形式拍摄更远处的对象。

“裁切/长宽比”菜单除了可以设置裁切拍摄功能外，还可以选择取景器或实时显示拍摄时的画面长宽比，通过选择不同的长宽比选项，得到不同比例画面。

❶ 在**拍摄菜单 4** 中选择**裁切 / 长宽比**选项

❷ 转动速控转盘选择所需的裁切倍率或长宽比选项

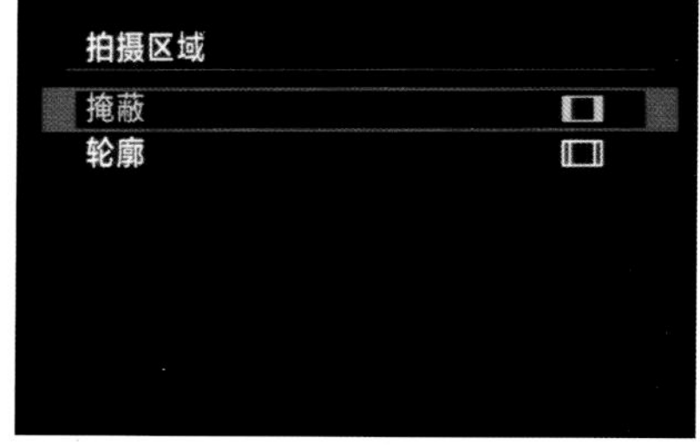

❸ 按下 INFO. 按钮可以设置拍摄区域的显示形式

- FULL：选择此选项，相机使用全画幅尺寸拍摄照片。
- 1.3（1.3倍裁切）：选择此选项，相机将记录约放大1.3倍图像的中央画面（相当于APS-H尺寸）。
- 1.6（1.6倍裁切）：选择此选项，相机将记录约放大1.6倍图像的中央画面（相当于APS-C尺寸）。
- 1：1：选择此选项，相机将拍摄1:1画面的照片。
- 4：3：选择此选项，相机将拍摄4:3画面的照片。
- 16：9：选择此选项，相机将拍摄16:9画面的照片。拍摄出的照片适合于在宽屏电脑显示器或高清电视上观看。

提示

如果使用取景器取景的方式拍摄4：3或16：9长宽比的图像，拍摄出来的画面将与全画幅的画面相同。

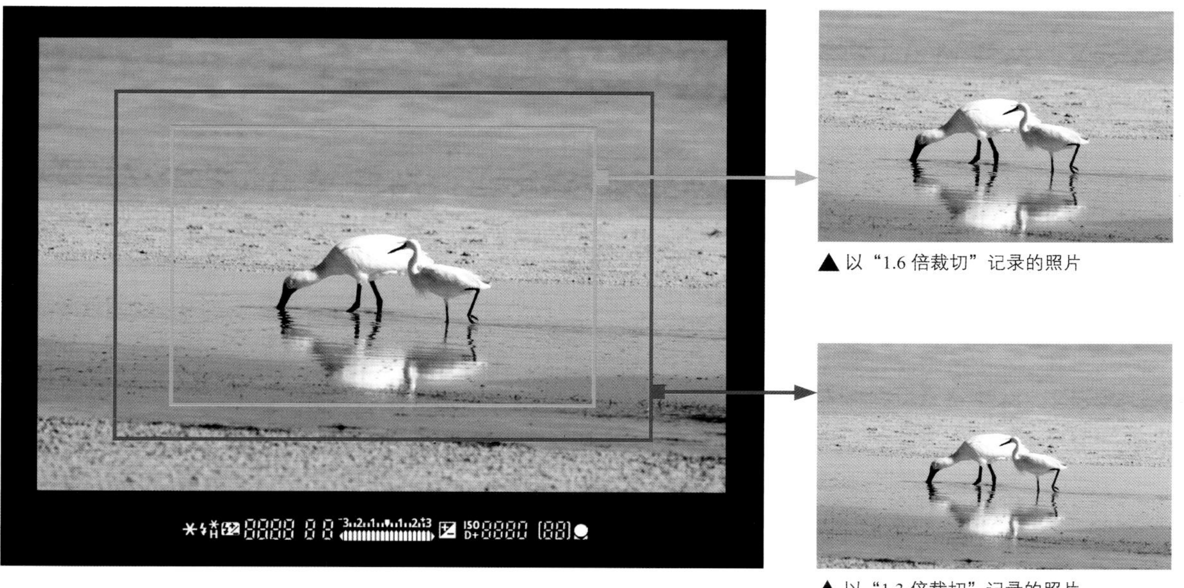

▲ 以“1.6 倍裁切”记录的照片

▲ 以“1.3 倍裁切”记录的照片

操作步骤 设置图像的保存方式及位置

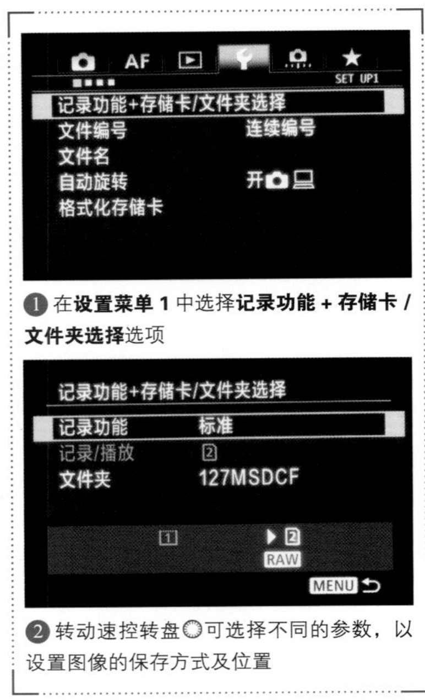

❶ 在**设置菜单 1** 中选择**记录功能 + 存储卡 / 文件夹选择**选项

❷ 转动速控转盘◎可选择不同的参数，以设置图像的保存方式及位置

操作步骤 设置日期/时间/区域

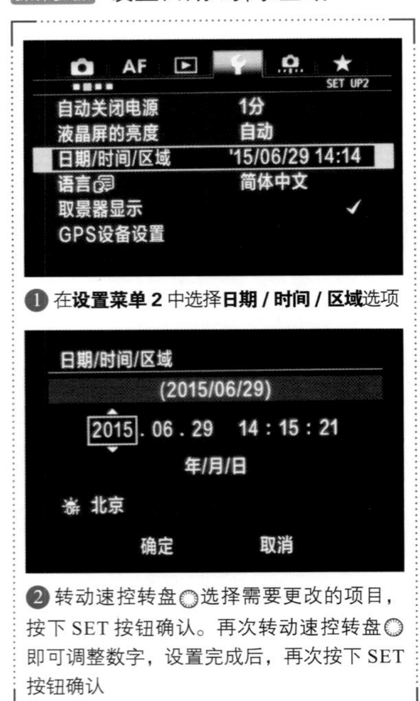

❶ 在**设置菜单 2** 中选择**日期 / 时间 / 区域**选项

❷ 转动速控转盘◎选择需要更改的项目，按下 SET 按钮确认。再次转动速控转盘◎即可调整数字，设置完成后，再次按下 SET 按钮确认

设置照片保存方式

可以使用“记录功能+存储卡/文件夹选择”菜单指定或重新创建一个文件夹来保存拍摄的照片。

通常情况下，在文件夹被装满后，相机会默认创建另一个新的文件夹，但如果拍摄时希望对照片进行分类保存，可以创建并选择新的文件夹。

- 记录功能：选择“标准”选项，即可将照片和短片保存在由“记录/播放”选项指定的存储卡中；选择“自动切换存储卡”选项，其功能与选择“标准”选项时基本相同，但当指定的存储卡已满时，会自动切换至另外一张存储卡进行保存；选择“分别记录”选项，可以在“拍摄菜单1”中为每张存储卡中保存的图像设置画质；选择“记录到多个媒体”选项，可将照片同时记录到两张存储卡中。
- 记录/播放：选择存储卡1时，会将图像保存至CF卡，并从CF卡上回放照片；选择存储卡2时，会将图像保存至SD卡，并从SD卡上回放照片。
- 文件夹：可以选择一个已有的文件夹或创建一个新的文件夹保存照片。

按照拍摄日期整理照片不能忽视日期/时间/区域设置

利用此菜单可以对日期、时间及时区进行设置，一般在新购相机时需要进行设置。使所拍的照片信息中都以新的日期与时间保存,这样做的好处是，可以很方便地按拍摄时间整理照片。

时区的设置也很有必要，因为不同的时区有时间差，如果在另一个时区旅游或工作，可以利用此菜单设定当前所在的时区，以便于所拍摄的照片以正确的日期和时间保存。

▲ 大多数摄友都习惯以时间 + 标注的形式整理越来越多的数码照片，例如“2015.05.20- 泳装美女”，为了便于将来寻找照片，正确设置相机的日期很重要「焦距：75mm ｜光圈：F4｜ 快门速度：1/320s｜ 感光度：ISO100」

拍一张检视一张并不是好习惯

在默认情况下，每次完成拍摄后，相机会在液晶监视器中显示刚刚拍摄的照片，但实际上，如果是拍摄一系列照片，则无需在液晶监视器中显示每一张拍摄后的照片，因为此时可能会由于拍一张检视一张而贻误宝贵的拍摄时机。要解决这个问题，可以在“图像确认”菜单中设置拍摄后在液晶监视器上显示图像的时间长度。

- 关：选择此选项，拍摄完成后相机不自动显示图像。
- 持续显示：选择此选项，相机会在拍摄完成后保持图像的显示，直到自动关闭电源为止。
- 2秒/4秒/8秒：选择不同的选项，可以控制相机显示图像的时长。

养成保护佳片的习惯

保护照片是一个很有用的功能，由于数码时代拍摄1张照片与100照片，只在时间成本上有区别，因此许多摄友都秉着多拍优选的思想，在拍摄中不断按下快门，这种成批拍摄的结果导致在删除照片时也是成批量的。

即拍、即看、即删的好处是不占用存储空间、节约浏览时间，但却存在很大的“安全隐患”，如果在检视照片时，没有及时保护重要照片，则就有可能导致在成批量删除照片时，将其中不多的精品也一并删除了。

因此，在拍摄过程中，那些反映了决定性动作瞬间、决定性照射光线、决定性人物表情的照片，都值得在拍摄后立刻保护起来。

▲ 如果拍到这样精彩的画面，应立刻保护起来，以免后期整理照片时误删掉「焦距：105mm ｜光圈：F8｜ 快门速度：1/500s｜ 感光度：ISO100」

操作步骤 设置图像确认方式

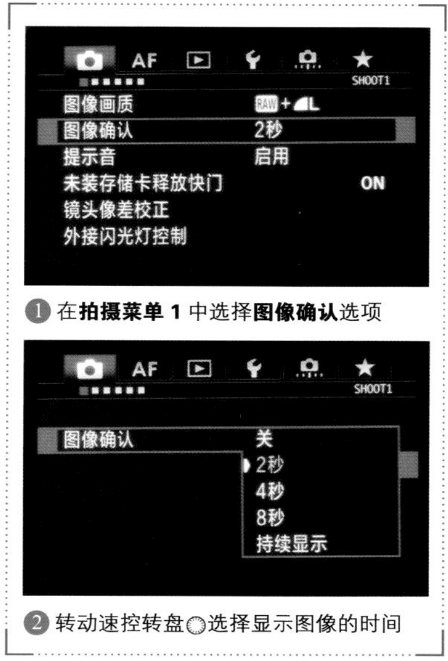

❶ 在**拍摄菜单 1** 中选择**图像确认**选项

❷ 转动速控转盘◎选择显示图像的时间

提示

如果是为了省电或省时间，建议选择“关”选项；否则可以选择“2秒”，因为这一时长已经足够对照片的品质作出判断了。

使用速控屏幕进行操作的图示

▲ 在机身上按下Q按钮

▲ 在显示的速控屏幕中选择⊶图标

拍摄中为照片标星级有意义吗

为照片标星级的意义在于便于后期整理照片。但需要强调的是，整理时需要使用Adobe Bridge，因为在此软件中能够显示在相机中为照片所标定的星级，从而按星级整理照片。

❶在图像回放期间，转动速控转盘◎选择要评分的图像或短片。

❷每次按下 RATE 按钮时，评分标记会按[·]/[··]/[∴]/[::]/[⁙]/[OFF]顺序改变

提示

如果可能的话，在拍摄比较细小的物体时，最好使用实时取景显示模式，通过在液晶监视器上放大被摄对象来确保准确合焦。

▲像这样精彩的照片在标了五星之后，后期查找时也会很方便「焦距：21mm ｜光圈：F14｜ 快门速度：1/100s｜ 感光度：ISO250」

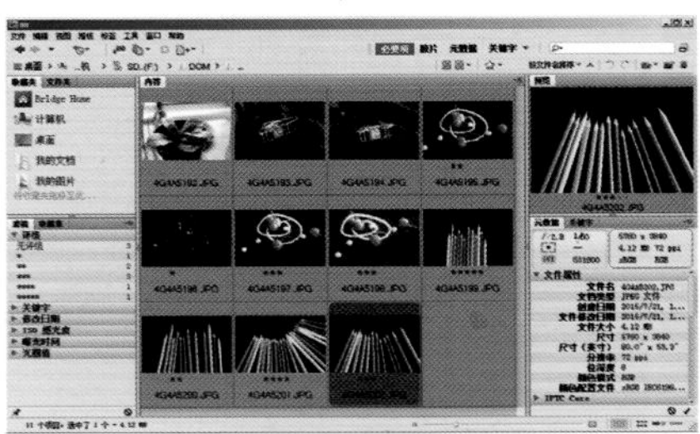

▲在 Bridge 中打开所拍摄的照片后，是否标星都会显示出来

▲如果在上图所示的弹出菜单中选择“显示 2 星（含）以上的项”，或其他选项，则可以按相机中给照片标的星级进行筛选

▲这张图展示了选择“显示 2 星（含）以上的项”选项后显示的照片，可以看出来筛选是正确的

用声音确认是否合焦——妙用对焦提示音

在拍摄比较细小的物体时，是否正确合焦不容易从屏幕上分辨出来，这时可以开启“提示音”功能，以便在听到对焦提示音，确认相机合焦时迅速按下快门，从而得到清晰的画面。

除此之外，提示音在自拍时会用于自拍倒计时提示。

- 启用：开启提示音后，在合焦或自拍时，相机会发出提示音提醒。
- 关闭：关闭提示音后，在合焦或自拍时，提示音不会响。

操作步骤 设置提示音

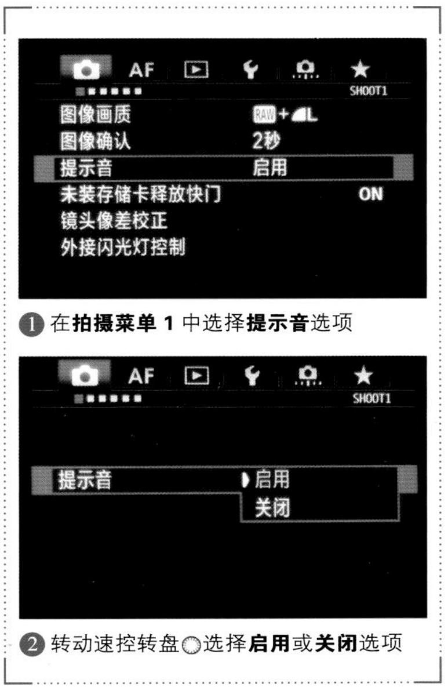

❶ 在**拍摄菜单 1** 中选择**提示音**选项

❷ 转动速控转盘◯选择**启用**或**关闭**选项

◀ 拍摄微距照片时，通过听提示音来判断是否合焦，有利于准确对焦，画面中的蜻蜓头部因此被清晰地呈现出来「焦距：100mm ｜光圈：F7.1｜ 快门速度：1/500s｜ 感光度：ISO100」

自定义速控屏幕

利用自定义速控屏幕功能，摄影师可以根据自己的喜好，自定义选择速控屏幕中要显示的选项及每一个选项的位置，以方便自己的拍摄操作。

支持注册的项目有拍摄模式、快门速度、光圈值、ISO感光度、曝光补偿、自动包围曝光设置、闪光曝光补偿、照片风格、白平衡、白平衡偏移/包围、自动亮度优化、自定义控制按钮、自动对焦模式、自动对焦点选择、测光模式、驱动模式、记录功能/存储卡选择、日期/时间/区域、外接闪光灯控制、高光色调优先、取景器网格线等。

在“自定义速控”菜单中自定义注册完成后，在拍摄状态下，按INFO.按钮切换至自定义速控屏幕界面。当切换至自定义速控屏幕界面时，可以按照像速控屏幕一样的操作步骤，按下Q按钮进入自定义速控屏幕修改设置状态。

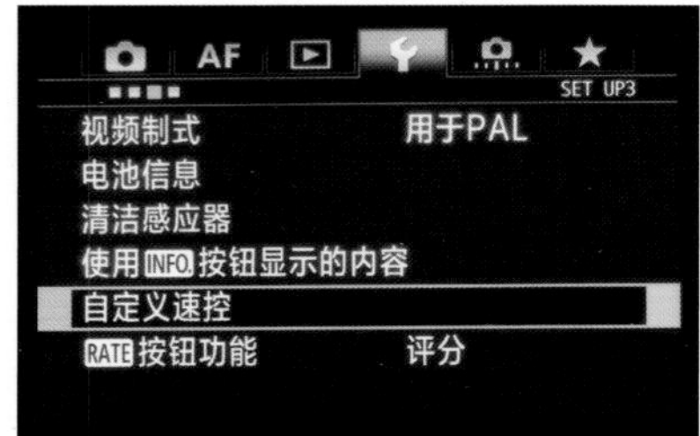

❶ 在**设置菜单 3** 中选择**自定义速控**选项，然后按下 SET 按钮

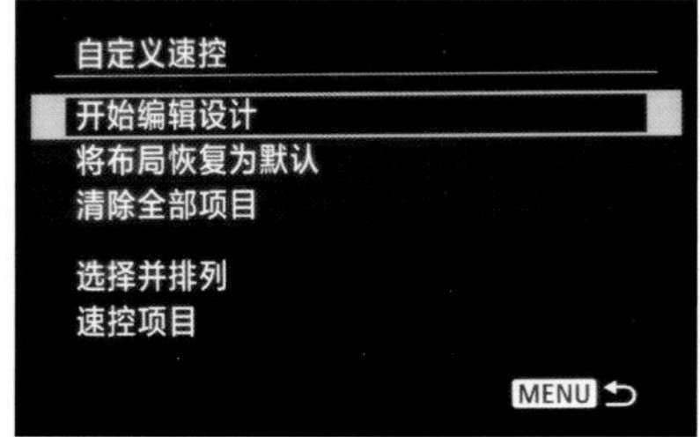

❷ 转动速控转盘选择**开始编辑设计**选项，然后按下 SET 按钮

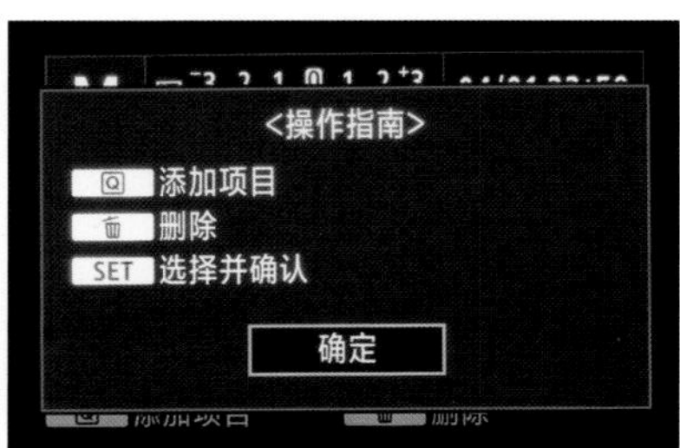

❸ 显示操作指南界面，按下 SET 按钮确定

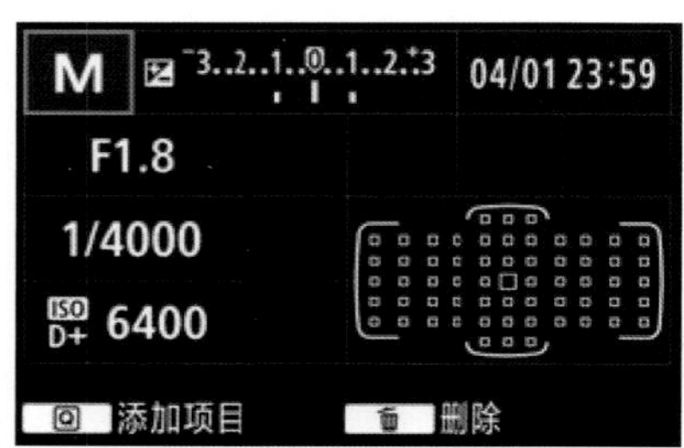

❹ 将显示默认屏幕界面，按下 Q 按钮添加项目

❺ 转动速控转盘或使用多功能控制钮选择要添加的项目，然后按下 SET 按钮

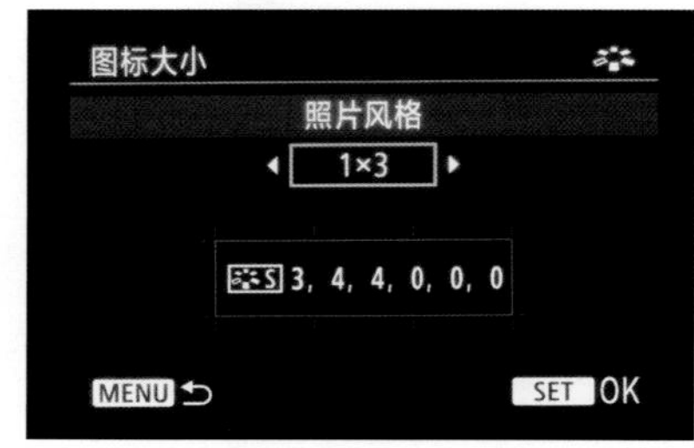

❻ 当选择了可以调整图标尺寸的项目时，转动速控转盘选择显示的尺寸，然后按 SET 按钮确认

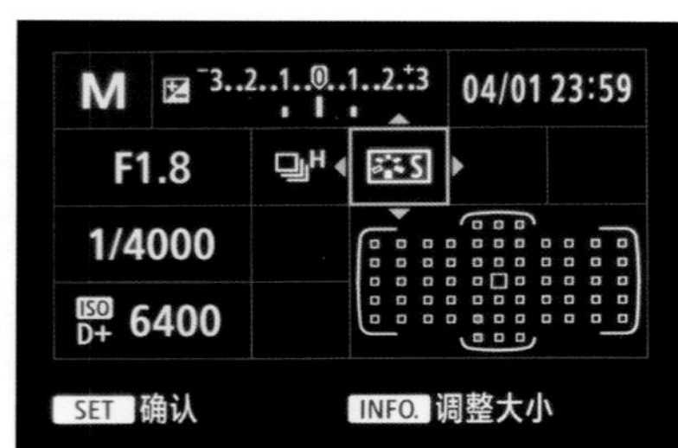

❼ 使用速控转盘或多功能控制钮将项目（有方向箭头框）移动到所需位置，然后按下 SET 按钮确认

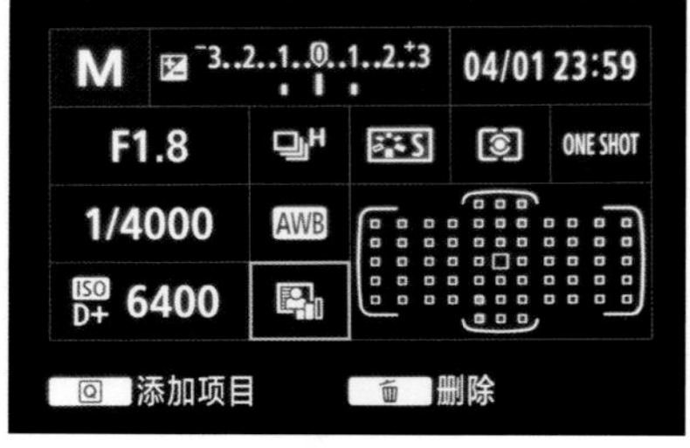

❽ 重复❺、❻、❼步骤，将其他项目定位好位置；若要删除已定位的项目，选择该项目并按下🗑按钮，注册完成后，按下 MENU 按钮退出设置

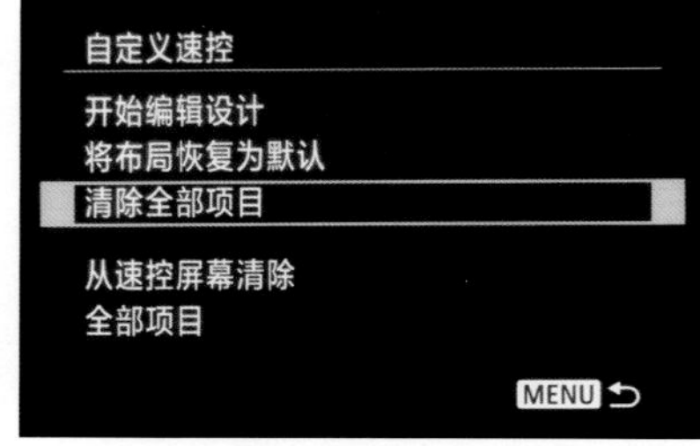

❾ 如果想要先删除所有默认显示的项目或重新编辑，则在步骤❷中选择**清除全部项目**选项，然后再选择**开始编辑设计**选项

拍摄时减少闪烁

当在荧光灯等光源下以较快的快门速度拍摄照片时，光源的闪动会导致闪烁，并且会出现图像的垂直曝光不均匀，而在这种情况下使用连拍时，则更有可能会导致图像整体的曝光或颜色不均匀。

为了减少这种情况的产生，可以使用Canon EOS 5Ds/5DsR相机的“防闪烁拍摄”功能，当启用了此功能后，相机检测光源闪烁的频率，并在闪烁对曝光或颜色的影响较弱时拍摄照片。

需要注意的是，当选择“启用”时，快门的释放时间可能会变长或者连拍速度变慢。如果在“在取景器中显示/隐藏”菜单中勾选了“闪烁检测”选项，那么，相机减弱了闪烁的影响时，会在取景器中显示Flicker!图标，在不闪烁的光源下或没有检测到闪烁，则不会显示Flicker!图标。

操作步骤 防闪烁拍摄

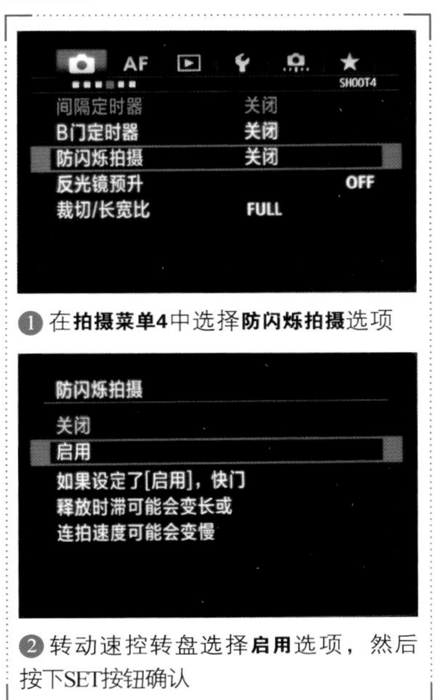

❶ 在**拍摄菜单4**中选择**防闪烁拍摄**选项

❷ 转动速控转盘选择**启用**选项，然后按下SET按钮确认

◀ 在闪烁光源环境下拍摄时，建议开启“防闪烁拍摄”功能「焦距：50mm｜光圈：F5｜快门速度：1/250s｜感光度：ISO800」

对照片进行裁剪

Canon EOS 5Ds/5Dsʀ相机提供了十分方便的机内剪裁功能，使摄影师可以在相机中直接剪裁出所需要的画面。在“剪裁”菜单中，可以选择L、M1、M2、S1及S2画质的JPEG照片进行剪裁，无法对S3和RAW照片进行剪裁。

❶ 在**回放菜单 2** 中选择**剪裁**选项，然后按下 SET 按钮

❷ 转动速控转盘◎选择要剪裁的照片，然后按下 SET 按钮

❸ 按下 INFO. 按钮可以调整剪裁的方向，转动速控转盘可以选择剪裁的长宽比，转动主拨盘可调整剪裁框的大小，按多功能控制钮将剪裁框移至所需的画面位置

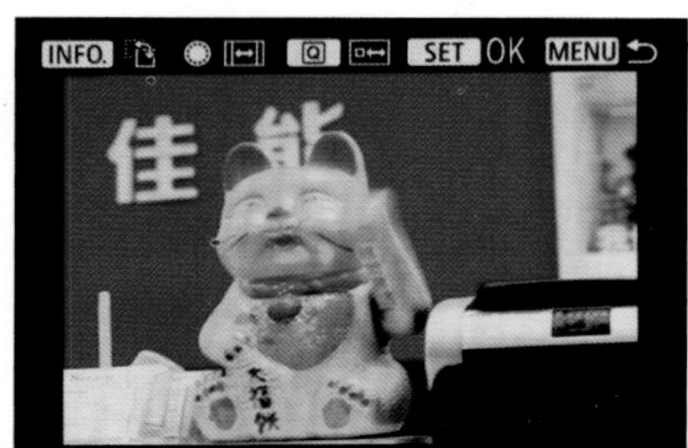

❹ 按下◙按钮可以预览剪裁框区域内的剪裁画面，然后按下 SET 按钮

❺ 转动速控转盘选择**确定**选项并按下 SET 按钮

◀ 将竖画幅的照片裁剪为横画幅，减少画面的大部分背景，与竖画幅的画面相比，画面简洁不少，更突出了人物主体

电源关闭时缩回镜头

当在Canon EOS 5Ds/5Dsʀ相机上安装了齿轮驱动的STM镜头时（如EF40mm F2.8 STM），可以在“电源关闭时缩回镜头”菜单中设置是否在相机的电源关闭时，自动收回伸出的镜头。

❶ 在**自定义功能菜单 3** 中选择**电源关闭时缩回镜头**选项，然后按下 SET 按钮

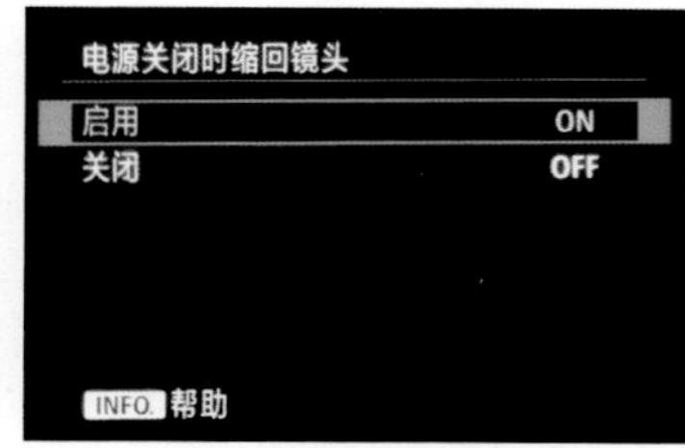

❷ 转动速控转盘◎选择**启用**或**关闭**选项，然后按下 SET 按钮确认

频繁换镜头需要掌握的功能

清洁感应器

数码单反相机的一大优点是能够更换镜头，但在更换镜头时，相机的感光元件就会暴露在空气中，操作的次数多、时间长，难免会沾上微小的粉尘，从而导致拍摄出来的照片上出现脏点，如果要清洁这些微尘，可以使用Canon EOS 5Ds/5Dsr的“清洁感应器”功能。

- 自动清洁：选择此选项，则开关机时都将自动清洁感应器。
- 立即清洁：选择此选项，则相机将即时进行清洁除尘。
- 手动清洁：选择此选项，反光镜将升起，可以进行手动清洁。

▲ 使用小光圈仰视拍摄有大面积天空的照片时，如果感应器上有灰尘，会非常明显地反映在画面中，照片的质量就会大打折扣，使用清洁感应器功能后，画面中的蓝天十分洁净「焦距：27mm ｜光圈：F16｜ 快门速度：1/1600s｜ 感光度：ISO200」

除尘数据

如前所述，由于单反相机在更换镜头时很容易进灰尘，而灰尘进入相机内部并附着在影像传感器上会使拍摄出来的照片出现污迹。因此，除尘性能也是衡量相机质量的重要指标。

Canon EOS 5Ds/5Dsr提供了自动除尘功能，通过装在影像传感器表层的自清洁装置，可以实现自动抖落灰尘的目的。但这一功能并不能保证清除传感器上的全部灰尘，有些难清除的灰尘仍会在图像上形成污点，这时可以使用相机的“除尘数据”功能，即将除尘数据添加到所拍摄的照片文件上，利用DPP软件根据除尘数据自动清除图像上的污点（类似于在后期处理软件中对照片进行修补操作）。

操作步骤 设置清洁感应器

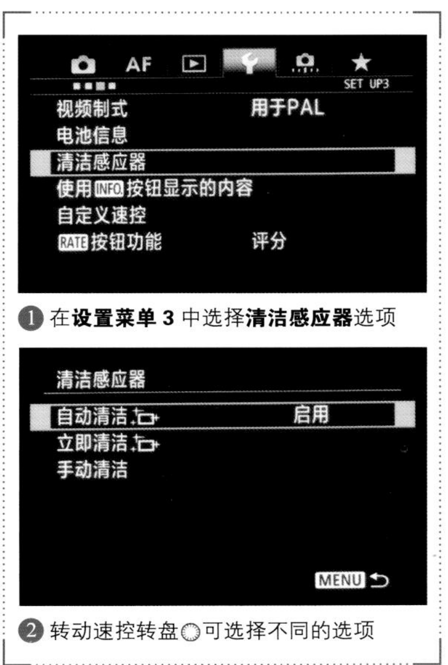

❶ 在**设置菜单 3** 中选择**清洁感应器**选项

❷ 转动速控转盘可选择不同的选项

摄影问答 怎样检测感光元件上有没有灰尘

要想检查感光元件上是否有污垢或灰尘，拍张白纸就知道了。

准备一张白纸，将感光度设置为 ISO100，光圈设置为 F16，并将焦段设置为长焦端、手动对焦（MF）。在这种状态下拍摄白纸，注意拍摄时白纸要充满画面。

在电脑上放大观察拍摄的照片，如果有灰尘，就会被清晰地呈现出来。

操作步骤 获取除尘数据

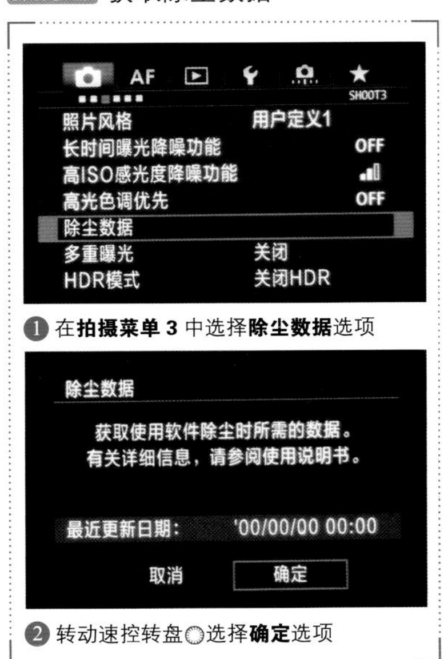

❶ 在**拍摄菜单 3** 中选择**除尘数据**选项

❷ 转动速控转盘选择**确定**选项

摄影问答 什么是低级格式化

低级格式化是相对于高级格式化而言的。从原理上看，对存储卡的格式化操作可以分为两种，第一种是较为常用的高级格式化，第二种是不常用的低级格式化。高级格式化仅仅是清除数据，重新生成引导信息，初始化文件配置表。而低级格式化是对存储卡重划分柱面和磁道，再将磁道划分为若干个扇区，每个扇区又重新进行标识，这种格式化是一种对存储卡有损耗性的操作，会影响存储卡的使用寿命。

摄影问答 什么情况下要进行低级格式化

如果感觉存储卡的记录或读取速度较慢或想要彻底删除存储卡中的所有数据（基本上用任何软件均无法恢复），可以进行低级格式化。另外，如果对存储卡进行高级格式化后，始终无法正常读写存储卡，也可以尝试对存储卡进行低级格式化。

操作步骤 设置格式化存储卡

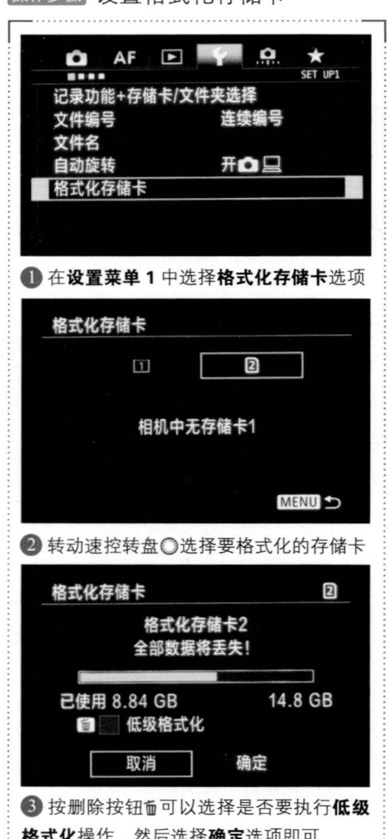

❶ 在**设置菜单 1** 中选择**格式化存储卡**选项

❷ 转动速控转盘◎选择要格式化的存储卡

❸ 按删除按钮可以选择是否要执行**低级格式化**操作，然后选择**确定**选项即可

需要三思而后行的操作

清除全部相机设置

利用“清除全部相机设置”功能可以一次性清除所有设定的自定义功能，而将它恢复到出厂状态，免去了逐一清除的麻烦。

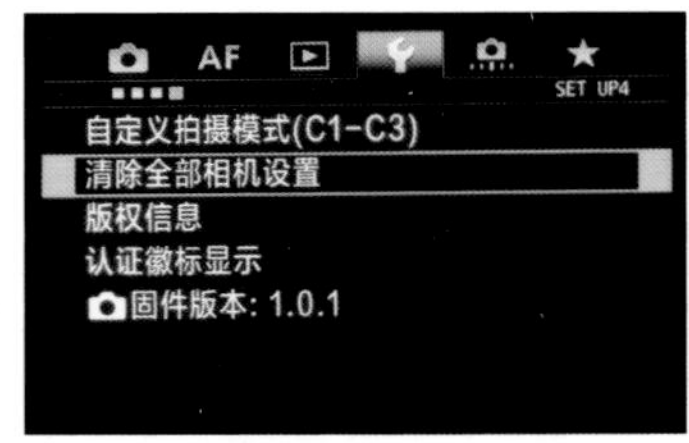

❶ 在**设置菜单 4** 中，转动速控转盘选择**清除全部相机设置**选项

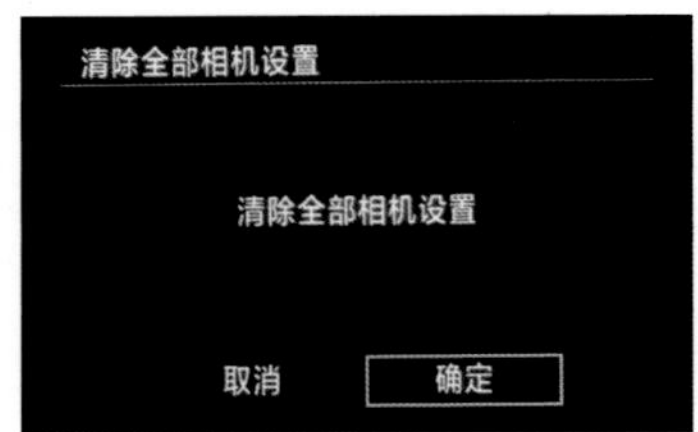

❷ 转动速控转盘◎选择**确定**选项并按 SET 按钮即可

格式化存储卡

在使用新的存储卡或在电脑中格式化过的旧储存卡时，都应该使用“格式化存储卡”功能对其进行格式化，删除存储卡中的全部数据。

需要注意的是，一般在格式化存储卡时，卡中的所有图像和数据都将被删除，即使被保护的图像也不例外，因此需要在格式化之前将所要保留的图像文件转存到新的存储卡或电脑中。

▲ 格式化之前一定要将需保留的照片导出，以免精彩的照片被误删除「焦距：35mm ｜光圈：F8｜快门速度：1/320s｜ 感光度：ISO640」

远离那些让电量迅速耗尽的操作误区

进行下列任何操作时，可拍摄数量将减少。

- 长时间半按下快门按钮。
- 频繁地启动自动对焦但不拍摄照片。
- 使用镜头图像稳定器。
- 频繁地使用液晶监视器。
- 长时间持续进行实时显示拍摄或短片拍摄。

更好地利用照片风格为照片增色

佳能官方对于照片风格的宣传是“用最感人的色彩捕捉宝贵瞬间，使用照片风格渲染出五彩世界”，很显然，这种宣传采用了夸张的手法，但也至少表明照片风格具有较广泛的适用性。实际上，照片风格就是包括了照片锐度、反差、饱和度、色调等参数的设置。

使用预设照片风格

根据不同的拍摄题材，可以选择相应的照片风格，从而实现更佳的画面效果。Canon EOS 5Ds/5DsR提供了自动、标准、人像、风光、精致细节、中性、可靠设置、单色等照片风格。

- 自动：使用此风格拍摄时，色调将自动调节为适合拍摄场景，尤其是拍摄蓝天、绿色植物以及自然界的日出和日落场景时，色彩会显得更加生动。
- 标准：此风格是最常用的照片风格，使用该风格拍摄的照片画面清晰，色彩鲜艳、明快。
- 人像：使用该风格拍摄人像时，人的皮肤会显得更加柔和、细腻。
- 风光：此风格适合拍摄风光，对画面中的蓝色和绿色有非常好的展现。
- 精致细节：适合表现被摄体的详细轮廓和细腻纹理。颜色会略微鲜明。
- 中性：此风格适合偏爱电脑图像处理的用户，使用该风格拍摄的照片色彩较为柔和、自然。
- 可靠设置：此风格也适合偏爱电脑图像处理的用户，当在5200K色温下拍摄时，相机会根据主体的颜色调节色彩饱和度。
- 单色：使用该风格可拍摄黑白或单色的照片。

操作步骤 预设照片风格

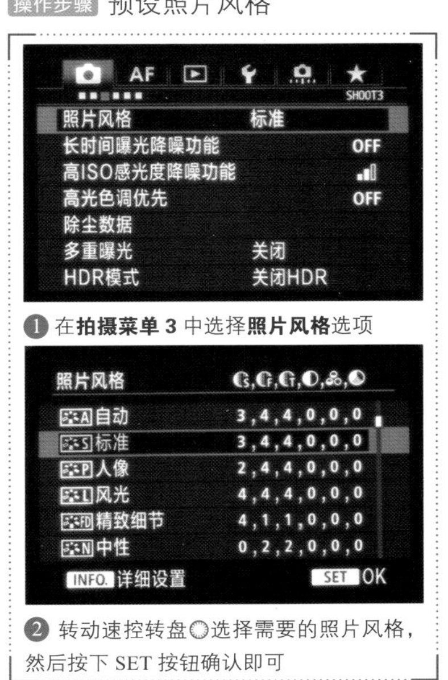

❶ 在**拍摄菜单 3** 中选择**照片风格**选项

❷ 转动速控转盘◎选择需要的照片风格，然后按下 SET 按钮确认即可

修改预设的照片风格参数

在前面讲解的预设照片风格中，用户可以根据需要修改其中的参数，以满足个性化的需求。在选择某一种照片风格后，按下机身上的INFO.按钮即可进入其详细设置界面。

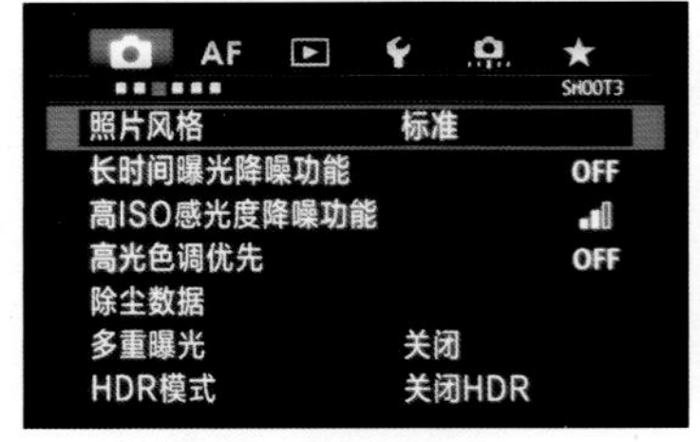

❶ 在**拍摄菜单3**中选择**照片风格**选项

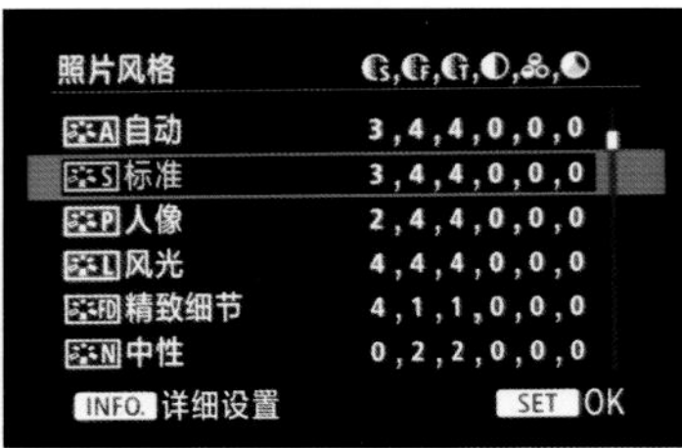

❷ 转动速控转盘◎选择要修改的照片风格

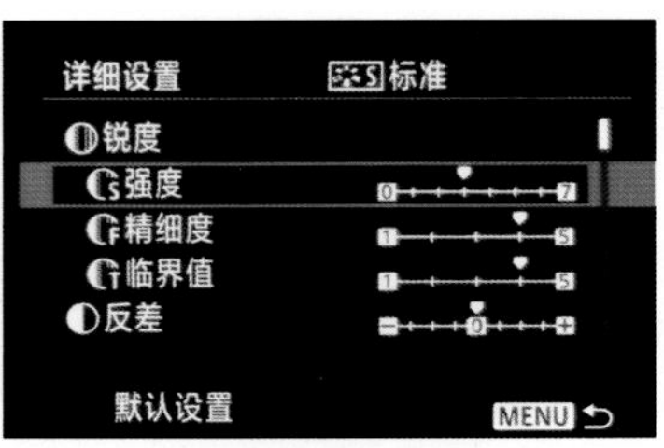

❸ 转动速控转盘◎选择要编辑的参数

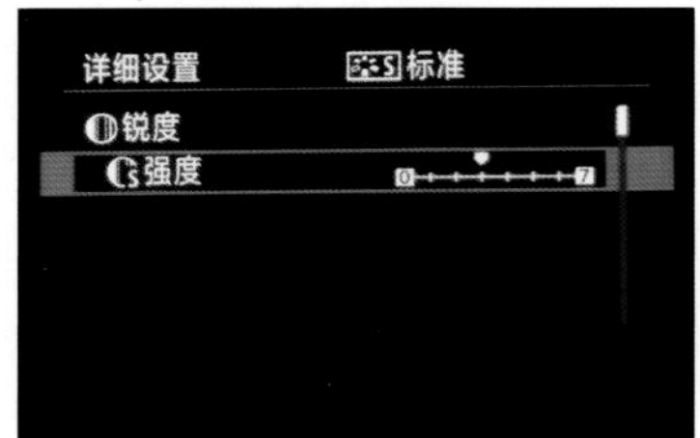

❹ 按下SET按钮即可进入某个参数的编辑状态

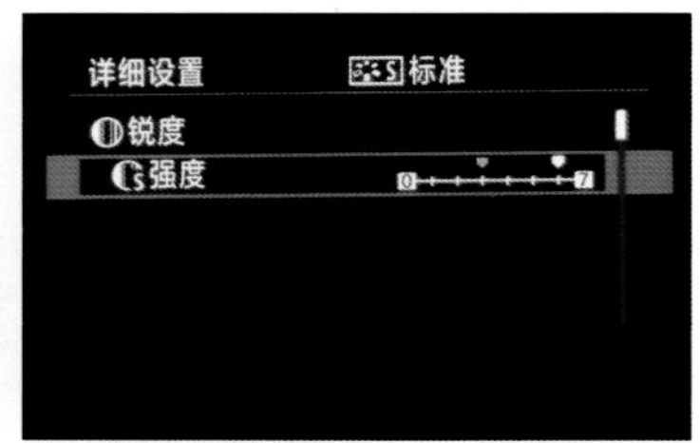

❺ 转动速控转盘◎可调整参数的数值，并按下SET按钮确认对参数的修改

按照类似的方法，还可以对反差、饱和度、色调等参数进行调整。调整完毕后，直接按快门按钮或机身上的MENU按钮返回上一级菜单即可。

- 锐度：控制图像的锐度。在“强度”选项中，向0端靠近则降低锐化的强度，图像变得越来越模糊；向7端靠近则提高锐度，图像变得越来越清晰。在“精细度”选项中可以强调的轮廓的精细度，数值越小，要强调的轮廓越精细。在“临界值”选项中，根据被摄体和周围区域之间的反差的差异设定强调轮廓的程度，数值越小，当反差差异较低时越强调轮廓。但是，当数值较小时，高ISO感光度时的噪点容易变得明显。

▲ 设置锐度前（0）后（+4）的效果对比

- 反差：控制图像的对比程度。转动速控转盘◎向⊟端靠近则降低反差，图像变得越来越柔和；转动速控转盘◎向⊞端靠近则提高反差，图像变得越来越明快，整体对比效果增强。

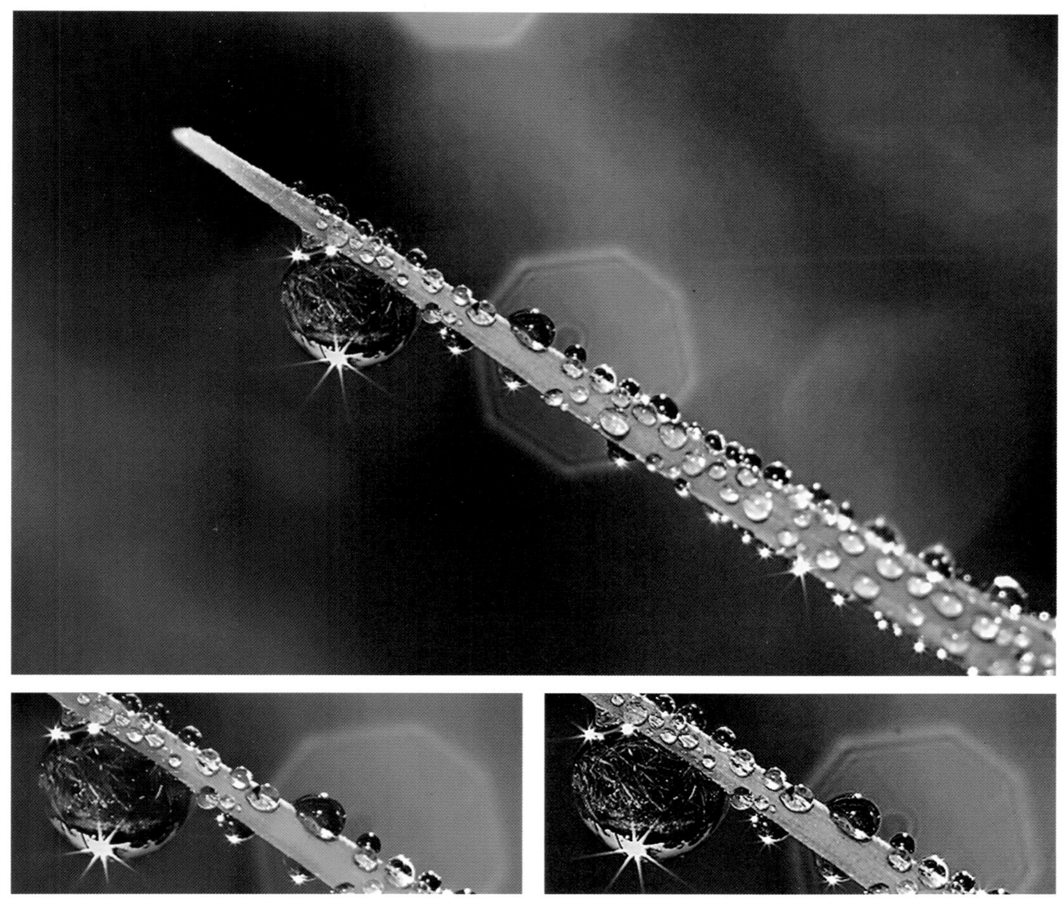

▲ 设置反差前（0）后（+3）的效果对比

- 饱和度：控制色彩的鲜艳程度。转动速控转盘◎向⊟端靠近则降低饱和度，色彩变得越来越淡；转动速控转盘◎向⊞端靠近则提高饱和度，色彩变得越来越艳。

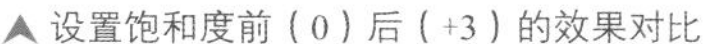

▲ 设置饱和度前（0）后（+3）的效果对比

- 色调：控制画面色调的偏向。转动速控转盘向端靠近则越偏向于红色调；转动速控转盘向端靠近则越偏向于黄色调。

▲向左增加红色调与向右增加黄色调的效果对比

在“单色”风格下还可以选择不同的滤镜及色调效果，从而拍出更有特色的黑白或单色照片效果。在“滤镜效果”选项中，可选择无、黄、橙、绿等色彩，从而在拍摄过程中，针对这些色彩进行过滤，得到更亮的灰色甚至白色。

❶ 在**拍摄菜单 3** 中选择**照片风格**选项，然后选择**单色**照片风格选项

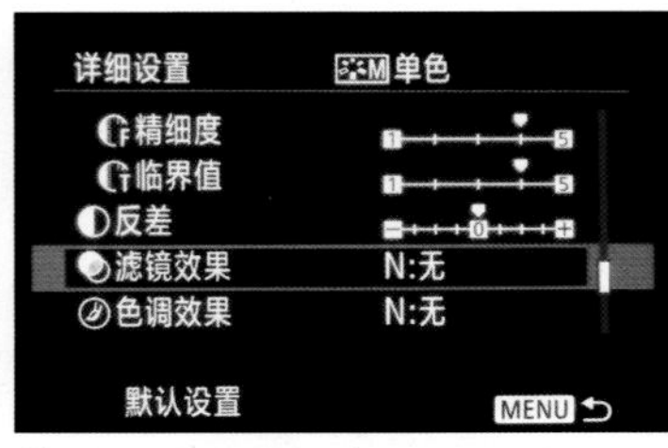

❷ 转动速控转盘选择**滤镜效果**选项

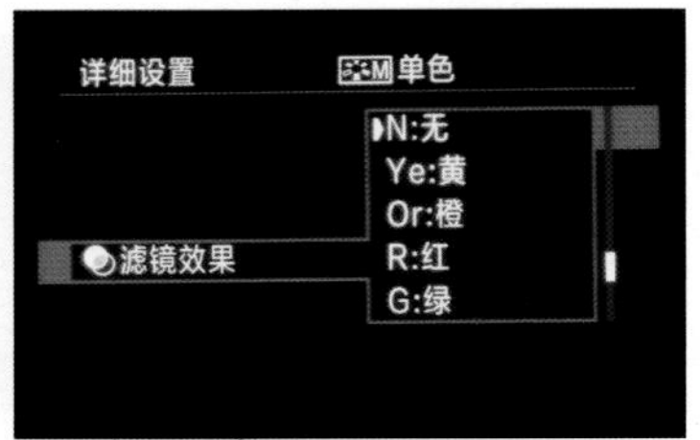

❸ 转动速控转盘选择需要过滤的色彩

- 无：没有滤镜效果的原始黑白画面。
- 黄：可使蓝天更自然、白云更清晰。
- 橙：压暗蓝天，使夕阳的效果更强烈。
- 红：使蓝天更暗、落叶的颜色更鲜亮。
- 绿：可将肤色和嘴唇的颜色表现得很好，使树叶的颜色更加鲜亮。

▲选择“标准”照片风格时拍摄的效果

▲选择“单色”照片风格时拍摄的效果

▲设置“滤镜效果”为“红”时拍摄的效果

在“色调效果”选项中可以选择无、褐、蓝、紫、绿等多种单色调效果。

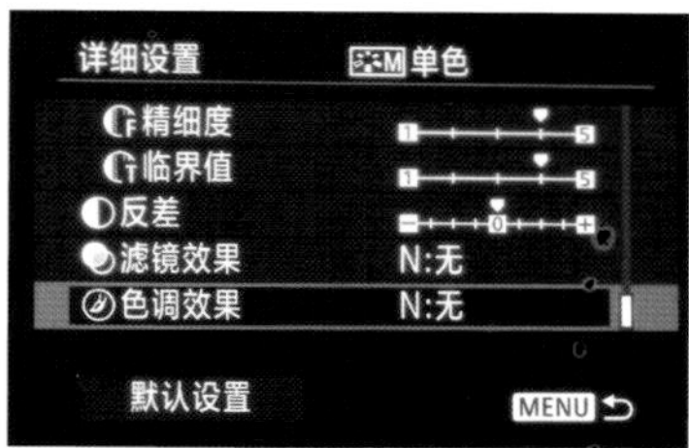

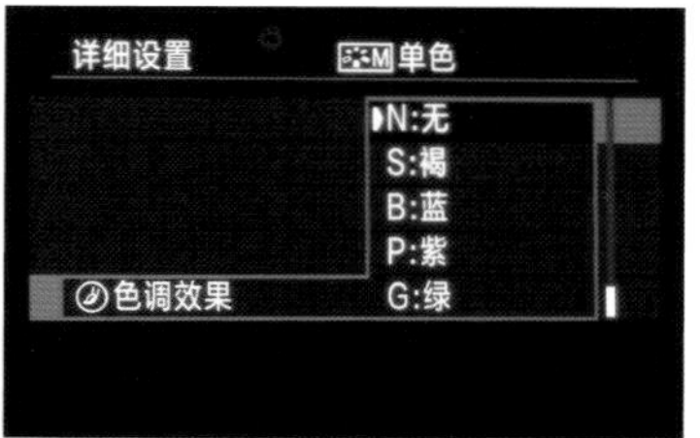

❶ 在**拍摄菜单 3** 中选择**照片风格**选项，然后选择**单色**照片风格选项

❷ 转动速控转盘◎选择**色调效果**选项

❸ 转动速控转盘◎选择需要增加的色调效果

- 无：没有偏色效果的原始黑白画面。
- 褐：画面呈现褐色，有种怀旧的感觉。
- 蓝：画面呈现偏冷的蓝色。
- 紫：画面呈现淡淡的紫色。
- 绿：画面呈现偏绿色。

▲ 原图及选择褐色、蓝色时得到的单色照片效果

注册照片风格

所谓注册照片风格，即指对Canon EOS 5Ds/5Dsʀ相机提供的3个用户定义的照片风格，依据现有的预设风格进行修改，从而得到用户自己创建、编辑，能满足个性化需求的照片风格。

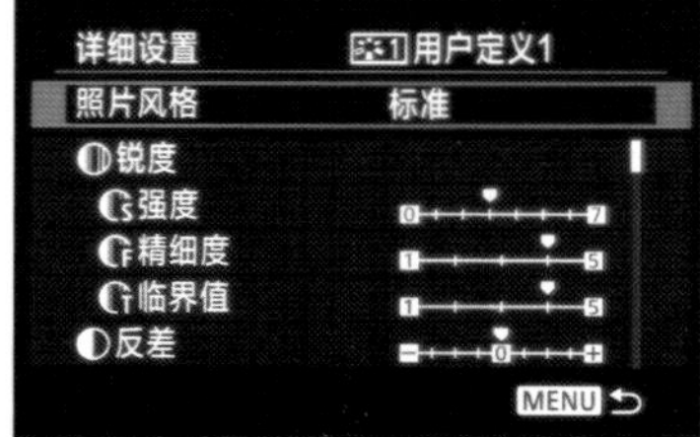

❶ 在**拍摄菜单 3** 中选择**照片风格**选项

❷ 选择**用户定义 1~用户定义 3** 中的一个选项

❸ 选择**照片风格**选项，并按下 SET 按钮确认

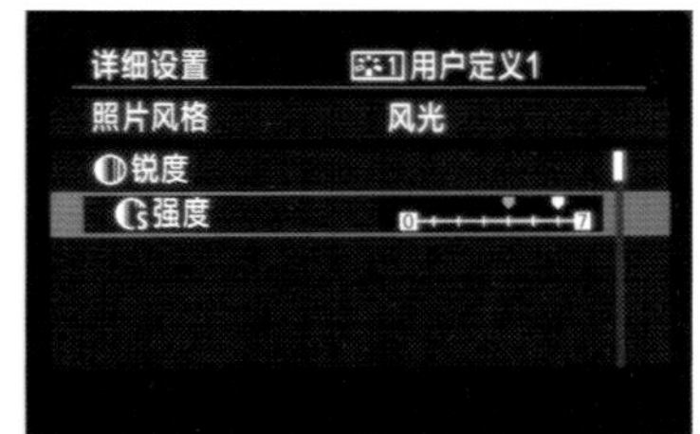

❹ 转动速控转盘◎指定以哪种照片风格为基础进行自定义照片风格

❺ 转动速控转盘◎选择要自定义的参数

❻ 转动速控转盘◎修改选定的参数，然后按下 SET 按钮确认对该参数的修改

理解解像度拍出最锐利的照片

在摄影领域，解像度这一概念的原意是指相机镜头的光学分辨能力。在数码相机中，也用来表示相机感光元件表现细节的能力。相机制造厂商通过增加像素来提高解像度，镜头制造商则需要完善光学玻璃的品质，让镜头可以分辨更多的细节，以提高照片的解像度。

▲ 解像度不高的照片，放大观察时，细节显得模糊

解像度为什么如此重要

照片的解像度越高，也就意味着照片中记录的细节越多，通俗地说，这张照片就会越清晰。而解像度不高的照片，放大观察时就会发现细节部分比较模糊。

通常，在拍照时应使用最高的解像度，这样会方便后期的操作。毕竟，若将一张小图变大，还要保证图像的清晰很难实现。

提高解像度除了需要靠感光元件外，还与镜头有关。不同镜头的光学差异非常大，好的镜头可以把物体的细节拍得纤毫毕现，而光学素质较低的镜头则会损失很多细节。通常，变焦范围越小的镜头，光学素质就越高，而定焦镜头的光学素质普遍好于变焦镜头。

最直观的判断方法就是：贵的镜头要比便宜的镜头质量好。用4倍价钱买的镜头，它的光学素质肯定要比廉价镜头优秀，但是不要指望镜头的解像度也提高4倍，因为解像度和光学素质并没有线性的关系。

由于镜头本身结构的原因，在镜头成像时，画面中心的解像度要高于边角部分的解像度，而好镜头能减少画面中央与边角的成像差距。因此，一个比较有用的技巧是在拍摄时把被摄体安排在画面的中间位置，完成拍摄后，通过裁剪保留画面中间位置的被摄体，从而确保照片的细节获得完美呈现。

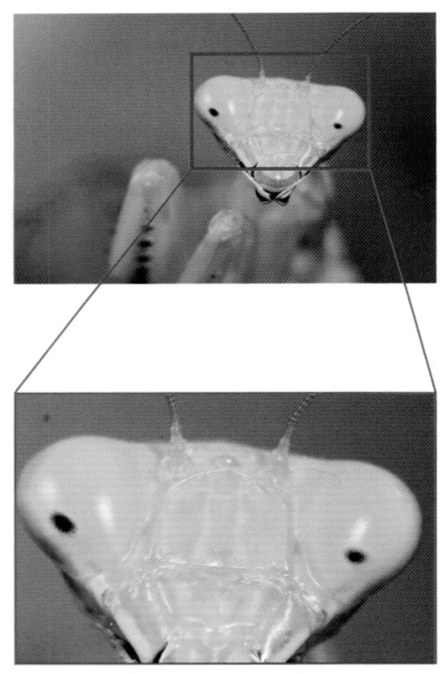

▲ 解像度较高的照片，放大观察时，细节显得清晰锐利

影响照片解像度的其他因素

在照片的拍摄参数中，光圈对解像度有很大的影响。因此，若想要得到细节丰富的照片，还应避免使用相机的最大和最小光圈。使用最大光圈时，虽然可以营造很浅的景深效果，但同时也会使画面损失很多细节。而想要获得最高解像度的方法是，找到此镜头的最佳光圈，通常一只镜头的最佳光圈约比最大光圈小2挡，例如，一只最大光圈为F2.8的镜头，其最佳光圈在F5.6左右。

此外，由于光线衍射的原因，为了避免画质下降，不易使用最小光圈。

了解画质降低的3个原因

排除摄影师技术层面的原因，照片画质降低还有可能是以下3个因素造成的：镜头像差、衍射、低通滤镜。

在以上3个因素中，镜头像差主要依靠更先进的光学镜片设计和特殊材质镜片进行校正，但无法完全消除。衍射是光学的固有现象，更无法消除，只能通过避免使用过小的光圈来减弱。低通滤镜也是导致照片画质下降的原因，通过取消低通滤镜就可以提高画质，但随之而来的是照片可能出现摩尔纹和伪色，因此属于拆东墙补西墙的方法。

深入理解导致照片画质下降的最重要的原因——像差

像差产生的原因

当光线穿过相机镜头中的镜片时，由于镜片相对于不同波长的光线具有不同的折射率，因此即使入射光线从一个点射入，最终也不可能准确地聚集在一个点，这种现象就被称为像差。透过棱镜的光，之所以能够被分解为彩虹光谱，也是因为这个原因。

虽然，镜头厂家在设计镜头时，会考虑使用能够抑制像差的镜片结构和光学材料，但任何镜头都无法避免像差的出现，只有轻重程度的区别，这也是衡量镜头性能的一项标准，好的镜头像差不明显，质量一般的镜头像差明显。

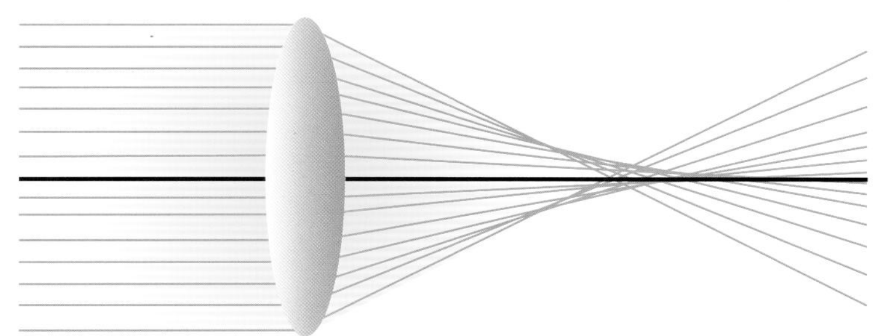

▲ 由于镜头的材料问题，光线通过镜片后，无法汇聚到一点，从而形成像差

解决像差影响的对策

多数像差能通过屏蔽镜头边缘光线，即适当缩小光圈来改善。此外，还可以使用下一节将要讲解的数码镜头优化功能。

摄影问答 什么是低通滤镜

从外观看，低通滤镜和透明玻璃没有区别，但低通滤镜表面覆盖了一层镀膜，其主要作用是消除摩尔纹。如果去除低通滤镜，在特定的情况下，当被摄对象的空间频率与感光元件的空间频率接近时，就会在照片中产生摩尔纹，例如用没有低通滤镜的数码小卡片机拍摄投影屏幕，或者有细小纹路的衣服、物品，都有可能出现摩尔纹，如下图所示。

摄影问答 常见的像差都有哪几类

常见的像差有如下 6 类。

1.轴向色像差（又称纵向色像差）：在画面中央出现，主要表现为紫色系的色晕。

2.倍率色像差（又称横向色像差）：在画面边缘出现的色晕或颜色错位。

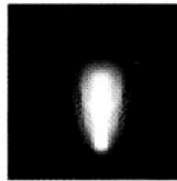

3.球面像差：在画面中央出现的锐度降低，即像晕。

4.彗星像差：在画面边缘出现的拖尾状的像晕或拖影。

5.径向光晕：在画面边缘出现的沿同心圆圆周方向扩散的像晕。

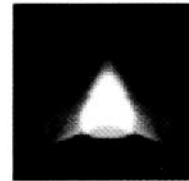

6.像散：在画面边缘沿半径或同心圆圆周方向的焦点错位。

知识链接 数码镜头优化功能支持的镜头列表

广角定焦镜头	远摄变焦镜头
EF 14mm F2.8 L Ⅱ USM	EF 20-300mm F3.5-5.6 L IS USM
EF 24mm F1.4 L Ⅱ USM	EF 70-200mm F2.8 L IS USM
EF 35mm F1.4 L USM	EF 70-200mm F2.8 L IS Ⅱ USM
广角变焦镜头	EF 70-200mm F4 L USM
EF 16-35mm F2.8 L USM	EF 70-200mm F4 L IS USM
EF 16-35mm F2.8 L Ⅱ USM	EF 70-300mm F4-5.6 L IS USM
EF 17-40mm F4 L USM	EF 100-400mm F4.5-5.6 L IS USM
标准定焦镜头	EF-S镜头
EF 40mm F2.8 STM	EF-S 10-22mm F3.5-4.5 USM
EF 50mm F1.4 USM	EF-S 15-85mm F3.5-5.6 IS USM
EF 50mm F1.2 USM	EF-S 17-55mm F2.8 IS USM
EF 85mm F1.2 Ⅱ USM	EF-S 17-85mm F4-5.6 IS USM
标准变焦镜头	EF-S 18-135mm F3.5-5.6 IS
EF 24-70mm F2.8 L USM	EF-S 18-135mm F3.5-5.6 IS STM
EF 24-70mm F2.8 L Ⅱ USM	EF-S 18-200mm F3.5-5.6 IS
EF 24-105mm F4 L IS USM	EF-M镜头
超远摄定焦镜头	EF-M 18-55mm F3.5-5.6 IS STM
EF 300mm F2.8 L IS Ⅱ USM	EF-M 22mm F2 TM
EF 400mm F2.8 L IS Ⅱ USM	
EF 500mm F4 L IS Ⅱ USM	
EF 600mm F4 L IS Ⅱ USM	

知识链接 数码镜头优化功能支持的相机列表

EOS -1D X	EOS 50D
EOS -1D Mark Ⅳ	EOS 40D
EOS -1Ds Mark Ⅲ	EOS 30D
EOS -1D Mark Ⅱ	EOS 650D
EOS -1D Mark Ⅱ N	EOS 600D
EOS -1Ds Mark Ⅱ	EOS 550D
EOS -1Ds	EOS 500D
EOS -1D	EOS 450D
EOS 5Ds/5Dsr	EOS 400D
EOS 5D Mark Ⅱ	EOS 1100D
EOS 5D（固件版本1.1.1）	EOS 1000D
EOS 7D	EOS M
EOS 60D	

消除像差提高画质的终极技巧——数码镜头优化功能

什么是数码镜头优化功能

数码镜头优化是佳能随相机附赠的数码照片处理软件——Digital Photo Professional（简称DPP）提供的一种基于解决光学系统缺陷的图像处理算法技术来提高照片画质的功能。

如前所述，光学系统导致的画质下降现象，可以概括为光线在传播过程中产生变化的结果。DPP软件提供的数码镜头优化功能，可以通过数学算法根据相机光学系统中每一阶段产生的信息变化情况，对其进行相应的逆向补偿，从而抵消光线的不良变化，最终改善照片的画质。其原理类似各个镜头厂商为镜头添加的防抖动技术。

这一技术的关键点是厂商要完全掌控整个相机系统中的所有环节，包括镜头、传感器和后期处理软件的设计、制造核实参数，这样才有可能精确针对每一款相机和镜头，单独设置函数并通过数学推导的方法进行逆向补偿。因此，DPP软件目前只支持佳能原厂相机与镜头。

从用户使用的角度来说，使用数码镜头优化技术应满足以下几个条件。

- 使用支持数码镜头优化功能的镜头和机身，由于EOS 5Ds/5Dsr也在支持之列，因此在满足其他条件的情况下，可以使用此功能，对照片进行优化（此功能支持的镜头与机身列表参见侧栏）。
- 采用RAW格式拍摄（不包括M-RAW、S-RAW、经过多重曝光的RAW格式文件等）。
- 使用3.11及以上版本的DPP软件。

利用数码镜头优化功能抑制镜头像差

每一款镜头都有其固有的最佳光圈，当使用此光圈进行拍摄时，得到的照片品质最高。而使用最大光圈进行拍摄时，则有可能由于会产生像差，而导致照片的品质下降。但如果预计到后期要通过数码镜头优化功能对照片进行优化，则拍摄时摄影师可以放心地使用镜头的最大光圈，在后期处理时再通过DPP软件抑制镜头像差，获得最高品质的照片。

利用数码镜头优化功能抑制衍射现象

当摄影师使用较小的光圈拍摄时，由于光线的衍射现象会导致照片的画质明显下降。而抑制光线衍射现象，是数码镜头优化技术最出色的组成部分，通过开启“数码镜头优化”功能，可以获得更加清晰的高画质RAW格式照片。因此拍摄时摄影师可以放心地使用较小的光圈，从而在创作中能够专注于题材本身，不再受光线衍射效应的限制。

使用DPP进行数码镜头优化的操作步骤

在拍摄照片时，相机需要通过一系列的解析与运算，将镜头捕捉到的影像记录下来。而在这个过程中，镜头成像质量、光线衍射以及相机内置的多重滤镜，都会对最终的成像产生很大的影响，此时，用户就可以使用佳能DPP软件中的“数码镜头优化”功能进行校正处理。

在实际使用时，用户需要根据自己拍摄照片时所使用的镜头，下载相应的数据文件，然后适当调整参数至满意即可。

1. 运行DPP软件，并在窗口中双击要处理的RAW格式照片。

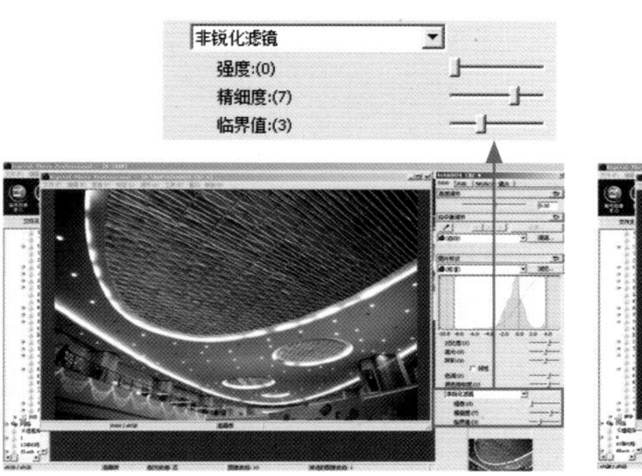

2. 点击选择工具调色板的“RAW”选项卡，将“清晰度”（或者“非锐化滤镜”）的强度设成“0”。同样也将“RGB”选项卡的“清晰度”设为“0”。

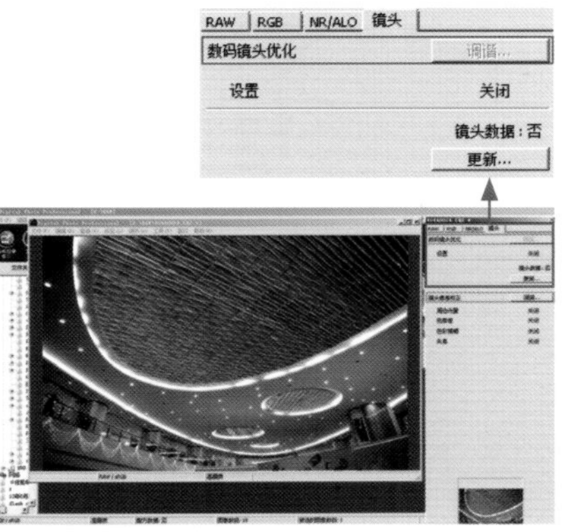

3. 单击工具调色板的“镜头”选项卡，显示数码镜头优化功能，单击“更新”按钮。如果按钮上方显示“镜头数据：是”时不必进行此操作。

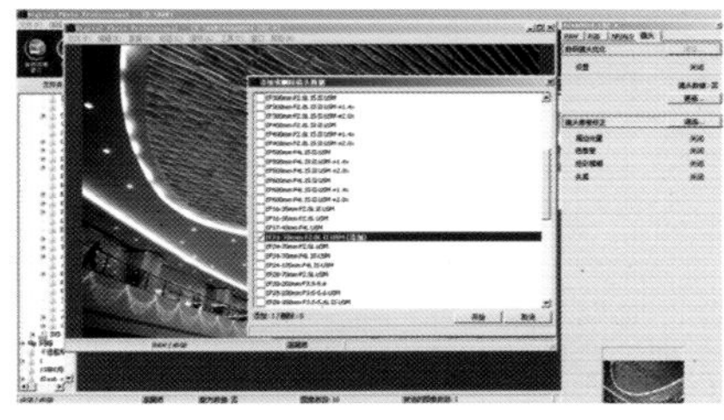

4. 显示“添加或删除镜头数据” 对话框后，勾选拍摄照片所用的镜头名（粗体字显示的镜头名就是所选照片使用的镜头），单击“开始”按钮。

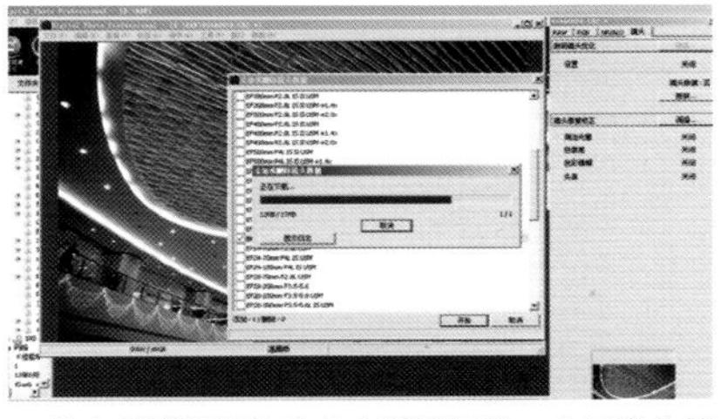

5. 检查互联网的连接状态是否正常，在正常的情况下，将显示下载进度条。

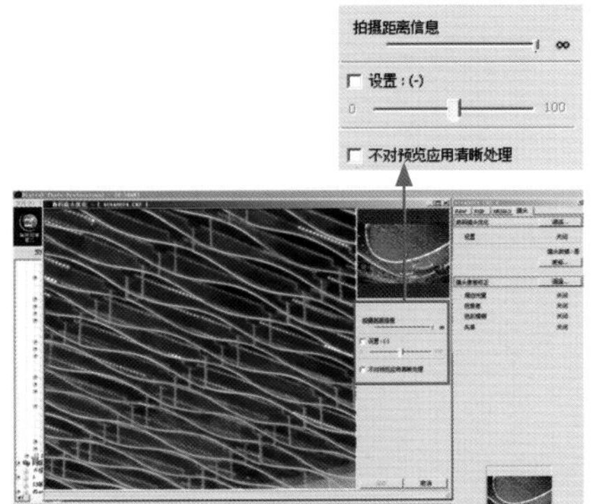

6. 完成下载后关闭“添加或删除镜头数据”对话框。单击“调谐”按钮显示“数码镜头优化”对话框。

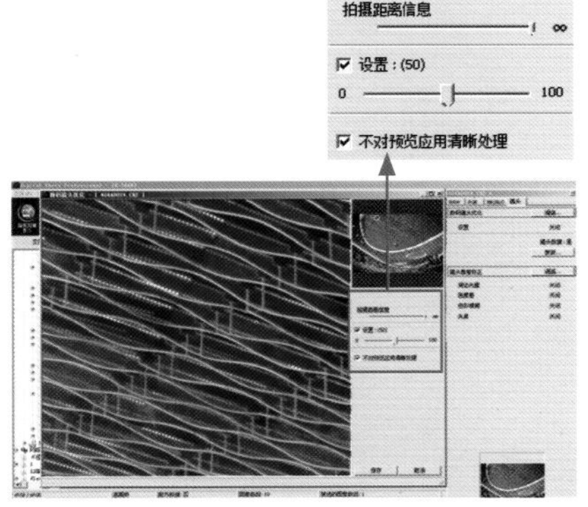

7. 勾选“设置”复选框，即可应用数码镜头优化的效果。效果的强度可通过拖动滑块进行调整，越向右滑动，图像解像力越高，对像差的补偿就越强。

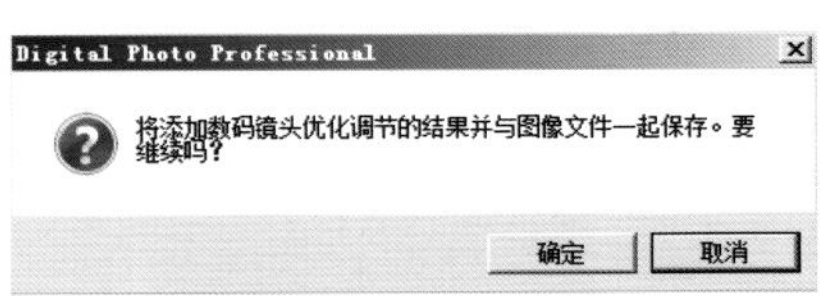

8. 完成操作后，单击“保存”按钮，在弹出的对话框中单击“确定”按钮以保存数码镜头优化的效果。

好马配好鞍，5Ds配红圈——能够与EOS 5Ds/5DsR匹配的那些镜头

Chapter 03

全面认识EF镜头的参数

镜头名称中包括了很多数字和字母，EF系列镜头采用了独立的命名体系，各数字和字母都有特定的含义，能够熟记这些数字和字母代表的含义，就能很快地了解一款镜头的性能。

EF 24-105mm F4 L IS USM

❶ ❷ ❸ ❹

❶ 镜头种类

■ EF

适用于EOS相机所有卡口的镜头均采用此标记。如果是EF，则不仅可用于胶片单反相机，还可用于全画幅、APS-H尺寸以及APS-C尺寸的数码单反相机。

■ EF-S

EOS数码单反相机中使用APS-C尺寸图像感应器机型的专用镜头。S为Small Image Circle（小成像圈）的字首缩写。

■ MP-E

最大放大倍率在1倍以上的“MP-E 65mm F2.8 1-5x 微距摄影”镜头所使用的名称。MP是Macro Photo（微距摄影）的缩写。

■ TS-E

可将光学结构中一部分镜片倾角或偏移的特殊镜头的总称，也就是人们所说的“移轴镜头”。佳能原厂有24mm、45mm、90mm共3款移轴镜头。

❷ 焦距

表示镜头焦距的数值。定焦镜头采用单一数值表示，变焦镜头分别标记焦距范围两端的数值。

❸ 最大光圈

表示镜头所拥有最大光圈的数值。光圈恒定的镜头采用单一数值表示，如EF 70-200mm F2.8 L IS USM；浮动光圈的镜头标出光圈的浮动范围，如EF-S 18-135mm F3.5-5.6 IS。

❹ 镜头特性

■ L

L为Luxury（奢侈）的缩写，表示此镜头属于高端镜头。此标记仅赋予通过了佳能内部特别标准的、具有优良光学性能的高端镜头。

■ Ⅱ、Ⅲ

镜头基本上采用相同的光学结构，仅在细节上有微小差异时，添加该标记。Ⅱ、Ⅲ表示是同一光学结构镜头的第2代和第3代。

■ USM

表示自动对焦机构的驱动装置采用了超声波马达（USM）。USM将超声波振动转换为旋转动力从而驱动对焦。

■ 鱼眼（Fisheye）

表示对角线视角为180°（全画幅时）的鱼眼镜头。之所以称之为鱼眼，是因为其特性接近于鱼从水中看陆地的视野。

■ SF

被佳能EF 135mm F2.8 SF镜头使用。其特征是利用镜片5种像差之一的“球面像差”来获得柔焦效果。

■ DO

表示采用DO镜片（多层衍射光学元件）的镜头。其特征是可利用衍射改变光线路径，只用一片镜片对各种像差进行有效补偿，此外还能够起到减轻镜头重量的作用。

■ IS

IS是Image Stabilizer（图像稳定器）的缩写，表示镜头内部搭载了光学式手抖动补偿机构。

■ 小型微距

最大放大倍率为0.5的“EF 50mm F2.5 小型微距”镜头所使用的名称。表示是轻量、小型的微距镜头。

■ 微距

通常将最大放大倍率在0.5~1倍（等倍）范围内的镜头称为微距镜头。EF系列镜头包括了50~180mm各种焦段的微距镜头。

■ 1-5x微距摄影

数值表示拍摄可达到的最大放大倍率。此处表示可进行等倍至5倍的放大倍率拍摄。在EF镜头中，将具有等倍以上最大放大倍率的镜头称为微距摄影镜头。

❶ 镜头种类	❷ 焦距
❸ 最大光圈	❹ 镜头特性

读懂MTF图对镜头知根知底

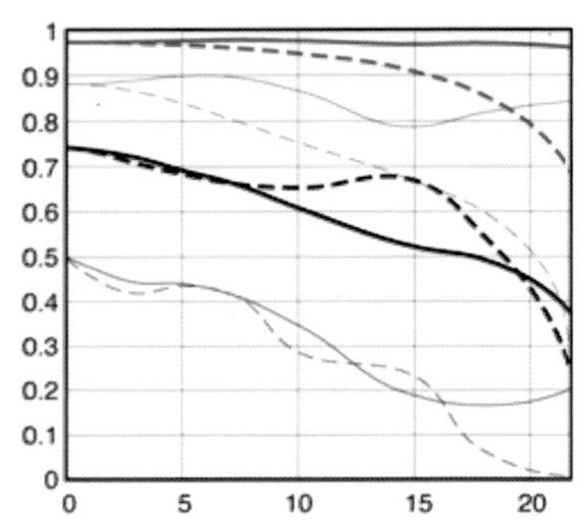

▲ 佳能 EF 50mm F1.2 L USM 的 MTF 曲线图

MTF值（模量传递函数）是对镜头的锐度、反差和分辨率进行综合评价的数值。

下面将以佳能EF 50mm F1.2 L USM的MTF曲线图为例，讲解图中各部分所代表的含义。

- 横轴：从左至右代表成像平面圆心到边缘的半径尺寸。左边的0位置代表镜头的中心，最右边的位置代表像场半径的最边缘，视镜头像场大小而定，单位是毫米。
- 纵轴：从下到上代表成像素质达到实物状况的百分比，取值范围为0~1。1就是100%，显然这是不可能的，曲线只能无限接近于1，不可能等于1。
- 粗线：共有两条粗线，分别是蓝色粗线与黑色粗线，代表镜头分辨率的测试结果，曲线越高表明镜头表现有反差图像的能力越强。
- 细线：共有两条细线，分别是蓝色细线与黑色细线，代表镜头对图像反差识别率的测试结果。此测试数值越接近于1，代表镜头在细节方面的成像性能越优秀，换言之，拍摄出来的照片越锐利。
- 黑线：共有四条黑线，分别是一细黑线、一粗黑线、一细虚黑线、一粗虚黑线，这些黑线均代表当镜头以最大光圈测光时的测试结果。
- 蓝线：共有四条蓝线，分别是一细蓝线、一粗蓝线、一细虚蓝线、一粗虚蓝线，这些蓝线均代表当镜头以光圈F8测光时的测试结果。
- 实线：共有四条实线，即蓝色粗实线和细实线以及黑色粗实线和细实线，这四条实线代表镜头从画面中心向四周辐射的MTF值（径向）。
- 虚线：共有四条虚线，即蓝色粗虚线和细虚线以及黑色粗虚线和细虚线，这四条虚线代表镜头围绕画面中心的圆的切线方向的MTF值（切向）。

摄影问答 如何通过MTF图判断镜头的性能

要通过MTF曲线来评判一支镜头的优劣，可以从以下几个方面来考虑。

1．MTF曲线越高越好，曲线越高说明镜头的光学性能越好。因此MTF数值在0.8以上就表示此镜头的性能已经可以被认为是优秀了，但是总体上看不一定就是好镜头；可是反过来说，圆心上的MTF数值不足0.6的，肯定不是好镜头。

2．MTF曲线越平直越好，越平直说明边缘与中间的一致性就越好，边缘严重下降说明图像边缘与中心位置质量相差较大。

3．无论哪种颜色的线条，实线与虚线越接近越好，两者之间的距离越小说明镜头的像散越小。

4．四条蓝线由于代表的是使用F8光圈拍摄时镜头的性能，比较接近于镜头在各种理想拍摄条件下的最佳性能，因此能够反映出镜头的实际应用性能。

▲ 通过MTF曲线图可以判断这是一款质量出色的镜头，所拍出画面的中心位置与四周的画质同样出色「焦距：50mm ｜光圈：F16｜ 快门速度：1/200s｜ 感光度：ISO100」

理解镜头的焦距

镜头的焦距是指对无限远处的被摄体对焦时镜头中心到成像面的距离，一般用长短来描述。焦距变化带来的不同视觉效果主要体现在视角上。视野宽广的广角镜头，光照进镜头的入射角度大，镜头中心到光集结起来的成像面之间的距离短，对角线视角较大，因此能够拍摄场景更广阔的画面。而视野窄的长焦镜头，光的入射角度小，镜头中心到成像面的距离长，对角线视角较小，因此适合以特写的角度拍摄远处的景物。

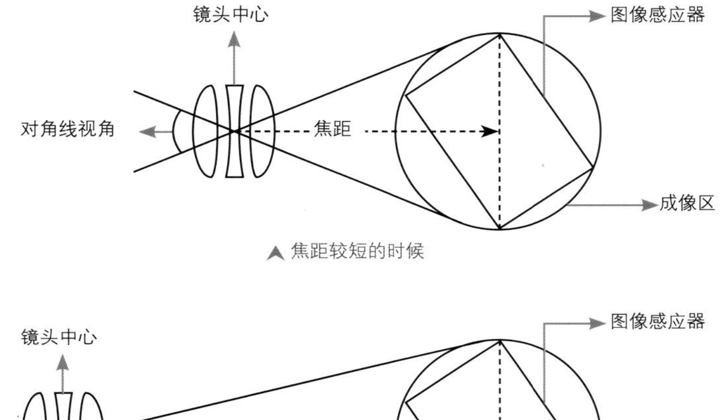

▲ 焦距较短的时候

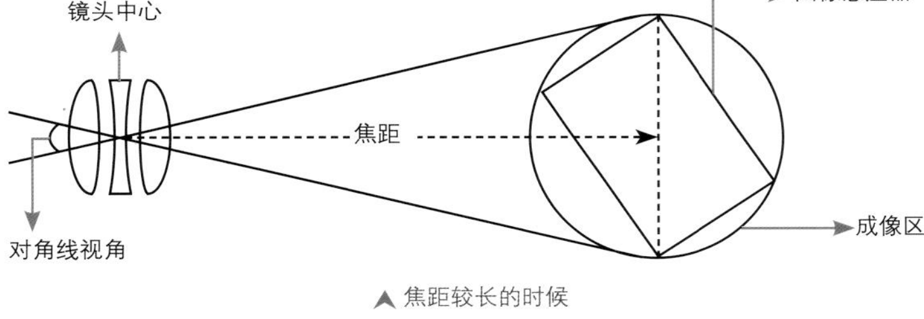

▲ 焦距较长的时候

过于靠近而无法对焦，理解最近对焦距离

最近对焦距离是指能够对被摄体合焦的最短距离。也就是说，如果被摄体到相机成像面的距离短于该距离，那么就无法完成合焦，具体表现在操作上，就是相机的快门按钮无法被按下。

因此，如果镜头距离被摄对象较近时，无法按下快门按钮，应该在第一时间想到这是由于对焦距离过近导致的。

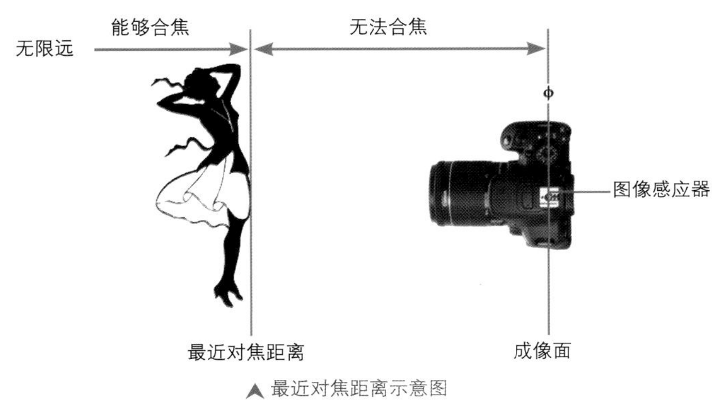

▲ 最近对焦距离示意图

学习技巧 更换镜头时避免进灰的技巧

更换镜头时要保持镜头卡口面朝地板，这样就能避免空气中的灰尘和颗粒从上面飘落进相机卡口。

摄影问答 如何从兼容与保值角度看“原厂”和“副厂”镜头

原厂镜头的性能指标都是根据厂家生产的机身设计的，在硬件和软件上不存在兼容性问题，即使有了问题，通过固件升级也可以得到解决；另外，现在很多相机生产厂家都会用自家的后期图像处理软件校正镜头的变形、色差等不足，这样可以有效地降低镜头生产成本。原厂镜头的数据信息可以被很好地识别利用，而使用副厂镜头的话则有一定的障碍。

买诸如腾龙、适马、图丽等副厂镜头的原因是其价钱便宜，但考虑到存在诸如软件兼容性差、使用一段时间后易坏、维修不便、二手货处理时不太保值等问题，因此从兼容与保值角度看，购买原厂镜头比副厂更好一些。

摄影问答 什么叫变焦比

英文全称为“Zoom Ratio”，表示变焦镜头的焦距变化范围。例如，EF 24-105mm F4 L IS USM 镜头的变焦比为 4.4，EF 24-70mm F2.8 L USM 镜头的变焦比约为 3。通常，镜头的变焦比越大使用越方便，但其内部结构更复杂，最大光圈就越小，且镜头的分辨率等光学性能也越低。

理解镜头的防抖功能

佳能特有的防抖技术IS（Image Stabilizer）是通过使一部分光学元件平行移动的方式来实现防抖的，利用此功能，摄影师即使在短时间手持拍摄的情况下，也能够获得清晰、锐利的照片。

IS防抖机构的基本原理是，光轴补偿光学元件垂直于光轴水平移动，并根据镜头的抖动量调整自身的移动量，通过保持到达成像焦平面光线的稳定来补偿相机抖动对画面的影响。

防抖机构的核心是检测震动的陀螺仪传感器、光轴补偿光学元件以及控制其运作的算法。这几个因素能否很好地协同工作，直接决定着补偿效果。IS镜头在其内部采用了两个震动陀螺仪传感器，在保证能够正确进行检查的同时，还采用小巧轻便且可控性优秀的动圈元件直接驱动光轴补偿光学元件。光轴补偿元件的位置由IRED（红外发光二极管）和PSD（位置灵敏探测器）进行检测、反馈并进行控制。

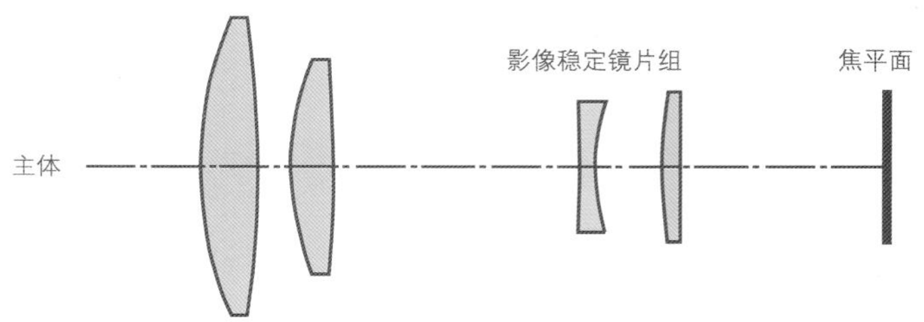

▲ 当镜头静止时，相机并无抖动，光线射向焦平面的原点，焦平面没有模糊情况出现，影像稳定镜片组并未动作

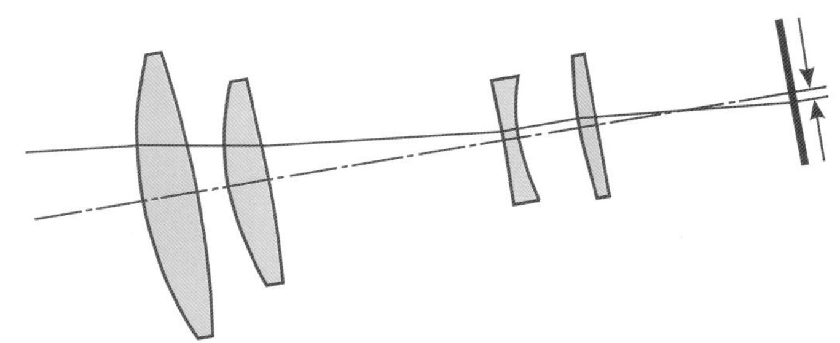

▲ 当镜头向下倾斜时，相机抖动使光线射向焦平面原点的下方，焦平面的影像变得模糊

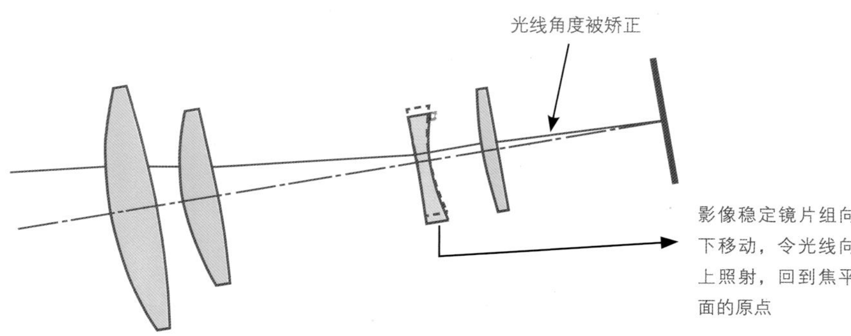

▲ 当 IS 防抖机构开启时，由于镜头倾斜被纠正，因此成像依然是清晰的

摄影问答 是否真正需要防抖镜头

同样焦段与光圈大小的镜头，有防抖功能的镜头比没有防抖功能的镜头价格高不少，因此许多摄友在选购镜头时，都会问一个问题，自己是否真正需要防抖镜头？

通过正文的讲解可知，镜头的防抖功能实际上就是以镜片的移动抵消手持相机时镜头发生的轻微抖动，因此，如果在拍摄时镜头没有发生抖动，则防抖功能就不再有用武之地了。

因此，如果在拍摄时一贯使用三脚架，或手臂力量较大，能坚持长时间稳定持机，则无需购买有防抖功能的镜头。

此外，如果始终在明亮的光线下拍摄，也不需要防抖镜头，因为在这样的光线下拍摄时，快门速度往往能够达到 1/500s 以上，这样的快门速度足以抵消由于镜头微抖给画面带来的不利影响。

摄影问答 防抖的作用究竟有多大

通过一个简单的拍摄实例，可以直观地感受到防抖功能的功效。当以手持相机的方式使用 200mm 的长焦镜头拍摄远处的景物时，安全快门通常是 1/200s，如果在拍摄时使用的快门速度低于此快门速度，则拍摄后得到的照片就可能是模糊的。

但如果开启了镜头的防抖功能，就能够以较低的快门速度进行拍摄。

经验证明，在开启佳能镜头的防抖功能后，能够以低于安全快门 3~4 挡的快门速度进行拍摄，换言之，即使快门速度为 1/25s，则仍然能够保证所拍摄出来的照片是清晰的。

由此可见，开启防抖功能可以大幅度提高摄影师在弱光环境中出片的成功率。

理解镜头的最大放大倍率

放大倍率是指被摄物体的大小和通过镜头投射到图像传感器上面的成像大小的比率。最大放大倍率是衡量镜头能将被摄物体放大到什么程度的数值。

如果被摄对象的实际大小与在感光元件上成像的大小完全相同，那么放大倍率就是1倍（也叫做等倍）。如果在感光元件上成像的大小缩小到一半，放大倍率就是1/2倍。如果缩小到1/4，放大倍率就是1/4倍。反之，如果被摄对象在感光元件上的成像大于其实际大小，则放大倍率就是2倍、4倍等。

微距镜头的最大放大倍率通常也仅为1倍（等倍）。仅有少数的特殊镜头能够用1倍以上的放大倍率拍摄。

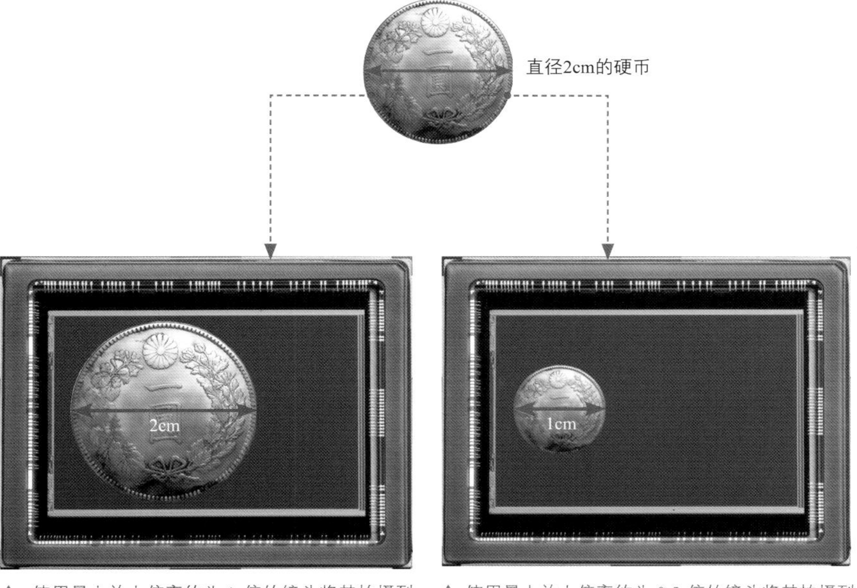

▲ 使用最大放大倍率约为 1 倍的镜头将其拍摄到最大，在图像感应器上的成像直径为 2cm

▲ 使用最大放大倍率约为 0.5 倍的镜头将其拍摄到最大，在图像感应器上的成像直径为 1cm

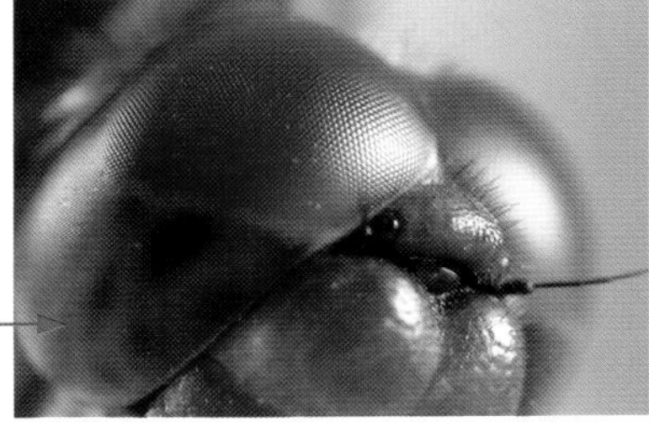

◀ 利用最大放大倍率为 1 倍的微距镜头拍摄蜻蜓，在照片中蜻蜓的复眼清楚可见「焦距：100mm ｜光圈：F6.3｜ 快门速度：1/320s｜ 感光度：ISO100」

摄影问答 佳能镜头的IS中有几个防抖模式，它们有什么区别

有些佳能镜头具有两个防抖模式，其中，“模式 1”是假定被摄对象是静止的，防抖功能是通过镜头内部光轴补偿光学元件的运动，对上、下、左、右任何方向的抖动进行补偿。“模式 2“是为了进行追随拍摄而设置的，在移动镜头拍摄时，如果在一定时间内持续发生较大的抖动，则在此方向上的抖动补偿将自动停止，这样取景器内的图像也会变得稳定。此外，在水平方向进行追随拍摄时，不补偿水平方向的抖动，只有在垂直方向持续进行补偿，从而来消除垂直方向上产生的抖动影响，这个模式的优点在于没有进行多余的补偿，使防抖功能能够更好地符合拍摄者的意图。

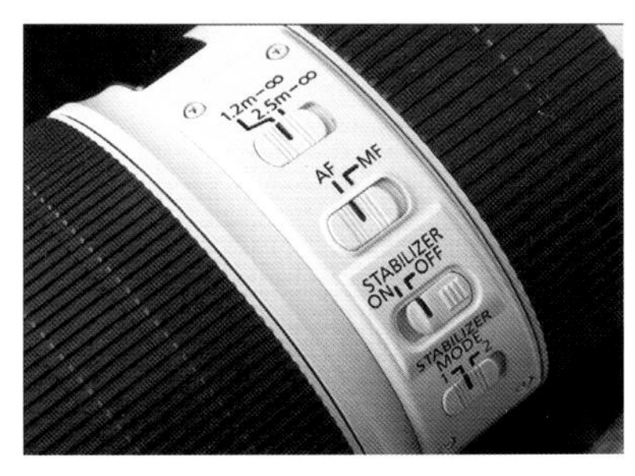

理解镜头后组对焦优势

镜头进行对焦的过程其实就是移动一部分或整体光学元件“镜片”的过程。早期的镜头都是采用移动整体光学元件的“整组移动对焦”和只移动镜头前部镜片的“前部对焦”。“整组移动对焦”在对焦时较少发生因光学元件移动而引起的相差，这种对焦方式主要应用于定焦镜头。而“前部对焦”由于可简化对焦的机构，因此常被应用于变焦镜头，但随着镜头不断地大口径化和远摄化，再通过这两种对焦方式移动镜片就变得困难了。

因此，以移动镜头后部相对较小镜片的“后部对焦”便应运而生，即对焦时只移动光圈后部镜片。通过这种对焦方式，不仅能够实现高速的自动对焦，还可以保证对焦时镜头的镜身长度不变。如在EF 70-200mm F2.8 L USM 内部对焦镜组中，只有蓝色部分的镜片进行窄幅移动，已能完成全域对焦。由此可以想象，此镜头的对焦速度是何等快速。

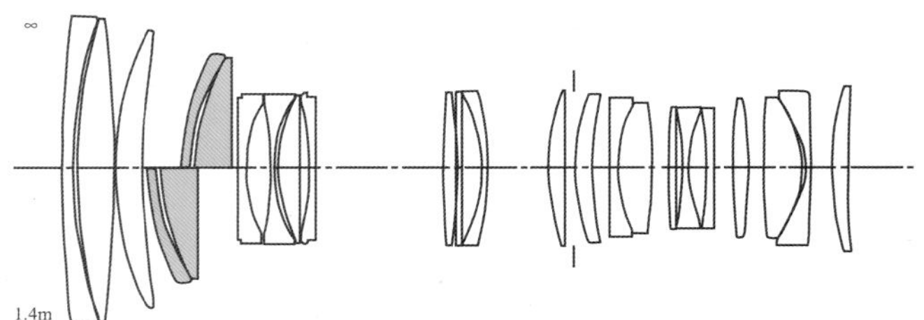

▲ EF 70-200mm F2.8 L USM 镜头结构图

理解不同焦距的微距镜头在拍摄时的区别

同样是微距镜头，佳能提供了数款焦距不同的镜头，其中最常见的一款为EF 100mm F2.8 L IS USM，另一款为EF180mm F3.5 L USM，其他还有EF 50mm F2.5及EF-S 60mm F2.8 USM等镜头。许多摄友误以为虽然焦距不同，但由于都是微距镜头，因此在拍摄效果与操作方式上也是相差不多的，但实际上这种认识是错误的。

下面用两组示意图展示两者在拍摄效果与操作方式上的区别。

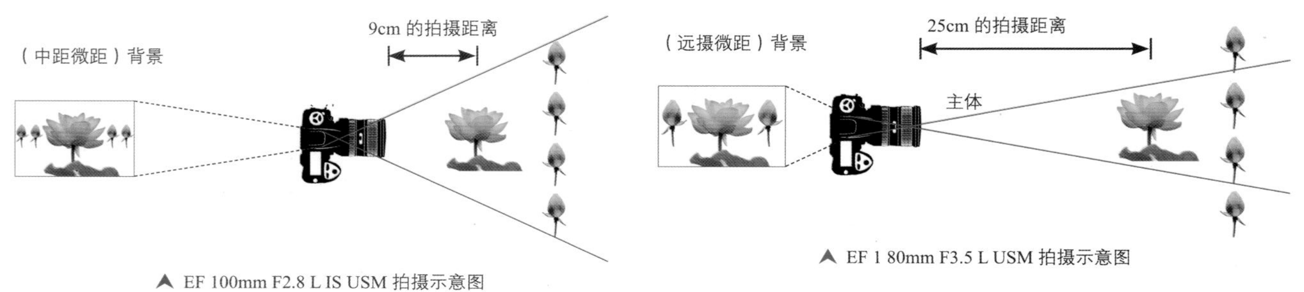

▲ EF 100mm F2.8 L IS USM 拍摄示意图

▲ EF 1 80mm F3.5 L USM 拍摄示意图

通过上面的示意图可以看出，两者在以下两方面有很大的不同。

1. 拍摄距离不同

使用EF 180mm F3.5 L USM可以在更远的地方拍摄。使用EF 100mm F2.8 L IS USM可以在很近的地方拍照。

使用EF 180mm F3.5 L USM拍摄较远距离的物体十分理想，比如远处的昆虫或枝头的花朵；但是当拍摄桌上的静物以及小昆虫的时候，EF 100mm F2.8 L IS USM就显得更合适了。

2. 背景效果不同

使用EF 180mm F3.5 L USM拍摄时，从照片效果来看，主体背后的景物距离主体更近，画面显得更紧凑，由于背景处的景物被虚化得更严重，因此主体也显得更突出。使用EF 100mm F2.8 L IS USM拍摄时，画面的视角更广，景深也较大，对焦也相对容易。

理解镜头焦距与视角的关系

每款镜头都有其固有的焦距，焦距不同，拍摄视角和拍摄范围也不同，而且不同焦距下的透视、景深等特性也有很大的区别。例如，使用广角镜头的14mm焦距拍摄时，其视角能够达到114° ；而如果使用长焦镜头的200mm焦距拍摄时，其视角只有12° 。不同焦距镜头对应的视角如下图所示。

由于不同焦距镜头的视角不同，因此，不同焦距镜头适用的拍摄题材也有所不同，比如焦距短、视角宽的广角镜头常用于拍摄风光；而焦距长、视角窄的长焦镜头则常用于拍摄体育比赛、鸟类等位于远处的对象。

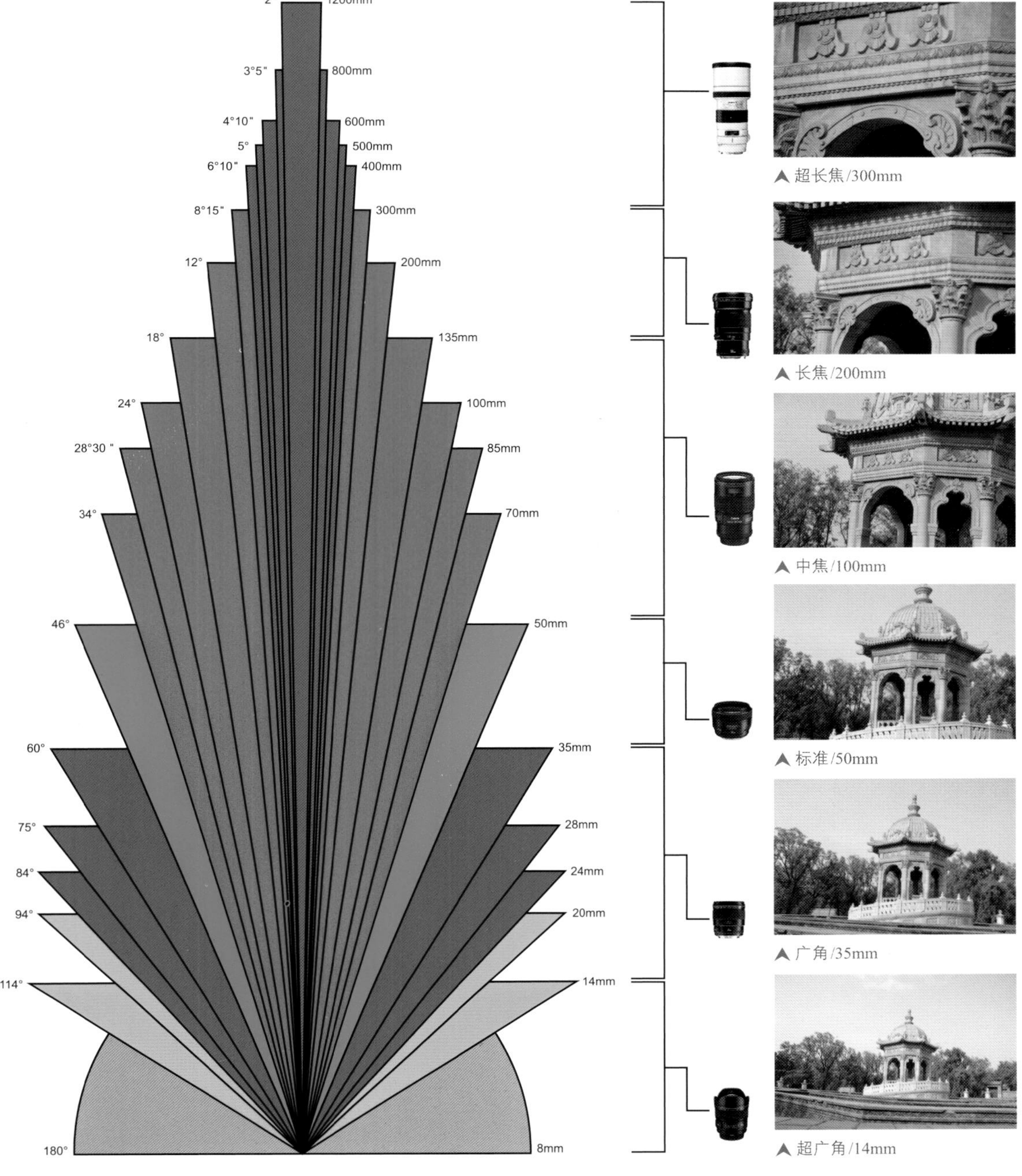

▲ 超长焦/300mm

▲ 长焦/200mm

▲ 中焦/100mm

▲ 标准/50mm

▲ 广角/35mm

▲ 超广角/14mm

这些镜头你值得拥有

佳能EF 16-35mm F2.8 L Ⅱ USM

▲ 市场报价：约为 10000 元

镜片结构	12 组 16 片
光圈叶片数	7
最大光圈	F2.8
最小光圈	F22
最近对焦距离（cm）	28
最大放大倍率	0.22
滤镜尺寸（mm）	82
规格（mm）	88.5 × 111.6
重量（g）	640

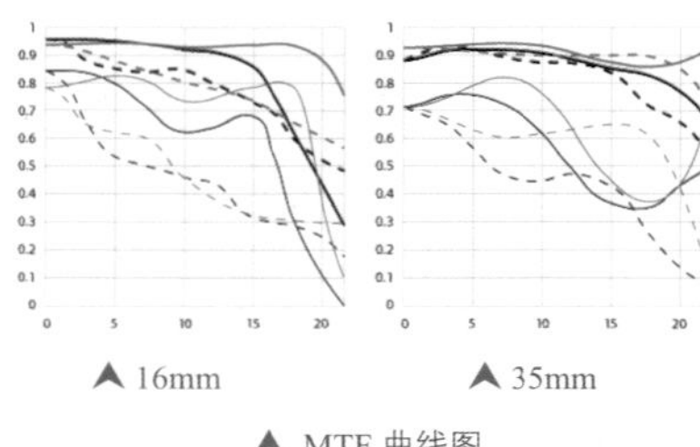

▲ 16mm ▲ 35mm

▲ MTF 曲线图

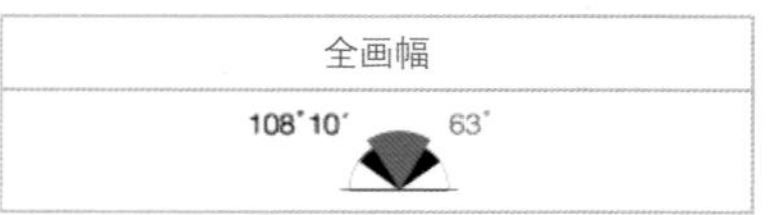

▲ 视角图

这款广角变焦镜头接装在Canon EOS 5Ds/5Dsʀ相机上，可以说基本覆盖了常用的广角焦距，在恒定F2.8的大光圈下，长焦端用于拍摄环境人像也是非常不错的选择。

在镜片组成上，采用了3片研磨、复合及超精度模铸非球面镜片，同时还包括了两枚UD镜片，对提高画质、校正像差等起到了非常重要的作用。

作为L级镜头，在卡口、变焦环、对焦环等位置都做了密封处理，具备良好的防尘、防滴性能。

需要注意的是，这款镜头是佳能旗下首款采用82mm滤镜尺寸的L镜头，与以往大三元77mm的滤镜尺寸不同，因此在滤镜的使用上并不通用，如果比较介意这一点的话，应慎重购买。

摄友点评优点	摄友点评缺点
做工细腻，手感佳	无防抖
色彩还原好	价格昂贵
对焦快，内对焦	滤镜通用性较差
大光圈成像效果佳	
防水、防尘性能出色	

▲「焦距：20mm ｜光圈：F16｜ 快门速度：1/160s｜ 感光度：ISO100」

佳能EF 24-70mm F2.8 L Ⅱ USM

佳能EF 24–70mm F2.8 L Ⅱ USM于2012年2月发布，距离上一代产品足足相隔了十年，作为名副其实的“镜皇”级产品，自然备受希冀。

在硬件结构上，佳能EF 24–70mm F2.8 L Ⅱ USM比上一代产品增加了2个镜片，总数达到了18片，其中配置了1片研磨非球面镜片、2片GMo（玻璃模铸）非球面镜片、1片超级UD镜片和2片UD镜片，从而在整体上提高镜头的成像质量，并降低畸变、色散等问题，仅从这些特殊镜片上就不难看出，这款镜头可谓是用料十足。

由于大量特殊镜片的加入，这款镜头在画面中心的成像质量上有大幅的提高，在画面边缘的成像质量上优于上一代产品，但在光圈全开时，仍然会出现较明显的暗角现象。在畸变方面，在24mm广角端时，会略有一些变形，但只要不是对画面质量要求特别苛刻的话，是可以忽略不计的，待逐渐过渡到70mm端时，畸变问题几乎完全消失。在色散方面，这款镜头表现出了非常稳定且优秀的性能，仅在24mm广角端且光圈全开时会有略明显的色散。

总之，作为佳能在24–70mm焦段下顶级的镜头，抛开价格因素，它在做工、成像、对焦等方面，都有着非常优秀的表现，无愧于“镜皇”的称谓。

摄友点评优点	摄友点评缺点
清晰度极高，成像非常锐利	不带防抖
色彩还原度高	外形太丑
适应范围广，焦段实用，利用率高	偏贵
对焦速度非常快，镜头用料精良	照片暗角问题严重且无法进行机身周边光亮校正
在重量上比一代轻了不少	

▲「焦距：70mm ｜光圈：F2.8｜ 快门速度：1/400s｜ 感光度：ISO100」

▲ 市场报价：约为 13000 元

镜片结构	13组18片
光圈叶片数	9
最大光圈	F2.8
最小光圈	F22
最近对焦距离（cm）	38
最大放大倍率	1∶4.8
滤镜尺寸（mm）	82
规格（mm）	88.5×113
重量（g）	805

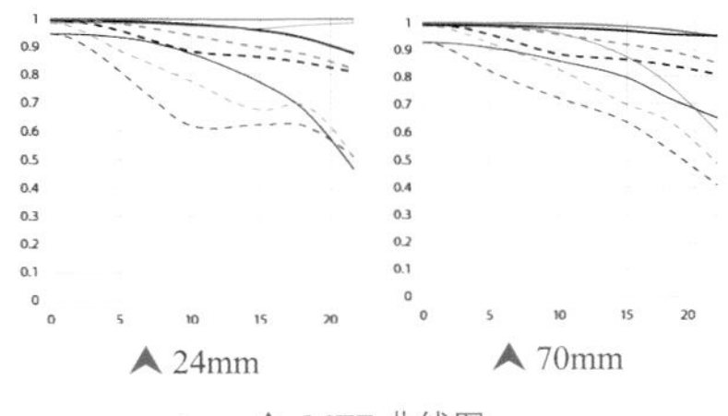

▲ 24mm ▲ 70mm

▲ MTF 曲线图

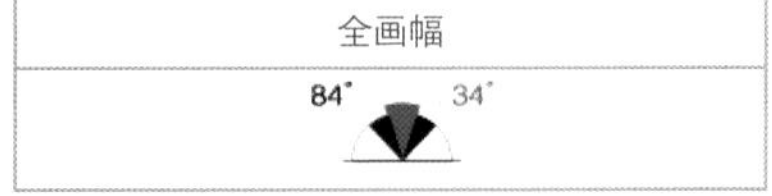

▲ 视角图

佳能EF 70-200mm F2.8 L IS Ⅱ USM

▲ 市场报价：约为 14399 元

镜片结构	19 组 23 片
光圈叶片数	8
最大光圈	F2.8
最小光圈	F32
最近对焦距离（cm）	120
最大放大倍率	0.21
滤镜尺寸（mm）	77
规格（mm）	89 × 199
重量（g）	1490

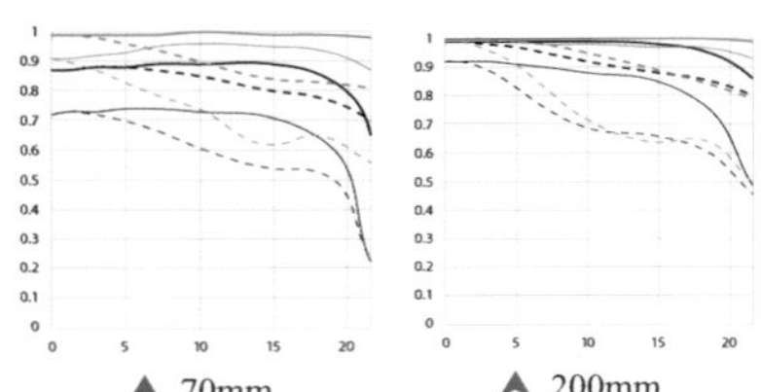

▲ 70mm ▲ 200mm

▲ MTF 曲线图

全画幅
34° 12°

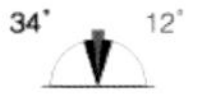

▲ 视角图

这款“爱死小白”的第二代产品，被人亲昵地冠以“小白兔”的绰号，它与Canon EOS 5Ds/5DsR接装在一起相当般配。

作为佳能EOS顶级L镜头的代表，它采用了5片UD（超低色散）镜片和1片萤石镜片，对色像差具有良好的补偿作用。在镜头对焦镜片组（第2组镜片）配置的UD（超低色散）镜片，可以对对焦时容易出现的倍率色相差进行补偿。采用优化的镜片结构以及超级光谱镀膜，可以有效抑制眩光与鬼影的产生。全新的IS影像稳定器可带来相当于提高约4挡快门速度的抖动补偿效果。

▼「焦距：200mm｜光圈：F3.2｜快门速度：1/400s｜感光度：ISO100」

佳能EF 100mm F2.8 L IS USM

在微距摄影中，100mm左右焦距的F2.8专业微距镜头，被人称为“百微”，也是各镜头厂商的必争之地。

从尼康的105mm F2.8镜头加入VR防抖功能开始，各“百微”镜头也纷纷升级加入各自的防抖功能。佳能这款镜头就是典型的代表之一，其双重IS影像稳定器能够在通常的拍摄距离下实现约相当于提高4挡快门速度的手抖动补偿效果；当放大倍率为0.5倍时，能够获得约相当于提高3挡快门速度的手动补偿效果；当放大倍率为1倍时，能够获得约相当于提高2挡快门速度的手抖动补偿效果，为手持微距拍摄提供了更大的保障。

这款镜头包含了1片对色像差有良好补偿效果的UD（超低色散）镜片，优化的镜片位置和镀膜可以有效抑制鬼影和眩光的产生。为了保证能够得到漂亮的虚化效果，镜头采用了圆形光圈，为塑造唯美的画面效果创造了良好的条件。

摄友点评优点	摄友点评缺点
成像锐利，色彩浓郁	拍摄人像时，对焦稍慢
擅长表现质感和细节	无脚架环
双重防抖功能实用	拆卸镜头盖不便
微距效果优异	

「焦距：100mm | 光圈：F10 | 快门速度：1/200s | 感光度：ISO100」

市场报价：约为 5799 元

镜片结构	12 组 15 片
光圈叶片数	9
最大光圈	F2.8
最小光圈	F32
最近对焦距离（cm）	30
最大放大倍率	1
滤镜尺寸（mm）	67
规格（mm）	77.7 × 123
重量（g）	625

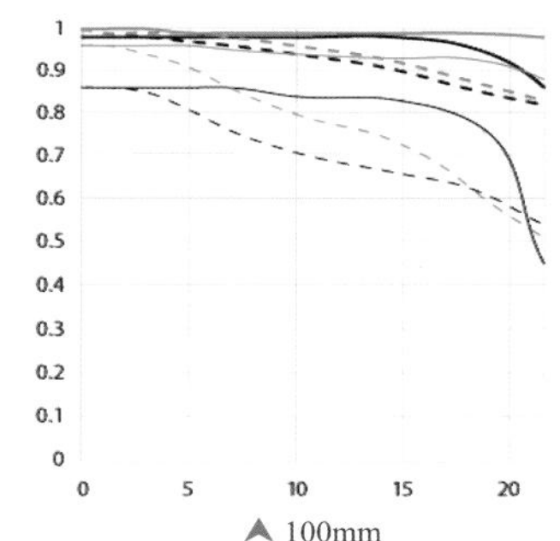

100mm

MTF 曲线图

全画幅
24°

视角图

镜头搭配推荐

通用型镜头搭配推荐

要打造对应多种场景的通用镜头组合，首先需要考虑不同拍摄场景的情况。基本理念是以较高变焦比的标准变焦镜头为主，然后综合考虑再选择其他镜头，形成适合自己的搭配。

此外，在主要焦段上可以再选一款个性镜头，用于抓拍或人像摄影，利用变焦镜头不具备的效果来为拍摄添彩。尤其是大光圈定焦镜头和微距镜头等，它们的加入能使镜头组合的综合实力大幅提升，从而大大扩展拍摄领域。

较高的综合实力可应对多种拍摄场景的组合（全画幅）

EF 24-105mm F4 L IS USM

EF 70-200mm F2.8 L Ⅱ IS USM

EF 100mm F2.8 L IS USM 微距

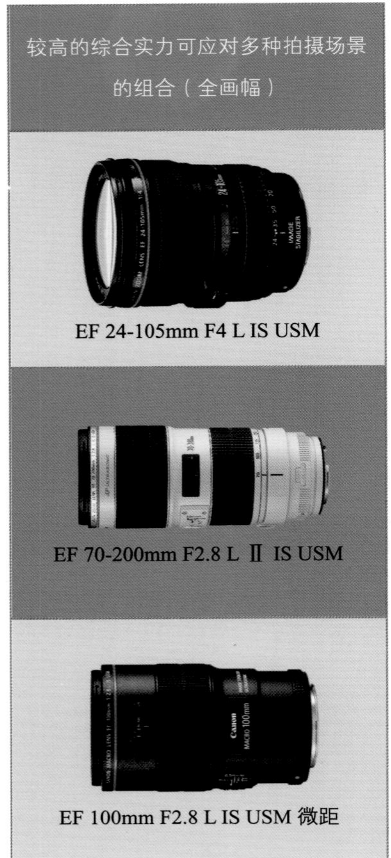

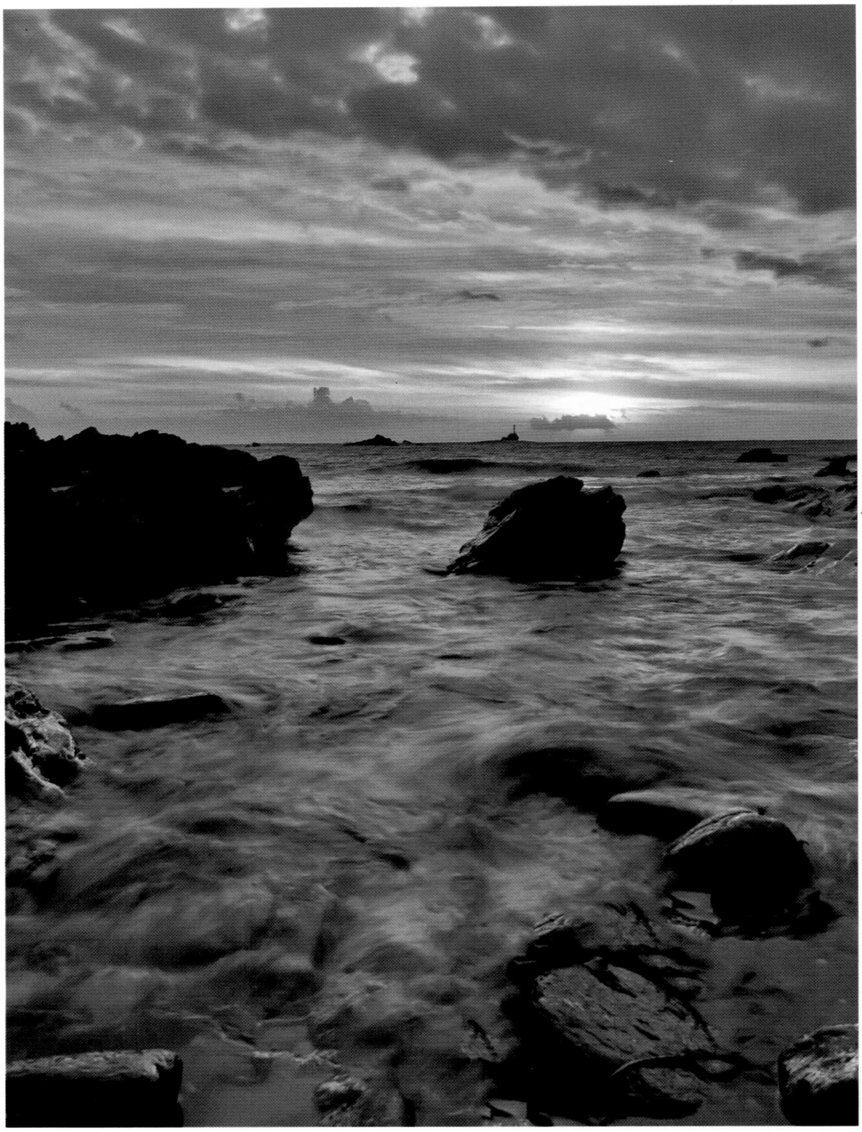

▲「焦距：30mm ｜光圈：F16｜ 快门速度：7s｜ 感光度：ISO100」

风光摄影镜头搭配推荐

对于主拍风光的用户来说，忠实再现远处细小被摄体的细节是拍摄的关键。因此，在搭配镜头时，应先考虑镜头的“分辨率”。镜头的亮度与分辨率没有直接关系，这里无需特别关注最大光圈。因为拍摄风光时经常需要收缩光圈以增加景深，想获得较高的分辨率的时候也需要缩小光圈。

此外，在选择镜头时，携带的便利性也是一个十分重要的影响因素。在拍摄风光时，为了获得更好的拍摄位置，经常需要到处走、到处看，为了顺利完成拍摄任务，需要保存体力，因此镜头的重量越轻越好。

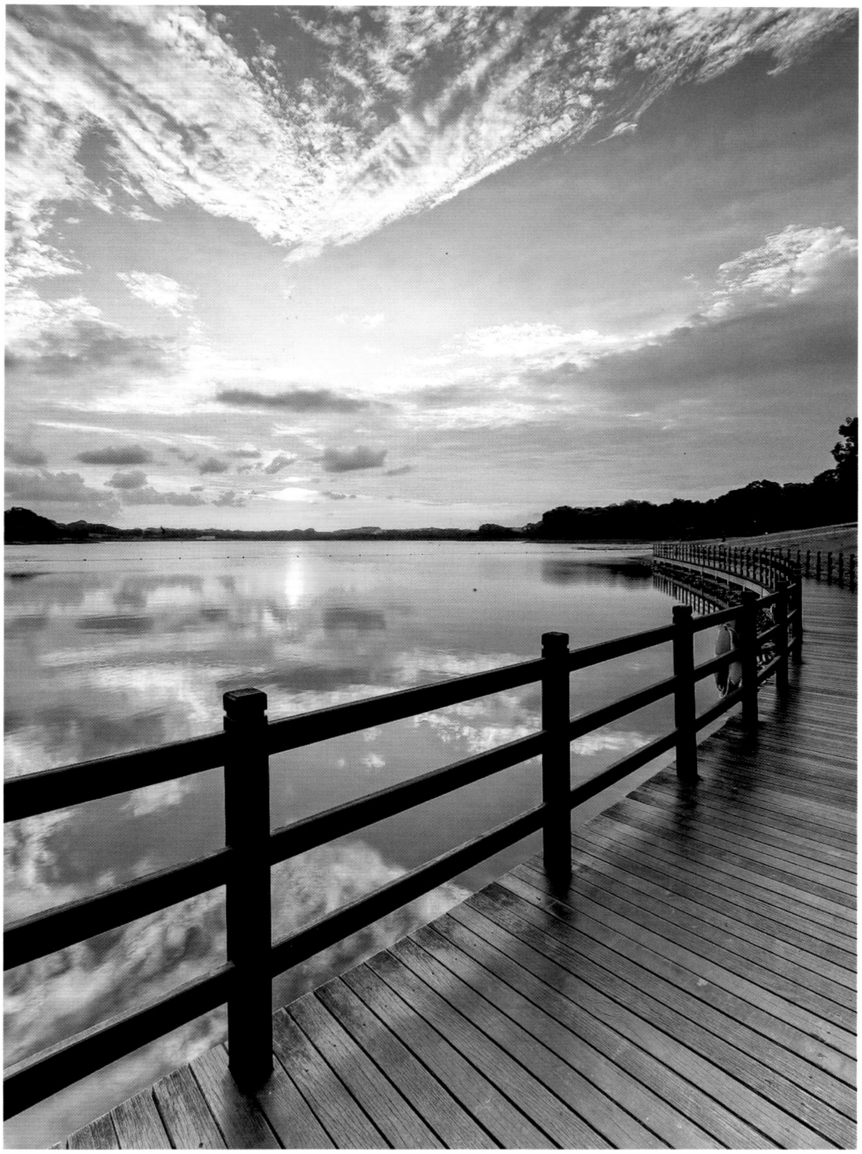

▲「焦距：17mm ｜光圈：F6.3｜ 快门速度：1/50s｜ 感光度：ISO100」

人像摄影镜头搭配推荐

大光圈镜头在最大光圈下的柔和成像效果十分适合拍摄人像。大光圈可使整个背景大幅虚化，从而让被摄人物显得更加突出。无论是变焦镜头还是定焦镜头，镜头的虚化效果都是随着光圈的开大而变强的。

但是人像摄影的表现手法并不仅仅是虚化背景，可以挑选自己喜欢的镜头进行多种多样的自由表现，比如可以使用广角镜头大胆改变角度进行拍摄。只要能将人物的魅力表现出来，对镜头的选择和拍摄手法并没有特别的限制。

▼「焦距：200mm ｜光圈：F3.5｜ 快门速度：1/640s｜ 感光度：ISO100」

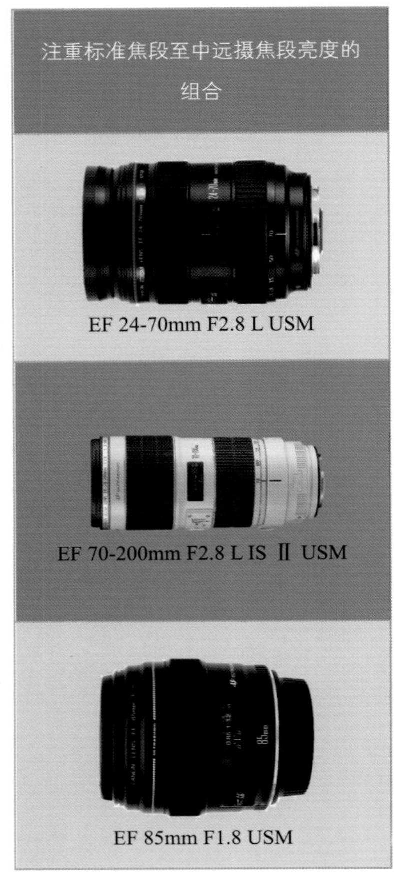

注重标准焦段至中远摄焦段亮度的组合

EF 24-70mm F2.8 L USM

EF 70-200mm F2.8 L IS Ⅱ USM

EF 85mm F1.8 USM

动物、鸟类摄影镜头搭配推荐

拍摄无法靠近的动物等被摄体时，远摄焦段变得十分必要。无论是多出10mm还是20mm，焦距越长越有利于这种场景的拍摄。从机身来讲，APS-H和APS-C画幅机型的远摄效果要优于全画幅机型。200mm焦距镜头安装在APS-H和APS-C画幅机身上，换算为35mm规格分别具有相当于约260mm和约320mm的视角。Canon EOS 5Ds/5DsR相机具有1.3倍和1.6倍裁切功能，在拍摄时将“裁切/长宽比”设为1.3或1.6倍，即可实现APS-H和APS-C画幅的拍摄视角。

在拍摄大型动物时，200mm左右的焦距便已足够，但拍摄小型动物或距离较远的动物时，如果拥有一款300mm以上焦距的镜头那么拍摄将会更有把握。

400mm级别的镜头在室外拍摄时并非总是显得过长，比如在拍摄野生鸟类等被摄对象时，它就成为了标准的拍摄焦段。

▼「焦距：300mm | 光圈：F10 | 快门速度：1/800s | 感光度：ISO400」

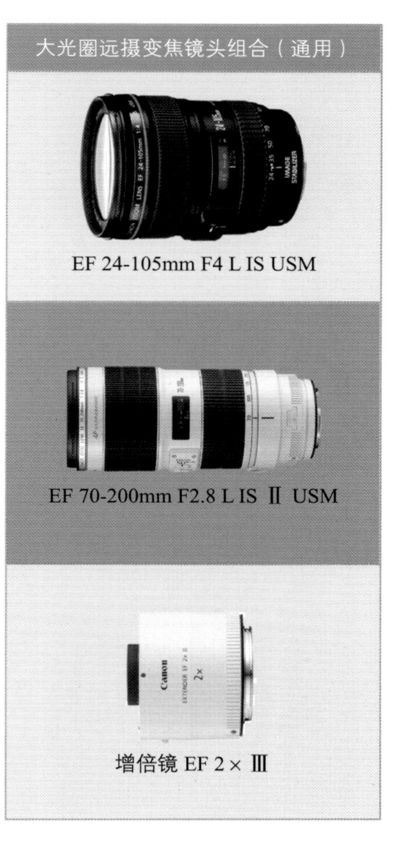

大光圈远摄变焦镜头组合（通用）

EF 24-105mm F4 L IS USM

EF 70-200mm F2.8 L IS Ⅱ USM

增倍镜 EF 2×Ⅲ

覆盖超远摄焦段推拉式变焦镜头的组合（通用）

EF 24-105mm F4 L IS USM

EF 100-400mm F4.5-5.6 L IS USM

微距摄影镜头搭配推荐

花草、昆虫、珠宝或是日用品等都可成为微距摄影的被摄体，它们的共同特点是尺寸较小，因此要选择能够将它们拍大的镜头进行拍摄。虽然除了微距镜头之外，确实也有一些镜头可以进行近距离拍摄，但其性能与微距镜头相比还是有差距的。

微距摄影的一个重要指标是镜头的放大倍率，它决定了镜头能将小被摄体拍成多大。微距镜头一般都具有较高的最大放大倍率，EF镜头群中的微距镜头最高可实现约5倍的放大拍摄。添加一款微距镜头可提升面对不同被摄体时的拍摄能力。

▲「焦距：100mm ｜光圈：F3.5｜ 快门速度：1/500s｜ 感光度：ISO200」

拥有大光圈和高放大倍率的标准变焦镜头组合（全画幅）

EF 24-70mm F2.8 L USM

EF 70-300mm F4-5.6 IS USM

EF 100mm F2.8 L IS USM 微距

摄影问答 微距镜头的最大放大倍率是什么意思

这是表示镜头微距拍摄能力高低的数值。“最大放大倍率”是表示拍摄对象通过镜头在感光元件上成像时，最大成像大小与拍摄对象实际大小的比值，在镜头的说明书中，它与“最近对焦距离”一起列出，它们都表示相机的微距拍摄能力。如果拍摄对象的实际大小与在感光元件上成像的大小完全相同，那么放大倍率就是 1 倍（也叫做等倍）。如果在感光元件上的成像大小是实际大小的一半，那么放大倍率就是 1/2 倍。

反之，如果在感光元件上的成像更大，那么放大倍率就可能是 2 倍、4 倍等。即使是可以近距离对焦拍摄的微距镜头，最大放大倍率通常也仅止于 1 倍（等倍）。仅有少数的特殊镜头能够用 1 倍以上的放大倍率拍摄。最近对焦距离是从感光元件表面开始计算的，而不是从镜头的最前端开始计算的。

铁手不如烂架子——长时间曝光必用三脚架

Chapter 04

脚架的分类

根据支脚数量可将脚架分为三脚架与独脚架两种。三脚架用于稳定相机，甚至在配合快门线、遥控器的情况下，可实现完全脱机拍摄；而独脚架的稳定性能要弱于三脚架，主要是起支撑的作用，在使用时需要摄影师来控制独脚架的稳定性，由于其体积和重量大约都只有三脚架的1/3，因此无论是旅行还是日常拍摄携带都十分方便。

根据脚架材质可将脚架分为高强度塑料材质脚架、合金材料脚架、钢铁材料脚架、碳素纤维脚架及火山岩脚架等几种，其中以铝合金及碳素纤维材质的脚架最为常见。

铝合金脚架的价格较便宜，但重量较重，不便于携带；碳素纤维脚架的档次要比铝合金脚架高，便携性、抗震性、稳定性都很好，在经济条件允许的情况下，是非常理想的选择。它的缺点是价格很贵，往往是相同档次铝合金脚架的好几倍。

▲碳素纤维三脚架　▲镁合金扳扣式独脚架

▲镁合金旋钮式三脚架　▲镁铝合金独脚架

▲3 节脚管三脚架

▲4 节脚管三脚架

稳定才是硬道理——选购脚架的要点

不同厂商生产的脚架性能、质量均不尽相同，便宜的脚架价格只有100~200元，而贵的脚架价格可能达到数千元。下面是选购脚架时应该注意的几个要点。

- 脚管的节数：脚架有3节脚管和4节脚管两种类型，追求稳定性和操作简便的摄影师可选3节脚管的三脚架，而更在意携带方便性的摄影师应该选择4节脚管的三脚架。
- 脚管的粗细：将脚架从最上节到最下节全部拉出后，观察最下节脚管的粗细程度，通常应该选择最下节脚管粗的脚架，以便更好地保持脚架的稳定。
- 脚架的整体高度：完全打开脚架并安装相机的情况下，观察相机的取景器高度。如果脚架高度太低，摄影师会由于要经常弯腰而容易疲劳，且拍摄范围也受到局限。注意在此提到的高度是在不升中轴的情况下测量的，因为在实际拍摄时中轴的稳定性并不好，因此越少使用越好。如果可能，应该了解脚架的以下四个高度指标，即升起中轴最大高度、未升起中轴最大高度、最低高度、折合高度。
- 脚管伸缩顺畅度：如果脚架是旋钮式，要确认一下旋钮要拧到什么程度脚管伸缩才顺畅（旋钮式优的点是没有突出锁件，便于携带与收纳，但操作时间相对较长，而且松紧度不可调节）。如果是扳扣式的，则要看使用多大的力度才能扣紧（扳扣式的优点是操作速度快，松紧度可调，但质量不好的锁件易损）。

▲旋钮式

▲扳扣式

云台的分类

云台是连接脚架和相机的配件，用于调节拍摄方向和角度，在购买脚架时，通常会有一个配套的云台供使用，当它不能满足我们的需要时，可以更换更好的云台，当然，前提是脚架仍能满足我们的需要。

需要注意的是，很多价格低廉的脚架，其架身和云台是一体的，因此无法单独更换云台。如果确定以后需要使用更高级的云台，那么在购买脚架时就一定要问清楚，其云台是否可以更换。

球形云台

球形云台也称为万向云台，通过一个旋杆来控制作为活动主体的一个（或两个）球体的活动和紧固。优点是松开云台的旋钮后，可以任意方向自由活动；而锁紧旋钮后，所有方向都会被锁紧。操作起来方便、快捷，而且体积较小、容易携带，适合体育等需要灵活、快速拍摄的题材。

▲ 球形云台

专业云台——恒定阻尼云台

顶级的专业球形云台除了具有较大直径的球体以增加稳定性外，还具有从“松开”到“锁紧”无级调节的主锁定旋钮，而且在主锁定旋钮上设有单独的阻尼微调控制钮，可以根据需求对云台的阻尼进行“自定义”。

▲ 恒定阻尼云台

准专业云台——实时阻尼云台

准专业云台通常不仅有主锁紧旋钮和水平锁紧旋钮，还单独设有一个云台的阻尼微调钮，主锁紧旋钮和阻尼微调旋钮分开设计有利于实时调整，这样可以通过分别调整来应对不同的相机配置。

实时阻尼云台使用起来非常方便，主锁紧旋钮负责快速调节云台的松紧状态，而阻尼微调钮可以让云台在“松”的状态下仍然保持适当的阻尼，与恒定阻尼的专业级云台相比，需要实时对阻尼微调钮进行调整，因此，实时阻尼云台定位于准专业云台。

▲ 实时阻尼云台

三维云台

三维云台的特点是能够承受较大的重量，在水平、仰视、俯视和竖拍时都非常稳定，每个拍摄定位都能牢固锁定。且三维云台还便于精细调节、精确构图，把手式的设计可使操作变得非常顺畅。不足之处就是调整较为复杂，有时需调节三个部位才能定位。

▲ 三维云台

悬臂云台

作为专门为支撑长焦镜头而设计的悬臂云台，不仅承受力大，而且也比传统球形云台更加稳定，调整也更加快速，还能够实现对镜头进行全方位、无死角调整，相机可以竖接或平接。

▲ 悬臂云台

使用三脚架的技巧

使用脚架的目的是避免相机产生振动，以便拍摄出更清晰的照片，因此使用三脚架时应牢记“重”“粗”“低”这三个字。

所谓“重”是指通过在三脚架的挂钩上挂载重物来增加三脚架自身的重量，在较高的山峰上拍摄时，会由于风力较大而影响三脚架的稳定性，此时，通过悬挂重物则可以较好地解决此问题。

所谓“粗”是指尽量使用上部较粗的脚管，因为脚管越粗，三脚架越稳定。

所谓“低”是指重心位置越低，三脚架越稳定，因此在优先考虑相机位置和拍摄角度的同时，要尽量维持三脚架的低重心，将脚管和中轴升高到需要的高度即可。

➤ 由于夜间拍摄的曝光时间较长，因此需使用三脚架来固定相机，以得到清晰的画面效果「焦距：20mm ｜光圈：F11｜ 快门速度：7s｜ 感光度：ISO200」

拍摄技巧 搭建临时三脚架的技巧

如果在外出拍摄时，没有携带三脚架，但却要进行长时间曝光，可以按下面的步骤搭建临时三脚架。

1. 寻找到一个柱体，如公交站牌、立交桥栏杆等。
2. 左手紧抱着柱体。
3. 将相机设置为 B 门曝光模式。
4. 使相机紧靠柱体。
5. 将对焦设定为“无限远”。
6. 紧握相机持续按下快门，曝光过程中缓慢呼吸，以保证相机平稳。

摄影问答 如何对脚架的抗共振能力进行测试

将脚架全部张开，左手轻握一条腿的中部，右手食指在另外一条腿上稍用力一弹，这时左手会感觉到脚架的振动。发生振动时，振动从强到弱，最后直至静止的时间长短，反映了脚架的抗共振能力，时间越长，则表明其抗共振能力越差。

名师指路 充分认识三脚架对于摄影的重要性

三届金像奖得主、著名摄影家石广智说：“一直以来，我主张在拍摄中摄影人需要保持严谨的创作态度，不要不假思索地随意按动快门，这种习惯会使摄影人变得浮躁、懒惰。在拍摄时，应该尽量多使用三脚架拍摄，对我而言由于特别钟情于以创意手法进行拍摄，三脚架尤其重要。”

必须使用三脚架拍摄的几个典型场景

城市夜景

拍摄夜景一般都是在光线比较弱的情况下进行的，虽然现在相机的可设感光度已经越来越高，但一般情况下为了保证画面的质量会尽量使用较低的感光度，而让曝光时间长一点。但当曝光时间超过1s时，任何相机的防抖功能都于事无补，此时，使用三脚架稳定相机才是最可靠的。在有大风的天气时，还要对三脚架适当地进行加重，如在下面的挂钩上挂上重物等。

由于在拍摄时需要长时间曝光，因此需要开启“长时间曝光降噪功能”，操作步骤如右图所示。

操作步骤 设置长时间曝光降噪功能

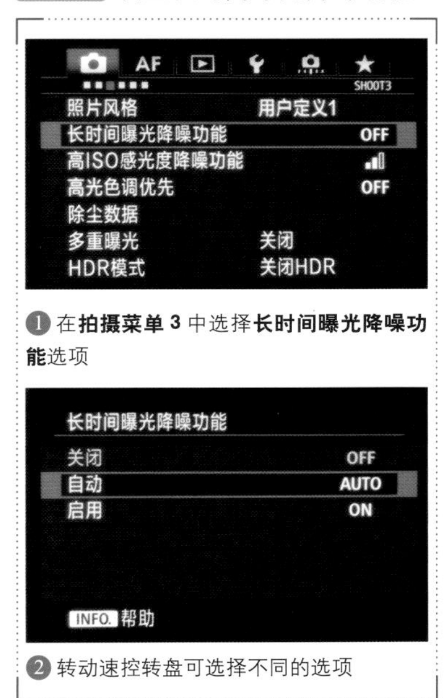

❶ 在**拍摄菜单 3** 中选择**长时间曝光降噪功能**选项

❷ 转动速控转盘可选择不同的选项

◀ 在蓝色夜幕的衬托下，古香古色的阁楼别有一番韵味。虽然曝光时间较长，但开启了“长时间曝光降噪功能”，因此，可看出画面还是比较精细的「焦距：19mm ｜光圈：F16｜快门速度：12s｜ 感光度：ISO100」

车流

在夜景摄影中，有一种情景对于许多摄友来说总是充满诱惑的，那就是拍摄夜间车流的轨迹。拍摄的方法其实很简单，只要把相机固定在三脚架上，然后选择一个较慢的快门速度（如20s）即可，最好能选择自拍延时或使用快门线拍摄。由于车前灯是黄白色的，而后灯是红色的，所以您会发现道路一侧的光线呈黄白色，而另一侧的光线则呈红色，这样的画面非常漂亮。

▲ 以俯视角度拍摄的城市车灯轨迹，暖调的光线与冷调的天空形成明显的对比，画面看起来很醒目「焦距：21mm ｜光圈：F16｜ 快门速度：17s｜ 感光度：ISO100」

摄影问答 在海边使用三脚架的注意事项

1. 海水中的盐分有腐蚀性，因此，在海边使用三脚架后，一定要使用淡水冲洗机械部分，以避免三脚架出现锈蚀、掉漆的现象。清洗后先自然晾干，再涂抹润滑油防止生锈。

2. 海边细小的沙粒如果进入三脚架的锁定部件或脚管中，会对三脚架的部件性能带来严重影响，因此使用时要小心。

3. 可将摄影包或其他重物挂在三脚架的下方，降低三脚架的重心，增强其稳定性，避免因为不小心磕碰或大风使三脚架倾倒。

瀑布、流水、海面

使用低速快门拍摄水面，是水景摄影的常用技巧。不同的低速快门能够使水面表现出不同的美景，中等时间长度的快门速度能够使水面呈现丝般的水流；如果时间更长一些，就能够使水面产生雾化的效果，为水面赋予了特殊的视觉魅力。拍摄时最好使用快门优先曝光模式，以便于设置快门速度。

在实际拍摄时，为了防止曝光过度，可以使用较小的光圈，以降低镜头的进光量，延长曝光时间。如果画面仍然可能会过曝，应考虑在镜头前加装中灰滤镜，这样拍摄出来的瀑布、海面等水流是雪白的，有丝绸一般的质感。由于快门速度很慢，所以拍摄时一定要使用三脚架。

▲ 使用三脚架固定相机，经过长时间曝光使流动的水看起来有种丝般效果「焦距：24mm ｜光圈：F16｜ 快门速度：2s｜ 感光度：ISO100」

拍摄技巧 强光下拍摄瀑布的技巧

在明亮的光线环境中拍摄时，即使使用最小的光圈也不能够降低快门速度到令人满意的程度，此时可以使用中灰滤镜，这种滤镜拥有均匀的灰色镜片，可以等量地减阻各种色光又不会影响画面的色彩表现，既可以单片使用，也可以两三片结合使用，按照使用的数量延长曝光时间。但在拍摄时也仍然要使用三脚架，以保持相机的稳定。

静物

无论拍摄的对象是汽车模型还是珠宝首饰；也无论拍摄的性质是自己练习，还是商业收费。在拍摄静物时，被摄对象往往是一组，而不是一个，而且这一组照片均要求布光考究、细节丰富、构图恰当。

因此，在拍摄时摄影师通常在找到合适的机位后，用三脚架牢牢固定相机。然后，不断在静物台上更换静物，从而快速拍摄出一组构图相同、用光相似的照片。这种拍摄手法，常见于淘宝物品上架照，如衣服、箱包等。

从上面的拍摄过程可以看出来，在拍摄过程中三脚架是必不可少的。

需要特别指出的是，有些静物拍摄任务要求在拍摄一个静物时更换不同的拍摄方向，以表现该对象不同侧面的属性，此时摄影师通常要以手持方式进行拍摄。

▲ 由于静物摄影对画质的要求较高，因此需要设置较低的感光度，通常会使用三脚架来固定相机，以得到清晰的画面「焦距：50mm ｜光圈：F3.5｜ 快门速度：1/160s｜ 感光度：ISO400」

弱光下的人像

在弱光下拍摄人像时，即使已经用了闪光灯进行补光照明，为了使背景得到充分曝光，快门速度也不可能过快，通常也需要保持在1/2s左右，在这段曝光时间内，首先要求模特不能移动，其次要求相机不能移动，否则都有可能导致拍摄出来的照片模糊。

前者的解决方法是告知模特，在闪光时必须保持姿势、表情1~2s；而后者的解决方法则是使用三脚架进行拍摄，以保证相机在曝光时间内不会发生移动、晃动、抖动。

▲ 在拍摄夜景人像时，为了使背景得到充分曝光，在使用闪光灯的情况下将快门速度设置为 1~2s，因此人物很好地融入到繁华的都市夜景中，没有出现人物曝光准确而背景漆黑一片的现象「焦距：80mm ｜光圈：F3.2｜ 快门速度：1s｜ 感光度：ISO500」

流云

很少有人会长时间地盯着天空中飞过的流云，因此也就很少有人注意到头顶上的云彩来自何方，去往哪里，但如果摄影师将镜头对着天空中漂浮不定的云彩，则一切又会变得与众不同。使用低速快门拍摄时，云彩会在画面中留下长长的轨迹，呈现出很强的动感。要拍出这种流云飞逝的效果，需要将相机固定在三脚架上，采用B门进行长时间曝光，在拍摄时为了避免曝光过度，导致云彩失去层次，应该将感光度设置为ISO50，如果仍然会曝光过度，可以考虑在镜头前面加装中灰镜，以减少进入镜头的光线。

▲ 长时间曝光后将天空流动的云彩轨迹记录下来，与地面清晰的景物形成了动静对比「焦距：16mm ｜光圈：F22｜ 快门速度：16s｜ 感光度：ISO50」

没有携带三脚架时的解救措施

在拍摄需要长时间曝光的题材时，如果恰好没有携带三脚架，对于绝大多数摄影爱好者而言，无疑会面临巨大挑战。下面讲解的三个技巧，可以轻松化解没有携带三脚架，但又需要拍摄长时间曝光题材的难题。

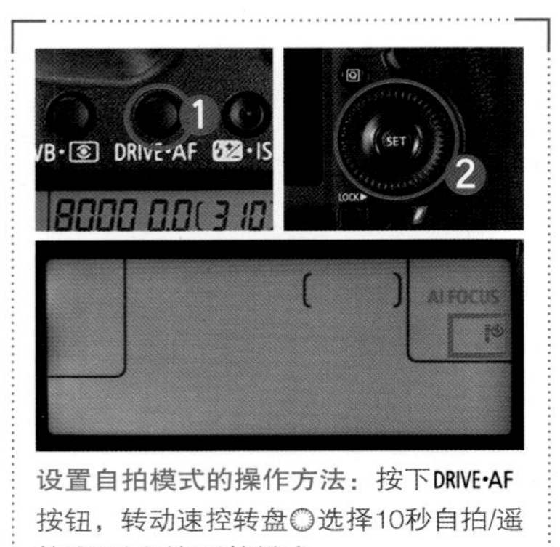

设置自拍模式的操作方法：按下DRIVE·AF按钮，转动速控转盘◎选择10秒自拍/遥控或2秒自拍/遥控模式。

使用自拍模式

Canon EOS 5Ds/5DsR相机提供了两种自拍模式，可满足不同的拍摄需求。

- 10秒自拍/遥控：在此驱动模式下，可以在10秒后进行自动拍摄。此驱动模式支持与遥控器搭配使用。
- 2秒自拍/遥控2：在此驱动模式下，可以在2秒后进行自动拍摄。此驱动模式也支持与遥控器搭配使用。

在没有携带三脚架的情况下，可以利用这种拍摄模式避免手持相机拍摄时，可能出现的照片模糊情况。具体方法是将相机放在一个稳固的地方，切换为自拍驱动模式，完成构图、对焦等操作，然后按下快门，等待相机进行自动定时拍摄，这样即可拍出清晰锐利、令人满意的照片。

佳片欣赏 低速快门拍摄水面

➤ 使用自拍模式将相机放在一个稳固的地方，即可以利用自拍功能，拍摄出需要长时间曝光才可以得到的丝状水流，当然在拍摄时需要根据光线情况使用中灰镜或较低的感光度和较小的光圈

选择合适的依靠物体

如果在拍摄时，无法将相机搁置在地下，则应该寻找可供身体依靠或支撑手臂的物体，如墙壁、窗台、电线杆、围栏、树木、水泥墩等，以保证拍摄过程中相机保持稳定。

提示

在天桥上拍摄车灯轨迹，视野很开阔，拍摄时可将相机放在栏杆上，并用双手护好，以免相机掉下去

▲ 利用天桥上的栏杆作为依靠，拍摄需要较长时间曝光的车流美景时，也获得了清晰的画面「焦距：27mm ｜光圈：F9｜ 快门速度：30s｜ 感光度：ISO100」

使用高感光度

除了上述两种方法外，还可以采用提高ISO数值缩短曝光时间以避免使用三脚架的方法，需要注意ISO的数值不能太高，否则极易出现噪点。而且，这种情况不适宜于拍摄那些需要长时间曝光的题材，如瀑布、车流灯轨、星轨等。

在拍摄时，要注意开启“高ISO感光度降噪功能”，以减少由于采用过高的ISO感光度而产生的噪点，操作步骤如右图所示。

操作步骤 设置高ISO感光度降噪功能

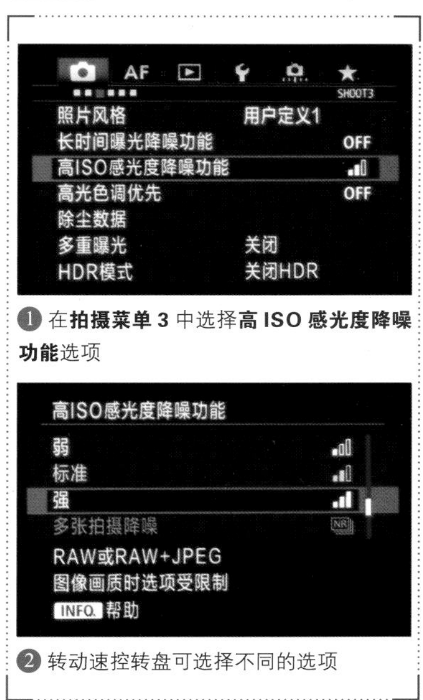

❶ 在**拍摄菜单 3** 中选择**高 ISO 感光度降噪功能**选项

❷ 转动速控转盘可选择不同的选项

▲ 使用高感光度拍摄的教堂内部，画面看起来也很清晰「焦距：18mm ｜光圈：F11｜ 快门速度：1/8s｜ 感光度：ISO800」

绝不仅仅是锦上添花——滤镜

Chapter 05

UV镜

UV镜也叫“紫外线滤镜”，是滤镜的一种，主要是针对胶片相机而设计的，用于防止紫外线对曝光的影响，提高成像质量和影像的清晰度。而现在的数码相机已经不存在这种问题了，但由于其价格低廉，已成为摄影师用来保护数码相机镜头的工具。因此强烈建议摄友在购买镜头的同时也购买一款UV镜，以更好地保护镜头不受灰尘、手印以及油渍的侵扰。

除了购买佳能原厂的UV镜外，肯高、HOYO、大自然及B+W等厂商生产的UV镜也不错，性价比很高。

▲ B+W 77mm XS-PRO MRC UV 镜

保护镜

如前所述，在数码摄影时代，UV镜的作用主要是保护镜头，开发这种UV镜的目的是兼顾数码相机与胶片相机。但考虑到胶片相机逐步退出了主流民用摄影市场，各大滤镜厂商在开发UV镜时已经不再考虑胶片相机，因此由这种UV镜演变出了专门用于保护镜头的一种滤镜——保护镜，这种滤镜的功能只有一个，就是保护价格昂贵的镜头。

与UV镜一样，口径越大的保护镜价格越贵，通光性越好的保护镜价格也越贵。

▲ 保护镜不会影响画面的画质，拍摄出来的风景照片层次很细腻、颜色很鲜艳「焦距：24mm ｜光圈：F11｜ 快门速度：1/40s｜ 感光度：ISO200」

▲ 不同口径的肯高保护镜

学习技巧 查验滤镜真伪的技巧

1. 拨打服务电话进行验证，如B+W的滤镜可以通过在电话中报出盒体上贴的防伪识别码来验证。

2. 查验包装盒上的全息激光防伪标贴，如在B+W的防伪标贴上可见到有立体感的标志。

偏振镜

什么是偏振镜

偏振镜也叫偏光镜或PL镜，在各种滤镜中，是一种比较特殊的滤镜，主要用于消除或减少物体表面的反光。由于在使用时需要调整角度，所以偏振镜上有一个接圈，使得偏振镜固定在镜头上以后，也能进行旋转。

偏振镜分为线偏和圆偏两种，数码相机应选择有“CPL”标志的圆偏振镜，因为在数码单反相机上使用线偏振镜容易影响测光和对焦。

偏振镜由很薄的偏振材料制作而成，偏振材料被夹在两片圆形玻璃片之间，旋拧安装在镜头的前端后，摄影师可以通过旋转前部改变偏振的角度，从而改变通过镜头的偏振光数量。旋转偏振镜时，从取景器或液晶显示屏中观看就会发现光线随着旋转时有时无，色彩饱和度也会随之发生强弱变化，当得到最佳视觉效果时，即可停止旋转偏振镜完成拍摄。

▲ 肯高 67mm C-PL（W）偏振镜

摄影问答 如何知道应该购买多大口径的滤镜

绝大部分滤镜都是与镜头最前端拧在一起的，而不同的镜头拥有不同的口径，因此，滤镜也分为相应的各种口径，在购买时一定要注意了解自己所使用镜头的口径，Canon EOS 5Ds/5DsR 的套机镜头口径为 77mm，因此购买滤镜时就应该选择口径为 77mm 的滤镜，通常滤镜的口径越大，价格则越贵。

理解偏振镜的工作原理

光线是向四面八方振动的，偏振镜可以消除其中朝某个特定方向振动的光线。也就是说，它能够只让朝某个特定方向振动的光线通过。其构造类似于栅栏，能够消除与栅栏的缝隙成垂直角度的光线，只让与缝隙方向平行的光线通过。

因此，想要消除反射光，只需使反射光的振动方向与缝隙成90° 就可以了，这样就能够去除被摄体的多余反射光，还原被摄体本来的色彩。

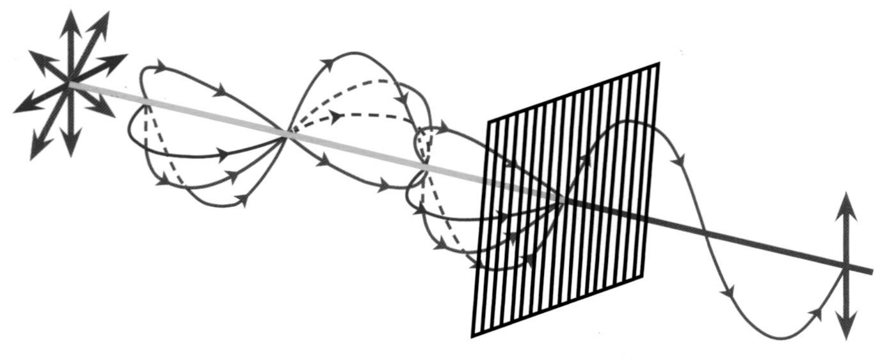
◀ 光线向四面发散，而偏振镜的栅格结构可以消除其他方向上的光线，只允许某一个方向上的光线通过镜片，从而起到过滤光线的作用

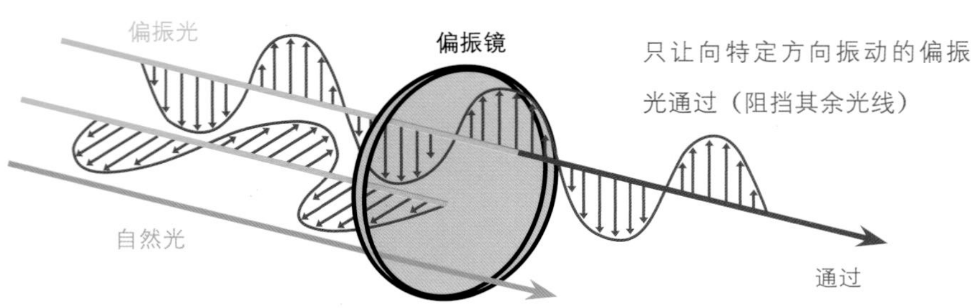

◀ 使用偏振镜后，只允许特定方向的偏振光通过

理解偏振镜的偏振强度

如前所述，偏振镜由很薄的偏振材料制作而成，偏振材料被夹在两片圆形玻璃片之间，当摄影师旋转偏振镜的前部可改变偏振的角度，从而改变通过镜头的偏振光数量，这种操作被称为改变偏振镜的偏振强度。下面的两个线条图像，展示了当偏振镜的偏振效果最小与最大时，光线的通过情况。在实际拍摄过程中，可以利用此原理，灵活地控制偏振镜的偏振效果，使被拍摄对象呈现为需要的效果。

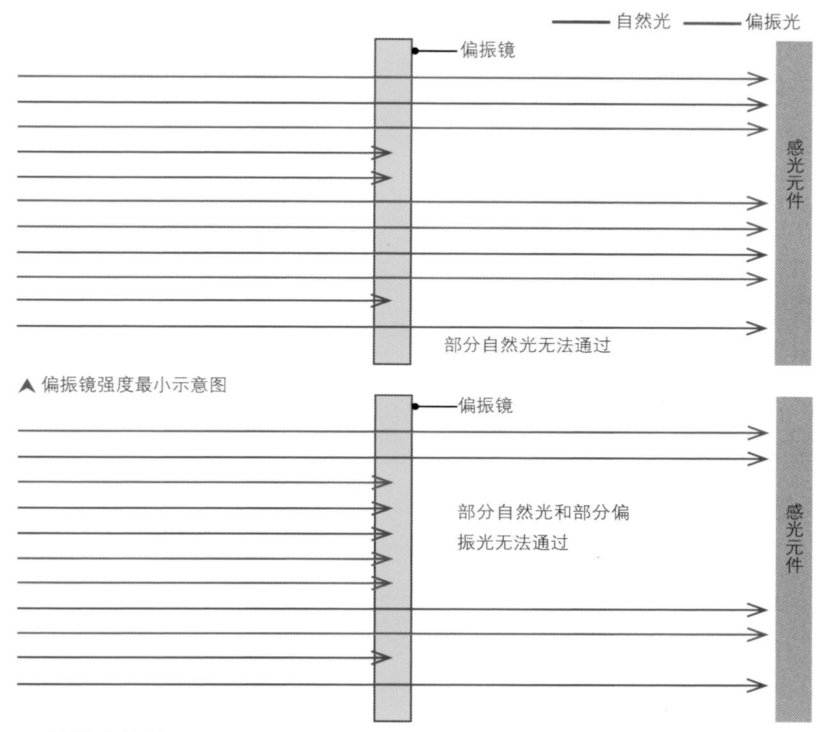

▲ 偏振镜强度最小示意图

▲ 偏振镜强度最大示意图

◀ 通过旋转偏振镜可改变滤镜的过滤强度

学习技巧 在广角镜头上使用偏振镜时避免色调过渡不均匀的技巧

在拍摄蓝天时，使用偏振镜的效果会因与太阳的角度不同而不同。如果是使用广角镜头，由于视野较广，纳入的景物较多，可能会使偏振光效果强和效果弱的地方出现颜色不均的现象。此时，要么减弱偏振镜的偏振强度，要么选择放弃使用偏振镜。

摄影问答 在哪种光线下拍摄，偏振镜的效果最明显

使用偏振镜的效果并不是不变的，而是随着太阳与镜头光轴之间角度的变化有所不同。偏振镜效果最佳的角度是镜头光轴与太阳成90° 时，如果是成0° 左右，就基本没有效果了。也就是侧光时效果最佳，而顺光和逆光时则几乎没有效果。

此外，反射面与光轴所成的角度不同，也会产生不同的效果。由于光线射向物体表面的角度为30°~40° 时，所反射的光线是向一定方向振动的“偏振光”，因此，能够改变偏振光透光率的偏振镜与反射面成30°~40° 时效果最好。

中灰镜

中灰镜即ND（Neutral Density）镜，又被称为中性灰阻光镜、灰滤镜、灰片等。其外观类似于一个半透明的深色玻璃，通常安装在镜头前面用于减少镜头的进光量，以便降低快门速度。如果拍摄时环境光线过于充足，要求使用较低的快门速度，此时就可使用中灰镜来降低快门速度。

▲ 肯高 52mm ND4 中灰镜

摄影问答 选购滤镜应关注哪些要点

在选购滤镜时，应该特别关注一下其在透光率、反射率、眩光以及偏色等方面的性能指标，此外，还要关注以下 3 个要点。

- 镀膜：滤镜的镀膜工艺主要分为多层和单层两种。主要区别在于透光率，多膜的透光率更好，且逆光时不容易出现鬼影。在价格方面，多层镀膜的滤镜要高些。
- 材质：滤镜主要可分为玻璃与树脂两种材质。树脂材质轻便，野外适应性好，透光率与普通玻璃材质滤镜基本相同，但会慢慢氧化、变黄，通常 3 年左右就要更换；玻璃滤镜透光率好，镀膜后的玻璃滤镜甚至可以达到99%的透光率，基本不会出现老化的问题，但缺点是较重，而且怕摔。
- 偏色：所有的滤镜都会造成照片偏色，但目前来看，价格高的滤镜偏色问题小一些。

摄影问答 使用中灰镜时，应如何正确进行对焦

中灰镜减光的倍率越高，减光的强度也越大，这会导致取景器变得非常灰暗，从而影响摄影师进行构图与对焦。

正确的方法是在未安装中灰滤镜的情况下，进行构图与对焦，在安装滤镜后，切换至手动对焦模式进行拍摄。

➤ 站在高处拍摄水流，为了延长曝光时间，使用中灰镜减少进光量，得到迷人水雾效果的水流画面「焦距：140mm｜光圈：F13｜快门速度：10s｜感光度：ISO100」

渐变镜

渐变镜是一种一半透光、一半阻光的滤镜。由于此滤镜一半是完全透明的，而另一半是灰暗的，因此具有一半完全透光、一半阻光的作用，其作用是平衡画面的影调关系，是风光摄影必备的滤镜之一。

渐变镜有各种颜色，从具有微妙色调的蓝色、珊瑚色和橙色，到具有人工色彩的红色、粉红色和烟草色，一应俱全。

在拍摄风景时，使用带有颜色的渐变镜有助于获得引人注目的效果。但前提是要确保安装正确，如果带有颜色的部分太靠下，渐变镜的涂色部分就会偏离到前景上，使拍摄出来照片前景处的景物被染色，从而破坏了照片的现实感。

近摄镜

近摄镜也叫近摄滤镜或者微距滤镜，按照其放大倍率可分为NO.1、NO.2、NO.3、NO.4、NO.10等多种型号，可根据不同拍摄需要进行选择。使用时将其安装到镜头前端或镜头转接环上，可以起到缩短拍摄距离，并获得1：1拍摄比例的效果。

单片结构的近摄镜只需要几十元，但其光学素质较差，常常会产生较严重的紫边。一组两片结构的近摄镜，在光学素质方面会有很大的提高，价格通常在200元左右，较知名的近摄镜有佳能500D、250D等。

在与镜头搭配使用时，建议使用50~300mm之间的焦距，否则可能会出现无法对焦、暗角等问题。

▲ 使用近摄镜得到的小景深画面，蝴蝶的头部在画面中看起来非常突出「焦距：100mm ｜光圈：F8｜快门速度：1/100s｜ 感光度：ISO100」

▲ 圆形渐变镜的安装很方便，但是使用的时候要特别注意角度和使用的位置

▲ 方形渐变镜安装的时候有些繁琐，但是使用的时候可以随心所欲地调整渐变区域，使用非常方便

▲ 佳能 58mm 500D 近摄镜

▲ 肯高 55mm C-UP(+1+2+3) 近摄镜（套装）

滤镜的若干个典型应用

用偏振镜压暗蓝天

晴朗蓝天中的散射光是偏振光，利用偏振镜可以减少偏振光，使蓝天变得更蓝、更暗。加装偏振镜后所拍摄的蓝天，比使用蓝色渐变镜拍摄的蓝天要更加真实，因为使用偏振镜拍摄，既能压暗天空，又不会影像其余景物的色彩还原。

▲ 湛蓝色的天空占了画面三分之二的空间，安装偏振镜后拍摄的天空颜色更加纯净，得到的风景画面看起来非常深邃、宽广，给人一种平静、安详的感觉「焦距：24mm ｜光圈：F16｜ 快门速度：1/125s｜ 感光度：ISO100」

用偏振镜提高色彩饱和度

如果拍摄环境的光线比较杂乱，会对景物的颜色还原产生很大的影响。环境光和天空光在物体上形成反光，会使景物颜色看起来并不鲜艳。使用偏振镜进行拍摄，可以消除杂光中的偏振光，减少杂光对物体颜色还原的影响，从而提高物体的色彩饱和度，使其颜色显得更加鲜艳。

▲ 使用偏振镜消除了树叶上的反光后，得到颜色饱和的枫树画面，橙色的树叶在黑色枝干的衬托下好似一幅抽象画「焦距：35mm ｜光圈：F9｜ 快门速度：1/50s｜ 感光度：ISO320」

用偏振镜突出瑰丽的彩虹

当雨后天晴的时候，天空中会经常出现美丽的彩虹。但与肉眼所见的彩虹相比，拍出的照片往往缺少冲击力，因为在通常情况下，彩虹在天空中出现时的色彩偏淡，和天空的反差较小。为了将彩虹的颜色拍得更鲜艳，可以尝试使用偏振镜。使用偏振镜拍摄的彩虹画面饱和度会较高，天空的蓝色也会加重，这样可以有效地暗化天空，突出彩虹的色彩表现，使画面看起来很有冲击力。也可以只强调彩虹的颜色，但需注意的是，使用偏振镜也会使彩虹消失，因此在拍摄时，应确认彩虹的饱和度。

▲ 使用偏振镜可以拍摄出饱和度很高的彩虹画面，在拍摄时，可通过调整偏振镜的角度来提高彩虹的饱和度或是让彩虹消失。可以一边观察取景器，一边将彩虹调整到最佳饱和度「焦距：40mm ｜光圈：F14 ｜ 快门速度：2s ｜ 感光度：ISO50」

用偏振镜抑制非金属表面的反光

使用偏振镜进行拍摄的另一个优点是可以抑制被摄体表面的反光，例如在拍摄水面、玻璃展柜、玻璃橱窗时，表面的反光有时会影响拍摄效果，使用偏振镜则可以削弱水面、玻璃以及其他非金属物体表面的反光，从而拍出更清晰的影像。

▲ 使用偏振镜消除了水面的反光后，可以很清楚地看到水下的金鱼，拍摄时最好选择与水面成30°～40°的角度进行拍摄，这个角度消除反光的效果最好「焦距：55mm ｜光圈：F9 ｜ 快门速度：1/640s ｜ 感光度：ISO200」

在下雨天或多云时用偏振镜表现被摄体的颜色与质感

偏振镜除了在晴天时可以使天空更蓝，还可以在下雨天或多云时更好地表现被摄体的颜色与质感。

例如，由于在多云或下雨的时候，花卉和叶子上会映出白色的天空，这样会导致拍摄出的画面中叶子的颜色显得浅淡，还会出现反光。此时，可使用偏振镜消除多余的表面反光，以再现被摄体原本的色彩和质感。

又如，在拍摄溪流时，若想消除溪流旁岩石的反光也可使用偏振镜。不过，若反光被完全消除了，会使岩石变成黑色，因此，应保留适量的反射光，才能更好地表现出水汽氤氲的溪谷、绿叶及红叶的美丽之处。

▲ 在阴雨天拍摄荷花，并配合使用偏振镜消除反光，使荷花呈现出更加饱和的色彩以及清晰的花瓣纹理「焦距：180mm ｜光圈：F3.5｜ 快门速度：1/250s｜ 感光度：ISO320」

用中灰渐变镜拍摄大光比场景

在拍摄日出或日落等场景时，天空与地面的亮度反差会非常大，由于数码单反相机的感光元件对明暗反差的兼容性有限，因此无法兼顾天空与地面的细节。

换句话说，如果要表现天空的细节，按天空中较亮的区域测光并进行曝光，则地面就会因欠曝而失去细节；如果要表现地面的细节，按地面景物的亮度进行测光并进行曝光，则天空就会成为一片空白而失去所有细节。要解决这个问题，最好的选择就是用中灰渐变镜来平衡天空与地面的亮度。

拍摄时将中灰渐变镜上较暗的一侧安排在画面中天空的部分，由于深色端有较强的阻光效果，因此可以减少进入相机的光线，从而保证在相同的曝光时间内，画面上较亮的区域进光量少，与较暗的区域在总体曝光量上趋于相同，使天空上云彩的层次更丰富。

▲ 在夕阳时分拍摄时，由于天空与地面的明暗差距较大，在镜头前安装了中灰渐变镜并将较暗的一侧置于天空的位置，得到天空与地面都曝光合适、层次细腻的画面「焦距：20mm ｜光圈：F14｜ 快门速度：1/100s｜ 感光度：ISO100」

用中灰镜减少进光量来降低快门速度突出画面的速度感

所谓追随拍摄，就是使用较低的快门速度，在曝光过程中跟随运动中的被摄体保持相同的速度向同一个方向移动，这样在画面背景上会出现流动的线条，快门速度越慢，线条感越明显，画面就越显得动感十足。

追随拍摄的特点是相机在追随动体的移动过程中按下快门，由于相机相对动体是静止的，所以成像是清晰的；而相机相对背景是移动的，所以成像是模糊的。但要拍摄到成功的作品，还应掌握一定的技巧。

通常情况下，追随摄影宜采用1/30s左右的快门速度。快门速度越慢，背景的模糊效果就越好，如果是在光线充足的环境中，为了减少进光量，可在镜头前安装中灰镜。在选择背景时，应尽量选择色彩多样、明暗不一的背景，如树、山、房屋或人群等，这样在转动相机时，背景才能出现模糊的线条，才更有层次感。

拍摄时要选用“人工智能伺服自动对焦”模式，保证相机随时把焦点聚焦在运动中的主体上。

▲ 在光线充足的环境中使用追随摄影技法拍摄汽车，为了降低快门速度，使用了中灰镜来减少进光量，使背景中拉出的线条更明显，这样的画面看起来更具有动感效果「焦距：105mm ｜光圈：F16｜ 快门速度：1/15s｜ 感光度：ISO100」

用中灰镜在强光下拍摄水流

在强光下拍摄时，如果使用最小光圈、最短曝光时间和最低感光度组合还不能得到正确的曝光，可以考虑使用中灰镜来减少进光量，获得曝光准确的画面。

▲ 在晴朗的天气里拍摄瀑布时，为了减少进光量而在镜头前安装了中灰镜，这样降低了快门速度，通过较长的曝光时间得到了水雾状效果的瀑布画面「焦距：33mm ｜光圈：F14｜ 快门速度：4s｜感光度：ISO50」

调整RAW照片模拟中灰渐变镜补救大光比场景

在拍摄风光照片时，最常遇到的问题就是由于天空与地面的光比太大，导致若是以天空为曝光依据，则地面会显得非常暗，而以地面为曝光标准时，天空又容易曝光过度，此时就可以使用Camera Raw提供的“渐变滤镜工具”对其进行修复处理。

❶ 打开要调整的RAW格式文件，调出Camera Raw对话框，选择“渐变滤镜工具”，在对话框的右侧将显示如右图所示的参数。

❷ 在对话框右侧的参数区中设置相关参数。例如，在本例中要减少天空区域的曝光量，因此可以调降“曝光”参数。

❸ 使用“渐变滤镜工具”在天空范围绘制一个渐变，即可看到处理的结果，如上图所示，天空部分的蓝色变得更加饱和、浓郁。

❹ 若对调整的结果不满意，或希望做更多的调整，可以继续调整右侧参数区中的相关参数。

摄影问答 如何购置风光摄影滤镜

根据各人对风光摄影的重视程度，下面介绍3个滤镜购置方案。

- 简单方案：如果只是外出旅游或有类似需求的风光摄影，准备一片与镜头相匹配的偏振镜，以过滤环境中的杂光即可。
- 标准方案：中灰软渐变镜0.6、0.9和1.2各1片；与镜头相匹配的偏振镜1片、超薄支架1个。
- 豪华方案：在标准方案的基础上，再增加中灰硬渐变滤镜1片、1.2反向中灰渐变镜1片。

拍摄技巧 在风光摄影中，中灰渐变镜与偏振镜结合运用的技巧

在一些特殊的拍摄环境中，可以利用中灰渐变镜与偏振镜的组合来获得更好的拍摄效果。

例如在正午时分，阳光非常强烈，天空与地面的光比也非常大，此时就可以利用偏振镜过滤环境中的杂光，如水面的反光、叶子上的漫射光等，并能够让照片整体的色彩更为纯净；再结合中灰渐变镜来压暗天空，使天空与地面均能够呈现出足够多的细节。

又例如，在拍摄有礁石的海面时，为了确保礁石仍然有细腻的质感，就需要使用偏振镜去除其表现的反光，再配合中灰渐变镜压暗天空处的高光。

成就光影传奇的核心——曝光三要素

Chapter 06

光圈

理解光圈的作用

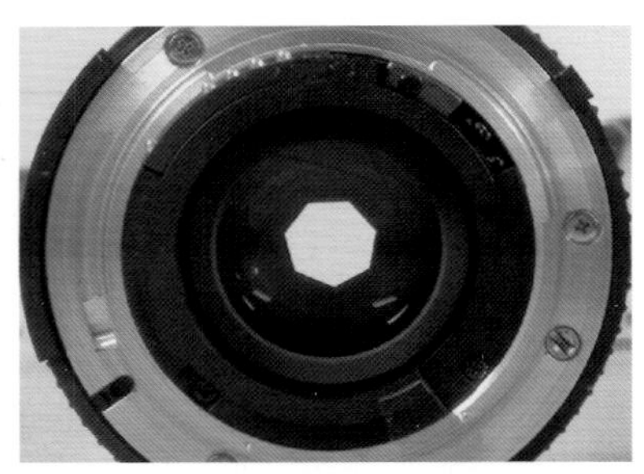

▲从镜头的底部可以看到镜头内部的光圈金属薄片

光圈是镜头内部用于控制通光量的装置，通过镜头内的联动装置能够自动调整光圈孔径的大小，进而调整通光量。

为了使用的便利，通常使用光圈系数来表示光圈的大小，如F1.4、F2、F2.8、F4、F5.6、F8、F11、F16、F22等，光圈系数的数值越小，光圈就越大，进光量也越大。

通过光圈可以控制影像的景深，通常光圈越小，景深就越大；光圈越大，景深就越小。

▲「焦距：28mm｜光圈：F10｜快门速度：1/50s｜感光度：ISO6400」

▲「焦距：28mm｜光圈：F8｜快门速度：1/50s｜感光度：ISO6400」

▲「焦距：28mm｜光圈：F7.1｜快门速度：1/50s｜感光度：ISO6400」

▲「焦距：28mm｜光圈：F5.6｜快门速度：1/50s｜感光度：ISO6400」

▲「焦距：28mm｜光圈：F4.5｜快门速度：1/50s｜感光度：ISO6400」

▲「焦距：28mm｜光圈：F4｜快门速度：1/50s｜感光度：ISO6400」

▲「焦距：28mm｜光圈：F3.5｜快门速度：1/50s｜感光度：ISO6400」

▲「焦距：28mm｜光圈：F3.2｜快门速度：1/50s｜感光度：ISO6400」

➤从这一组示例图可以看出，当光圈不断增大时，由于同一曝光时间内进入光圈的光量增加了，因此曝光量在不断增加，画面也随之不断变亮，画面色彩在呈现明显变淡趋势的同时，整个场景的景深也逐渐变小

摄影问答 焦外效果跟光圈有什么必然关系吗

焦外效果跟焦段、拍摄距离、光圈都有关系，在前两者相同的情况下，镜头的光圈叶片越多、越圆，实际拍摄后焦外的效果就越圆润、越好看。正因为如此，光圈叶片的数量与形状是评定镜头优劣的重要标准，购买镜头时不妨注意一下这个参数，尽量选择圆形光圈叶片及叶片最多的镜头。

掌握光圈值的表示方法

光圈值用字母F或f表示，如F8、f8（或F/8、f/8）。常见的光圈值有F1.4、F2、F2.8、F4、F5.6、F8、F11、F16、F22、F32、F36等，光圈每递进一挡，光圈口径就不断缩小，通光量也逐挡减半。例如，F5.6光圈的进光量是F8的两倍。

当前我们所见到的光圈数值还包括F1.2、F2.2、F2.5、F6.3等，这些数值不包含在光圈正级数之内，这是因为各镜头厂商都在每级光圈之间插入了1/2倍（F1.2、F1.8、F2.5、F3.5等）和1/3倍（F1.1、F1.2、F1.6、F1.8、F2.2、F2.5、F3.2、F3.5、F4.5、F5.0、F6.3、F7.1等）变化的副级数光圈，以更加精确地控制曝光程度，使画面的曝光更加准确。

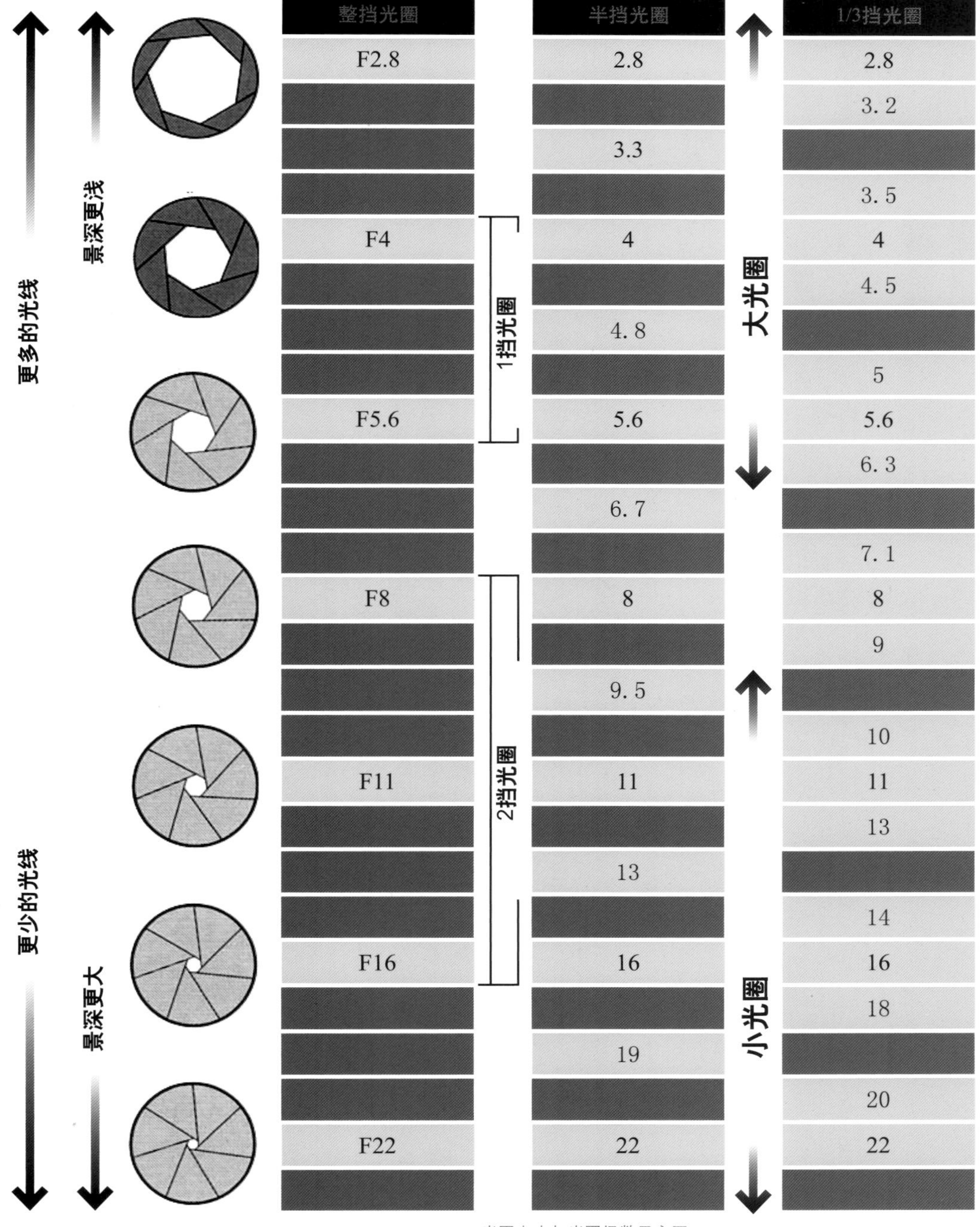

▲ 光圈大小与光圈级数示意图

认识镜头的最大可用光圈

▲ 佳能 EF 16-35mm F2.8 L Ⅱ USM

▲ 佳能 EF 85mm F1.2 L Ⅱ USM

▲ 佳能 EF 28-300mm F3.5-5.6 L IS USM 广角端 28mm 的最大光圈为 F3.5，长焦端 300mm 的最大光圈为 F5.6

虽然光圈数值是在相机上设置的，但其可调整的范围却是由镜头决定的，即镜头支持的最大及最小光圈，就是在相机上可以设置光圈的上限和下限。镜头支持的光圈越大，则在同一时间内就可以吸收更多的光线，从而允许我们在光线更弱的环境中进行拍摄——当然，光圈越大的镜头，其价格也越贵。

在左侧展示的3款镜头中，佳能EF 85mm F1.2 L Ⅱ USM 是定焦镜头，其最大光圈为F1.2；佳能EF 16-35mm F2.8 L Ⅱ USM 为恒定光圈的变焦镜头，无论使用那一个焦距段进行拍摄，其最大光圈都只能够达到F2.8；佳能EF 28-300mm F3.5-5.6 L IS USM 是浮动光圈的变焦镜头，当使用镜头的广角端（28mm）拍摄时，最大光圈可以达到F3.5，而当使用镜头的长焦端（300mm）拍摄时，最大光圈只能够达到F5.6。

同样，上述3款镜头也均有最小光圈值，例如，佳能EF 16-35mm F2.8 L Ⅱ USM 的最小光圈为F22，佳能EF 28-300mm F3.5-5.6 L IS USM的最小光圈同样是一个浮动范围（F22~F38）。

▼ 使用大光圈虚化背景以突出人物主体，是拍摄人像时最常用的手法，采用此方法可以使人物在杂乱的环境中更加突出「焦距：85mm ｜光圈：F2.5｜ 快门速度：1/100s｜ 感光度：ISO200」

认识镜头的最佳光圈

通常情况下，摄影师都会选择比镜头最大光圈稍小一至两挡的中等光圈，因为大多数镜头在中等光圈下的成像质量是最优秀的，照片的色彩和层次都有更好的表现。例如，一只最大光圈为F2.8 的镜头，其最佳成像光圈在F5.6 至F8 之间。

认识镜头的最小可用光圈

将镜头的光圈缩到最小可以增加画面的景深，扩大画面中景物的清晰范围。但不能使用过小的光圈，因为过小的光圈会使光线在镜头中产生衍射效应，导致画面质量下降。因此，所有的镜头在可接受画质的前提下，都有一个最小的可用光圈。

摄影问答 什么是衍射效应

衍射是指当光线穿过镜头光圈时，光在传播的过程中发生方向弯曲的现象，光线通过的孔隙越小，光的波长越长，衍射现象就越明显。

因此，拍摄时如果将光圈收得越小，在被记录的光线中衍射光所占的比例就越大，画面的细节损失就越多，画面就越不清楚。

衍射效应对 APS-C 画幅数码相机和全画幅数码相机的影响程度稍有不同，通常 APS-C 画幅数码相机在光圈收小到 F11 时，就会发现衍射对画质产生了影响；而全画幅数码相机在光圈收小到 F16 时，才能够看到衍射对画质的影响。

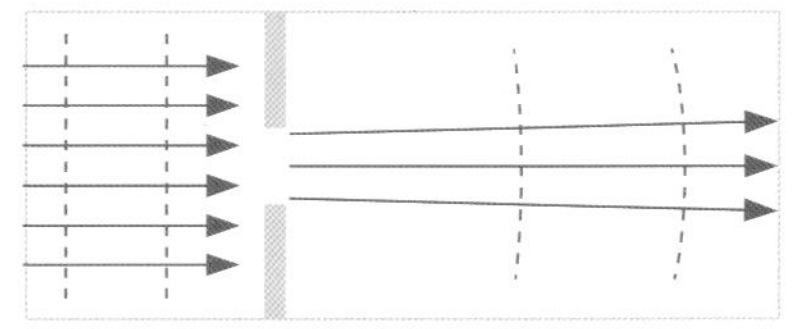
▲ 大光圈：只有边缘的光线发生了弯曲

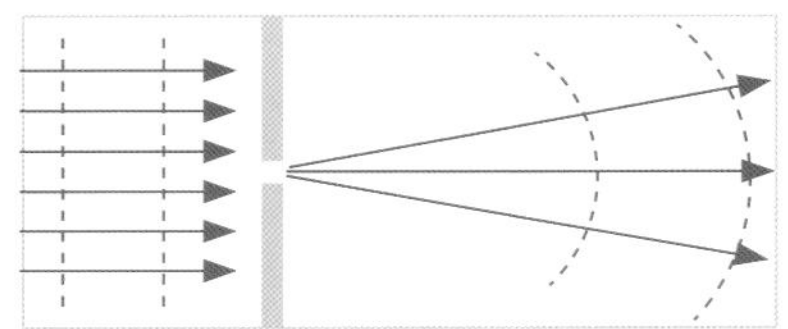
▲ 小光圈：光线衍射明显，分辨率降低

◀ 拍摄大场景的风景照时，应设置较小光圈以得到大景深的画面「焦距：30mm ｜光圈：F9｜ 快门速度：1/200s｜ 感光度：ISO100」

设置光圈范围

在此菜单中，摄影师则可以自定义设定光圈值范围，可设定的光圈范围值，因镜头的最大光圈和最小光圈而异。

通过缩小光圈大小范围，可以提高选择光圈值操作的效率。在快门优先Tv和程序自动P模式下，相机会自动在所设定的有效光圈范围内选择光圈值。

❶ 在**自定义功能菜单** 2 中选择**光圈范围设置**选项

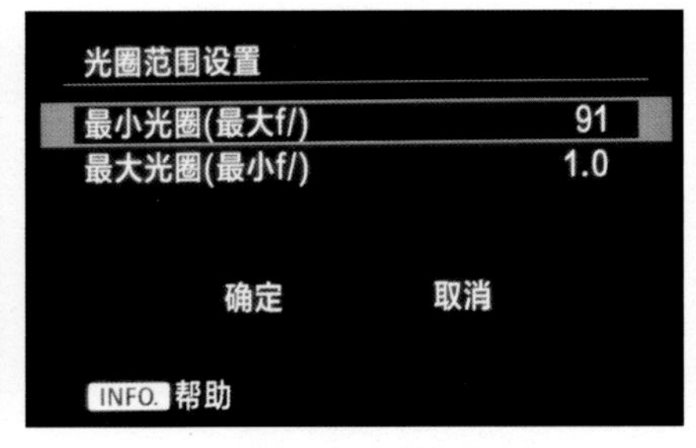

❷ 转动速控转盘◎选择**最小光圈（最大 f/）**或**最大光圈（最小 f/）**选项，然后按下 SET 按钮

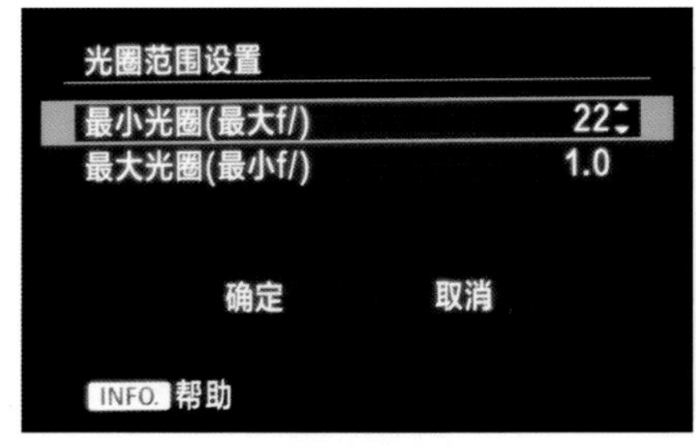

❸ 若在第❷步中选择了**最小光圈（最大 f/）**选项，转动速控转盘◎选择最小光圈值

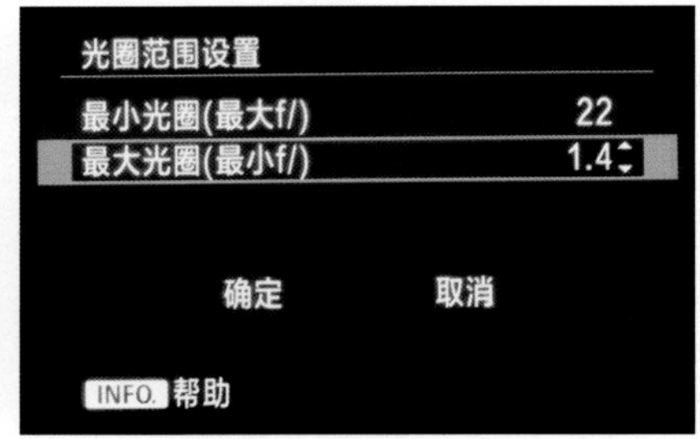

❹ 若在第❷步中选择了**最大光圈（最小 f/）**选项，转动速控转盘◎选择最大光圈值

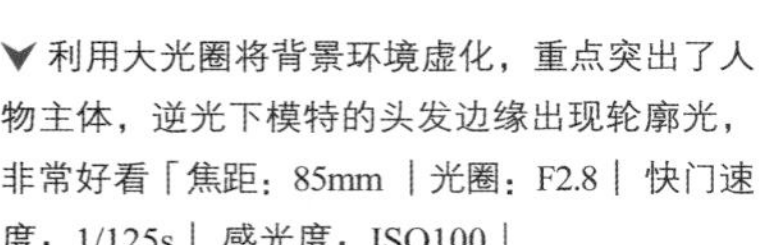

▼利用大光圈将背景环境虚化，重点突出了人物主体，逆光下模特的头发边缘出现轮廓光，非常好看「焦距：85mm ｜光圈：F2.8｜ 快门速度：1/125s｜ 感光度：ISO100」

设置“对新光圈维持相同曝光”

在M全手动模式下，并且是手动选择感光度的设置时，当更换镜头、安装或移除增距镜或使用最大光圈不恒定的变焦镜头拍摄时，可能会出现由于光圈变小导致画面曝光不足的情况。例如，在先期拍摄时使用的光圈为F1.8，当更换为最大光圈为F3.5的镜头进行拍摄时，由于光圈变小，整个画面必然欠曝。在这种情况下，一般是通过更改快门速度或提高ISO感光度来获得正常曝光。

Canon EOS 5Ds/5DsR加入了“对新光圈维持相同曝光”功能，在此菜单中，可以选择“ISO感光度”或“快门速度”选项，使相机自动改变ISO感光度或快门速度，使摄影师在使用新的光圈拍摄时，仍然维持画面整体曝光正常。

- 关闭：选择此选项，相机不会自动改变设置以保持相同的曝光，需要摄影师手动更改设置。
- ISO感光度：选择此选项，相机自动增加ISO感光度，以保持相同的曝光。
- 快门速度：选择此选项，相机自动降低快门速度，以保持相同的曝光。

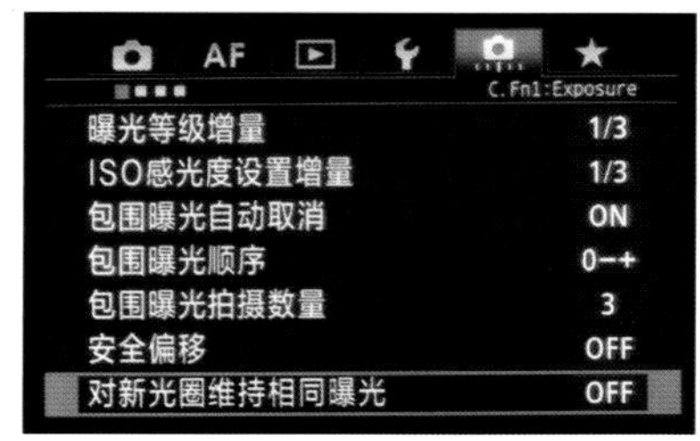

❶ 在**自定义功能菜单** 1 中选择**对新光圈维持相同曝光**选项

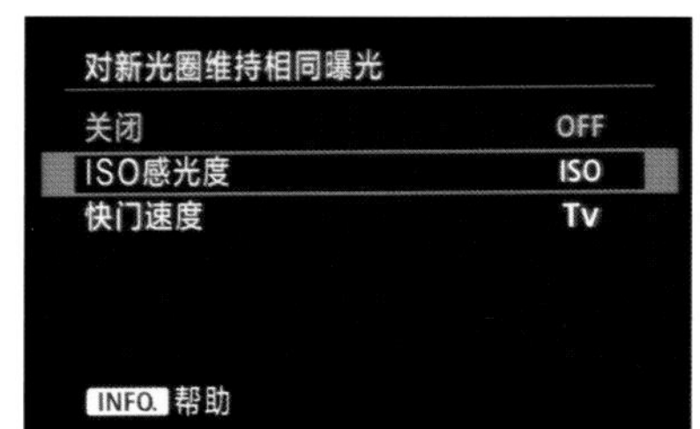

❷ 转动速控转盘◎选择一个选项，然后按下SET 按钮

▼ 利用“对新光圈维持相同曝光”功能，在使用最大光圈不恒定的变焦镜头进行变焦拍摄时，可以维持原有的曝光，省去摄影师手动去更改参数了「焦距：30mm ｜光圈：F3.2｜ 快门速度：1/200s｜ 感光度：ISO100」

快门

快门的作用与快门速度

快门的作用是控制曝光时间的长短，在按动快门按钮时，从快门前帘开始移动到后帘结束所用的时间就是快门速度，其单位为秒（s）。例如，如果快门速度为1s，则意味着整个曝光过程将持续1秒，在整个曝光过程中首先前帘被打开，让感光元件进行曝光，经过1秒的时间后，后帘迅速被关闭，相机结束曝光。

入门级及中端数码单反相机的快门速度通常在1/4000s至30s 之间，而Canon EOS 5Ds/5DsR相机的最高快门速度达到了1/8000s，已经可以满足几乎所有题材的拍摄要求。

常见的快门速度有30s、15s、8s、4s、2s、1s、1/2s、1/4s、1/8s、1/15s、1/30s、1/60s、1/125s、1/250s、1/500s、1/1000s、1/2000s、1/4000s、1/8000s 等。

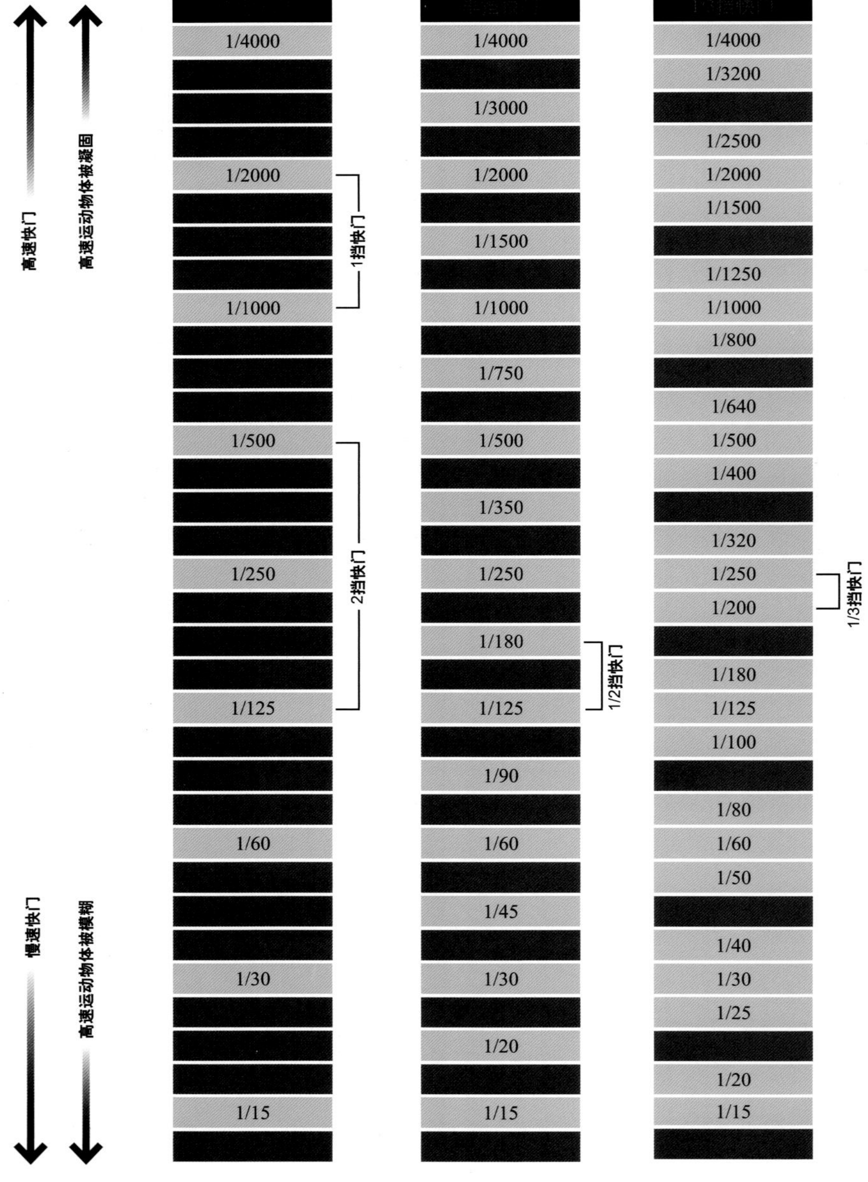

◀ 快门速度分级示意图

快门速度对曝光量的影响

快门速度决定曝光时间的长短，快门速度越快，则曝光时间越短，曝光量越少，照片也越暗；快门速度越慢，则曝光时间越长，曝光量就越多，照片也越亮。

▲「光圈：F2.8 | 快门速度：1/80s | 感光度：ISO2500」

▲「光圈：F2.8 | 快门速度：1/40s | 感光度：ISO2500」

▲「光圈：F2.8 | 快门速度：1/25s | 感光度：ISO2500」

▲「光圈：F2.8 | 快门速度：1/15s | 感光度：ISO2500」

◀ 从这一组示例图可以看出，当快门速度不断降低时，由于曝光时间变长，因此曝光量不断增加，画面也随之不断变亮，而画面的色彩也呈现明显的变淡趋势

快门速度对运动模糊效果的影响

拍摄运动物体时，快门速度越低，被摄对象在画面中的运动模糊效果越强烈。反之，快门速度越高，越能够清晰地定格运动物体的瞬间状态，如果被摄对象的运动趋势不明显，则会被误判为静止状态。

▲「光圈：F16 | 快门速度：1/3s | 感光度：ISO100」

▲「光圈：F7.1 | 快门速度：1/8s | 感光度：ISO100」

▲「光圈：F4.5 | 快门速度：1/20s | 感光度：ISO100」

▲「光圈：F2.8 | 快门速度：1/50s | 感光度：ISO100」

◀ 从这一组示例图可以看出，随着快门速度不断提高，画面的动感模糊效果不断减弱，运动对象也逐渐清晰

安全快门速度

简单来说，安全快门是人在手持拍摄时能保证画面清晰的最低快门速度。这个快门速度与镜头的焦距有很大关系，即手持相机拍摄时，快门速度应不低于焦距的倒数。

比如当前焦距为200mm，拍摄时的快门速度应不低于1/200s。这是因为人在手持相机拍摄时，即使被摄对象待在原处纹丝未动，也会因为拍摄者本身的抖动而导致画面模糊。

◀虽然是拍摄静态的饮品，但由于光线较弱，致使快门速度低于了焦距的倒数，所以拍摄出来的瓶体是比较模糊的

◀拍摄时提高了感光度数值，因此能够使用更高的快门速度，从而确保拍摄出来的照片很清晰「上图 焦距：200mm ｜光圈：F8 ｜ 快门速度：1/100s ｜ 感光度：ISO100」「下图 焦距：200mm ｜光圈：F8 ｜ 快门速度：1/400s ｜ 感光度：ISO400」

如果只是查看缩略图，两张照片之间几乎没有什么区别，但放大后查看照片的细节可以发现，当快门速度高于安全快门时，即使在相同的弱光条件下手持拍摄，也可将酒瓶拍得很清晰。

设置快门速度范围

Canon EOS 5Ds/5DsR相机的快门速度范围在1/8000s~30s之间，但是一般情况下用不着这么大范围的快门速度。

在此菜单中摄影师可以自定义设定快门速度范围，最高速度范围可以在1/8000秒至15秒之间设定；最低速度可以在30秒至1/4000秒之间设定。

通过缩小快门速度范围，可以提高选择快门速度操作的效率。在快门优先Tv和全手动M模式下，摄影师可以在所设定范围内手动选择一个快门速度值，在光圈优先Av和程序自动P模式下，相机自动在所设定范围内选择快门速度值。

❶ 在**自定义功能菜单** 2 中选择**快门速度范围设置**选项

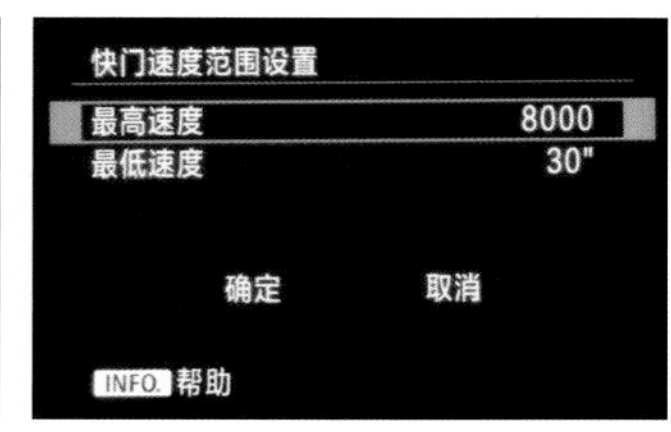

❷ 转动速控转盘◎选择**最高速度**或**最低速度**选项，然后按下 SET 按钮

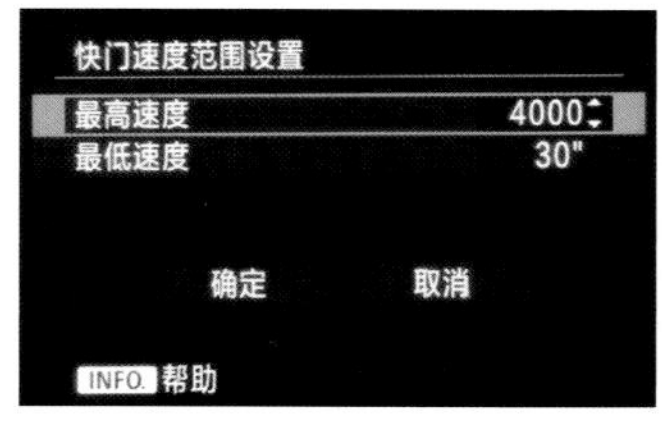

❸ 若在第❷步中选择了**最高速度**选项，转动速控转盘◎选择最高快门速度值

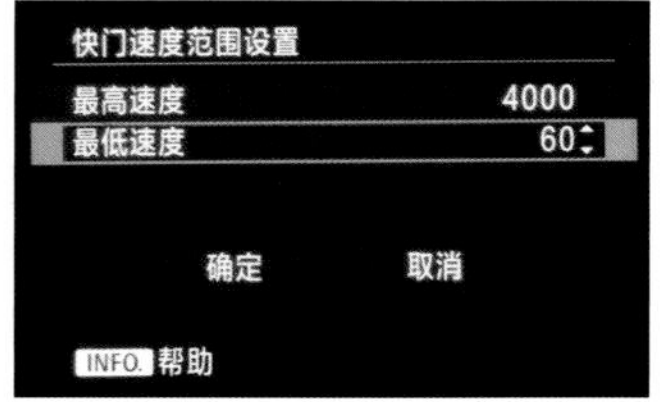

❹ 若在第❷步中选择了**最低速度**选项，转动速控转盘◎选择最低快门速度值

感光度

认识感光度

数码相机的感光度概念是从传统胶片感光度引入的，它是用不同的感光度数值来表示感光元件对光线的感光敏锐程度，即在相同条件下，感光度越高，相机感光元件获得光线的数量也就越多。

但感光度越高，产生的噪点就越多，而低感光度画面则清晰、细腻，细节表现较好。

Canon EOS 5Ds/5DsR作为全画幅相机，在感光度的控制方面非常优秀。其常用感光度范围为ISO100~ISO6400，并可以向下扩展至L（相当于ISO50），向上扩展至H（相当于ISO12800）。

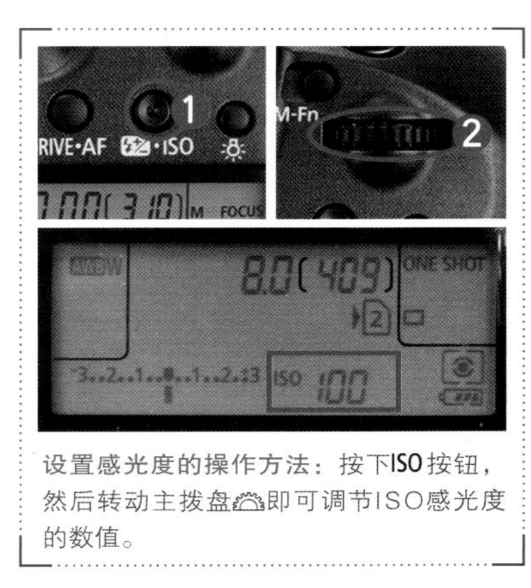

设置感光度的操作方法：按下ISO按钮，然后转动主拨盘即可调节ISO感光度的数值。

◀ 虽然使用了较高的ISO感光度，但由于Canon EOS 5Ds/5DsR具有较强的高感抗噪性能，因此画面看起来清晰、细腻「焦距：28mm ｜光圈：F22｜ 快门速度：2s｜ 感光度：ISO1000」

操作步骤 设置自动ISO范围

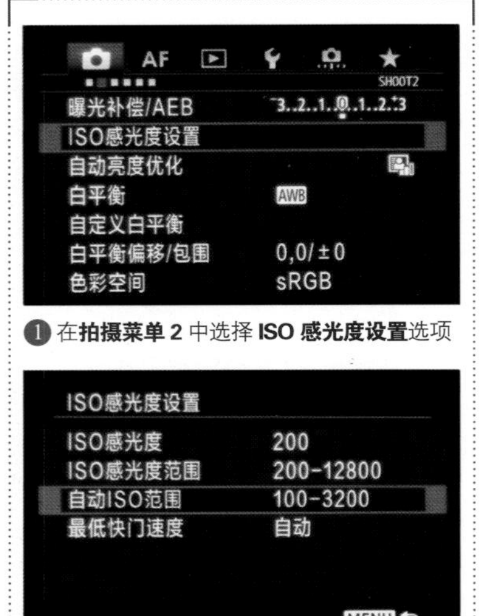

❶ 在**拍摄菜单 2** 中选择 **ISO 感光度设置**选项

❷ 转动速控转盘选择**自动 ISO 范围**选项

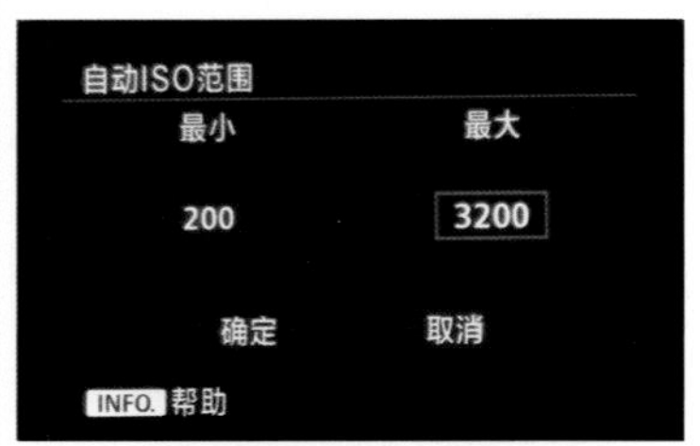

❸ 选择**最小**或**最大**选项，并按下 SET 按钮，转动速控转盘◯可调整其数值

最低快门速度
手动(1/60)
自动
手动
1/8000 1/4000 1/2000 1/1000 1/500
1/250 1/125 1/60 1/30 1/15
1/8 1/4 0"5 1"
INFO. 帮助

❹ 若在步骤❷中选择了**最低快门速度**选项时，转动速控转盘可选择**自动**或**手动**选项，当选择了**自动**选项时，转动主拨盘可以设置相对于标准速度的所需速度，选择**手动**选项，则转动主拨盘选择一个快门速度值

灵活使用自动感光度功能

Canon EOS 5Ds/5DsR的自动ISO感光度功能非常强大、好用，不仅可以在M挡下使用，并且能够设置最低和最高ISO感光度及最低的快门速度。许多摄影师都没有意识到这实际上是一个非常实用的功能，因为这可以实现拍摄时让光圈、快门速度同时优先的目标。

其操作方法也很简单，先切换到M挡手动曝光模式，设置拍摄某一题材必须要使用的光圈及快门速度，然后将感光度设置为 AUTO（即自动感光度），则相机即可根据光线强度以及摄影师设定的光圈和快门速度，选择合适的ISO感光度数值。

例如，在拍摄婚礼现场时，摄影师需要灵活移动才能捕捉到精彩的瞬间，因此很多时候无法使用三脚架。而现场的光线又忽明忽暗，此时，如果使用快门优先模式，则有可能出现镜头最大光圈无法满足曝光要求的情况；而如果使用光圈优先模式，又有可能出现快门速度过慢导致照片模糊的情况。因此，使用自动感光度功能并将快门速度设为安全快门，就能够灵活使用Canon EOS 5Ds/5DsR强大的高感光度低噪点功能从容进行拍摄。

当使用自动感光度设置时，在“自动ISO范围”选项中可以设置ISO100~ISO6400的感光度范围，在低光照条件下，为了避免快门速度过慢，可以将最大ISO感光度设为ISO1600。当使用自动感光度时，还可以指定一个快门速度的最低数值，当快门速度低于此数值时，由相机自动提高感光度数值；反之，则使用“自动ISO范围”中设置的最小感光度数值进行拍摄。

▲ 在婚礼摄影中，无论是在灯光昏黄的家居室内，还是灯光明亮的宴会大厅拍摄，使用自动感光度都能够得到相当不错的拍摄效果

理解感光度与画质的关系

对于Canon EOS 5Ds/5DsR而言，使用ISO800以下的感光度拍摄时，均能获得优秀的画质；使用ISO800~ISO1600之间的感光度拍摄时，其画质比使用低感光度时有相对明显的降低，但是依旧可以用良好来形容。

当感光度数值增至ISO1600~ISO3200 时，虽然画面的细节还比较丰富，但已经有明显的噪点了，尤其在弱光环境下表现得更为明显；当感光度扩展至H时，画面中的噪点和色散已经变得很严重了，因此，除非必要，一般不建议使用ISO1600以上的感光度数值。

根据笔者的使用经验，ISO1600是Canon EOS 5Ds/5DsR相对实用的最高感光度。

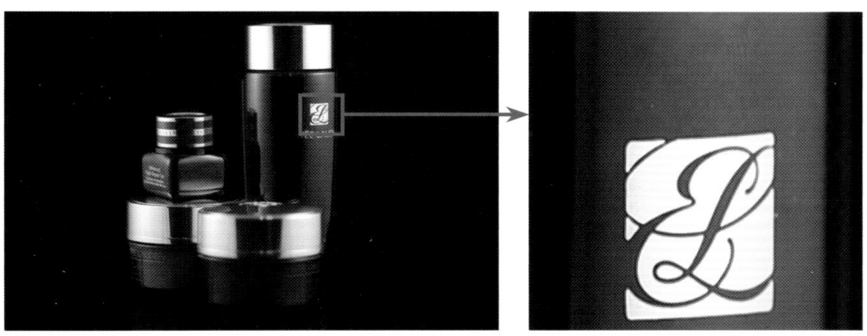

▲「焦距：100mm ｜光圈：F2.8｜ 快门速度：1/20s｜ 感光度：ISO100」

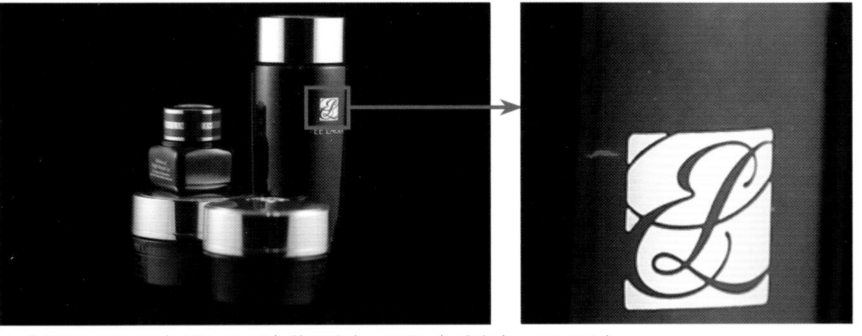

▲「焦距：100mm ｜光圈：F2.8｜ 快门速度：1/400s｜ 感光度：ISO1600」

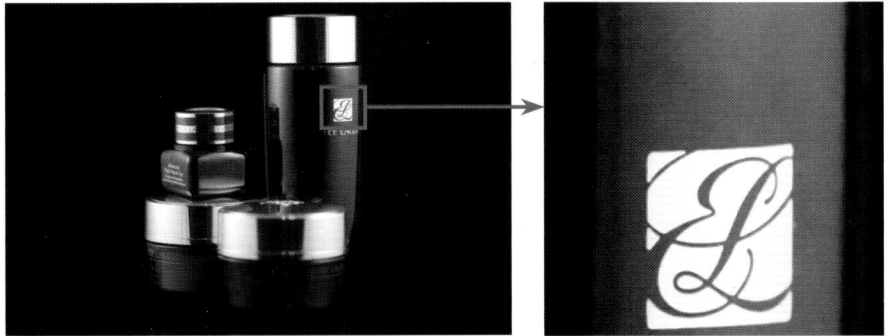

▲「焦距：100mm ｜光圈：F2.8｜ 快门速度：1/3200s｜ 感光度：ISO3200」

摄影问答 为什么在提高感光度时画面会出现噪点

数码单反相机感光元件的感光度最低值通常是 ISO100 或 ISO200，这是数码相机的基准感光度。如果要提高感光度，就必须通过相机内部的放大器来实现，因为 CCD 和 CMOS 等感光元件的感光度是固定的。当相机内部的放大器在工作时，相机内部电子元器件间的电磁干扰就会增加，从而使相机的感光元件出现错误曝光，其结果就是画面中出现噪点，与此同时相机宽容度的动态范围也会变小。

摄影问答 在拍摄夜景时，是不是只要使用最低的ISO数值，就一定不会出现噪点

答案是否定的，在拍摄夜景时，虽然使用最低的 ISO 数值能够在最大程度上降低噪点出现的可能性，但如果曝光的时间较长，则一定会出现噪点，而且噪点出现的数量与曝光时间长度成正比。正因为如此，通常使用数码单反相机拍摄星轨时，往往采取间隔拍摄多张照片，最后在数码照片处理软件中合成的方式，而不是持续进行长时间曝光。

◀ 从这一组照片中可以看出，在光圈优先曝光模式下，当 ISO 感光度数值发生变化时，快门速度也发生了变化，因此照片的整体曝光量并没有变化。但仔细观察细节可以看出，照片的画质随着 ISO 数值的增大而逐渐变差

设置感光度的原则

由于感光度对画质影响很大，因此在设置感光度时要把握以下原则：既保证画面获得充足的曝光，又不至于影响画面质量。

不同光照下的ISO设置原则

- 如果拍摄时光线充足，例如在晴天或薄云的天气拍摄，应该将感光度设置为较低的数值，一般将感光度设置为ISO100~ISO200即可。
- 如果是在阴天或者下雨的室外拍摄，推荐使用ISO200~ISO400。
- 如果是在傍晚或者夜晚的灯光下拍摄，推荐使用ISO400~ISO800。

拍摄不同对象时的ISO设置原则

- 如果拍摄人像，为了得到细腻的皮肤质感，推荐使用较低的感光度，如ISO100、ISO200。
- 如果拍摄对象需要长时间曝光，如拍摄流水或者夜景，也应该使用ISO200、ISO400等相对低的感光度。
- 如果拍摄的是高速运动的主体，为了保证在安全快门内能够拍摄到清晰的图像，应该尝试将感光度设置为ISO400或ISO800，以获得更高的快门速度。

不同拍摄目的的ISO设置原则

- 如果拍摄的目的仅是为了记录，则感光度的设置原则是先拍到再拍好，即优先考虑使用高感光度，以避免由于感光度低而导致快门速度也较低，从而拍出模糊的照片。因为画质损失可通过后期处理来弥补，而画面模糊则意味着拍摄失败，是无法补救的。
- 如果拍摄的照片用于商业目的，此时画质是第一位的，感光度的设置原则应该是先拍好再拍到，如果光线不足以支持拍摄时使用较低的感光度，宁可放弃拍摄。

◀ 因为是在晴天时分拍摄人像，所以设置了很低的感光度，因此画质十分精细「焦距：50mm ｜光圈：F1.8｜快门速度：1/250s｜感光度：ISO50」

理解曝光要素的倒易律关系

“倒易律”是指一旦确定正确曝光需要的曝光值，快门速度和光圈中的任一个参数发生了改变，都可以很快地根据倒易关系确定另一个参数的数值。

简单地说，就是可以用慢速快门加小光圈或者高速快门加大光圈得到相同的曝光量。但是要注意的是，采用这两种曝光组合拍出照片的效果是不一样的。

假设对某个场景合适的曝光组合是1/15s和F11，根据倒易律，摄影师可以将快门速度减慢到1/8s(降低一挡，曝光时间加倍)，并且把光圈缩小到F16（同样降低一挡，进光量减半)，采用1/15s和F11与1/8s和F16拍摄的曝光量是完全相同的。同样还可以使用1/4s和F22、1/30s和F8、1/2s和F32、1/60s和F5.6这几组不同的曝光组合，所有这些曝光组合都可以让相同总量的光线照射到感光元件上。

了解这些后即可选择所需要的光圈或快门速度，并且进行符合倒易关系的调整。由于在数码单反相机中，快门速度与光圈都是按挡位改变的，因此在改变光圈或快门速度设置时，只要记录下一个参数所改变的挡数，另一个参数只要改变相同的挡数即可。

改变时需要注意的是，在光圈与快门速度曝光组合中，若一个参数增大，则另一个参数必须减小。

例如，假设1/250s和F4是正确的曝光组合，那么增加4挡快门速度到1/15s，同时只要缩小4挡光圈到F16，这样就可以得到相同的曝光量。

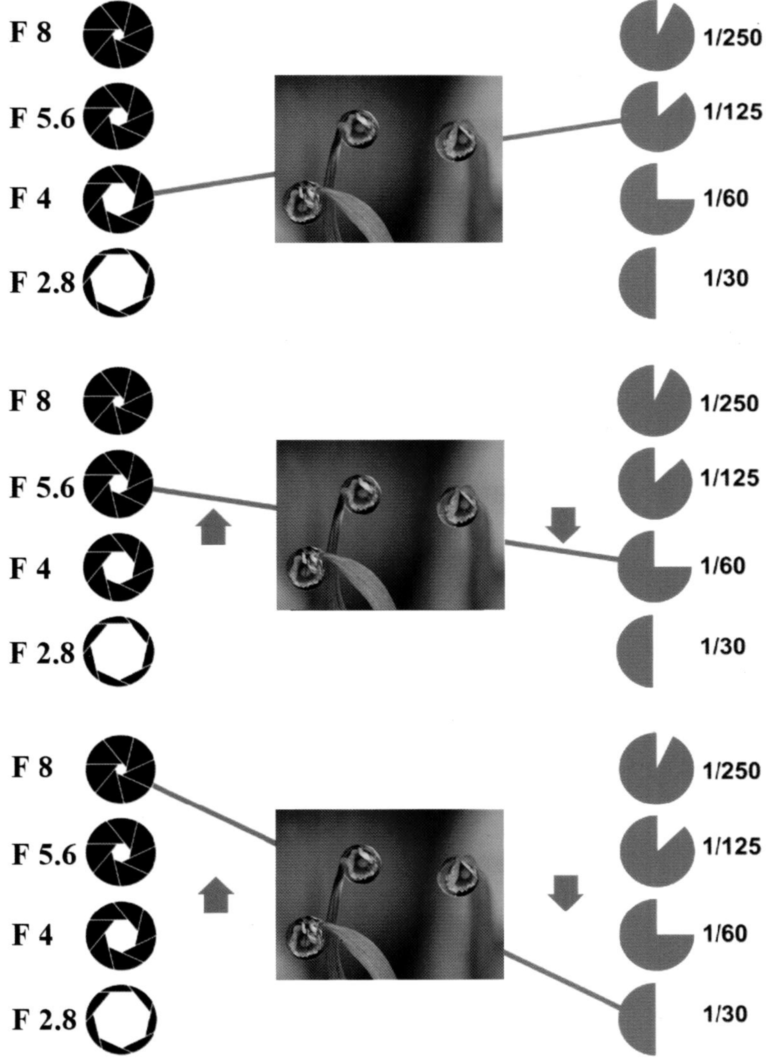

从这三幅图中可以看出，要正确曝光中间位置的图像，当光圈从 F4 变为 F8 时，快门速度也相应要从 1/125s 变为 1/30s

通过曝光三要素控制画面效果的典型场景

利用大光圈拍摄背景虚化的美丽人像

大光圈在人像摄影中起着非常重要的作用，利用其特点可得到美丽虚化效果的画面。同时，在环境光线较差的情况下，设置大光圈还可以获得更高的快门速度。

如果还要记录下周围的场景，可以适当缩小光圈。当然，千万不要掉入大光圈只能用来虚化背景的思维陷阱中，巧妙地利用大光圈对前景进行虚化可以得到人与环境融为一体的理想效果。

▲ 利用大光圈拍摄草丛中的女孩，虚化了周围的环境，不仅使其在画面中更加突出，也使其与草丛融为一体，画面给人以和谐之美「焦距：105mm ｜光圈：F4｜ 快门速度：1/640s｜ 感光度：ISO200」

利用大光圈拍摄背景柔和的花朵

拍摄花卉时，经常会遇到背景较为杂乱的场景，这些背景会影响花卉主体的表现，所以在拍摄时应设法进行背景处理。常用的手法是使用大光圈拍摄，使这些杂乱的背景变模糊，从而突出主体。

▲ 使用大光圈得到小景深的画面，以突出花卉的局部特写，拍出平常人们看不到的画面，给人一种非常震撼的视觉效果「焦距：200mm ｜光圈：F2.8｜ 快门速度：1/1250s｜ 感光度：ISO320」

利用小光圈拍摄出远近皆清晰的风光

世界顶级摄影大师安塞尔·亚当斯在拍摄风光时始终使用F64的超小光圈，他拍摄出了很多传世的黑白风光作品。为什么要使用最小光圈呢？因为在大多数大场面的风光作品中，画面中不同的景物远近差别很大，为了让远近的景物都能清晰成像，所以要使用最小光圈以获得超大景深。

只不过现在数码单反相机镜头的光圈值都达不到亚当斯常用的F64，一般最小光圈只有F22、F32，个别镜头达到了F45。需要注意的是，使用镜头的最小光圈拍摄往往会导致反差降低，所以在拍摄时要根据自己使用镜头的特点选择较小的光圈，而不是最小的光圈。

▲ 使用 F18 小光圈拍摄的风光照片，画面中远近的景物都十分清晰「焦距：200mm ｜光圈：F18｜ 快门速度：1/400s｜ 感光度：ISO250」

利用小光圈拍摄出灯光的星芒

城市夜景中的建筑少不了各种灯饰的点缀，城市的夜景也因建筑灯饰的点缀而变得更加繁华，让很多观者很向往。

为了使画面更有夜景的气息，可以通过缩小光圈，使灯光的周围出现星状光芒。这是因为光圈收缩到一定的数值时，光线就会通过光圈细小的孔洞产生衍射，从而使灯光旁边出现四射的星光效果，灯光越强烈，星光效果越明显。

➤ 缩小光圈得到星芒状的灯光效果，好似天空的星星落入凡间一般，也将夜间的大桥点缀得很梦幻「焦距：20mm｜光圈：F20｜快门速度：10s｜感光度：ISO50」

知识链接 光圈叶片数量与星芒效果的关系

光圈的形状对点光源形成的星芒也会有很大的影响。

当光圈叶片为偶数时，星芒的数量和光圈叶片数量相同，且看起来有些生硬。而当光圈叶片为奇数时，形成的星芒数量是光圈叶片数的2倍，且效果很好。

由于圆形的通光孔形成的星芒效果会更好一些，因此，增加光圈叶片数量很有必要，但是为了减少相机镜头光圈叶片工作时的震动，使用5片或6片比较合适。

拍摄技巧 利用小光圈拍摄太阳星芒的技巧

在拍摄太阳时，如果要为照片中的太阳增加光芒，可以用F13或F16这样的小光圈进行拍摄，光圈越小效果越好。

▲ 天空中布满乌云，海水向海滩冲了过来，摄影师抓取到太阳正好出现在中景礁石洞孔处的瞬间，以小光圈进行拍摄，获得了视野广阔的画面，太阳也呈现出迷人的星芒效果「焦距：28mm｜光圈：F16｜快门速度：1/8s｜感光度：ISO50」

利用高速快门定格决定性瞬间

较高的快门速度可以定格运动的瞬间，所以高速快门主要应用于拍摄运动物体。例如拍摄投篮的瞬间和疾驰的飞车，甚至还可以把子弹穿过苹果的过程拍摄下来。当然，在使用高速快门时，要保证拍摄现场有较明亮的光线，或者使用的镜头有较大的光圈，否则容易造成曝光不足。

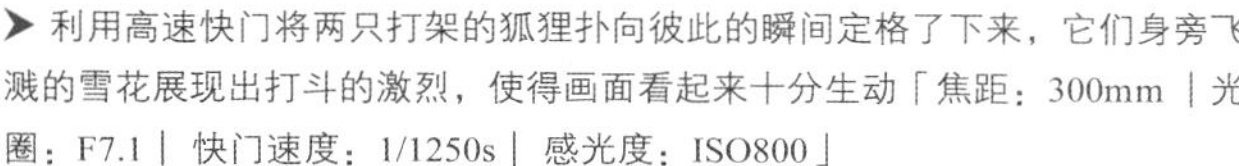

➤ 利用高速快门将两只打架的狐狸扑向彼此的瞬间定格了下来，它们身旁飞溅的雪花展现出打斗的激烈，使得画面看起来十分生动「焦距：300mm｜光圈：F7.1｜快门速度：1/1250s｜感光度：ISO800」

在昏暗室内利用高感性能拍摄儿童

在光线充足的白天拍摄儿童时，可以使用很高的快门速度与较低的感光度；但如果在夜晚灯光较弱的室内拍摄儿童时，摄影师就会面临巨大的挑战，对于普通的单反相机而言，在不开启闪光灯的情况下，有时即使用镜头的最大光圈F2.8或F1.8，相机的快门速度仍然不足以拍出清晰的画面。

但由于Canon EOS 5Ds/5Dsr具有较为优秀的高感光度性能，即使用高达ISO1600甚至ISO3200的感光度数值，所拍摄画面的噪点在可接受范围内，因此，可极大地提高拍摄的灵活性。

下面展示的是分别使用ISO1600、ISO3200所拍摄的照片及局部放大效果，可以看出噪点并不明显。

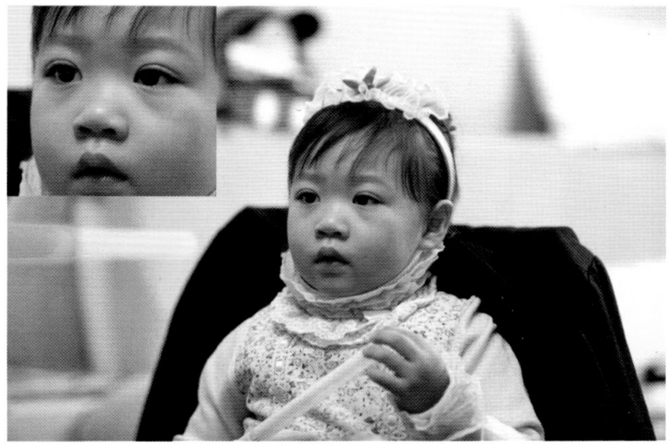

▲ 在室内以相当高的感光度数值拍摄可爱的小女孩，通过局部放大图可以看出，画面的质量仍然十分出色「左图 焦距：80mm｜光圈：F2.8｜快门速度：1/80s｜感光度：ISO1600」「右图 焦距：90mm｜光圈：F2.8｜快门速度：1/100s｜感光度：ISO3200」

利用低速快门拍摄出动态对象的拖影

与高速快门相反，较低的快门速度可以记录物体运动的轨迹，呈现动感画面。为了保证画面清晰，在使用较低的快门速度时，最好结合使用脚架和快门线等。在光照比较强烈的条件下，想要使用较低的快门速度，可以用缩小光圈或者加用中灰滤镜的方法来实现。

▲ 利用慢速快门将列车呼啸而过留下的车灯轨迹记录了下来，七彩的颜色好似彩虹般炫丽「焦距：33mm | 光圈：F10 | 快门速度：5s | 感光度：ISO100」

用高感光度在室内拍摄建筑精致内景

在建筑摄影中，除了拍摄建筑的全貌和外部细节之外，也可以进入建筑物内部拍摄内景。如歌剧院、寺庙、教堂等建筑物内部都有许多值得拍摄的细节。由于室内的光线较暗，在拍摄时应注意快门速度，如果快门速度低于安全快门时，应适当开大几挡光圈。当然，提高ISO感光度、开启光学防抖功能，也都是防止成像模糊的有效办法。

▲ 在较暗的建筑内拍摄时，如果没有三脚架，可设置较高的ISO感光度，以确保画面清晰「焦距：31mm | 光圈：F13 | 快门速度：1/3s | 感光度：ISO1250」

提高感光度拍摄弱光下的飞鸟

由于拍摄森林中的鸟类时，环境的光线往往较暗，鸟类又活泼好动，为了获得清晰的图像，可以将感光度数值调到ISO400甚至更高再拍摄，通过提高相机的感光度，获得更高的快门速度，这样的ISO数值对画质没有太大的影响。例如在将感光度设置为ISO200时，快门速度只能达到1/400s，这样的快门速度对于拍摄高速飞行的鸟儿来讲，还是有些慢，所以为了达到1/1000s的快门速度，在不改变光圈的情况下，可以将感光度提高为ISO400或ISO800，就可以将鸟儿“凝固”在空中了。

▲ 拍摄鸟儿时由于光线较弱，为了拍摄到清晰的主体，使用ISO800的感光度进行拍摄，得到曝光合适的画面「焦距：400mm ｜光圈：F5.6｜ 快门速度：1/1250s｜ 感光度：ISO800」

五种必知必会的高级曝光模式

Chapter 07

程序自动模式

程序自动模式在Canon EOS 5Ds/5DsR的模式转盘上显示为“P”。在此模式下，相机基于一套算法来确定光圈与快门速度组合。通常，相机会自动选择一种适合手持拍摄并且不受相机抖动影响的快门速度，同时还会调整光圈以得到合适的景深，确保所有景物都清晰呈现。

如果使用的是EF镜头，相机会自动获知镜头的焦距和光圈范围，并据此信息确定最优曝光组合。使用程序自动模式拍摄时，摄影师仍然可以设置ISO、白平衡、曝光补偿等参数。此模式的最大优点是操作简单、快捷，适合于拍摄快照或那些不用十分注重曝光控制的场景，例如新闻、纪实摄影或进行抓拍、自拍等。

在实际拍摄中，相机自动选择的曝光设置未必是最佳组合。例如，摄影师可能认为按此快门速度手持拍摄不够稳定，或者希望用更大的光圈，此时可以利用程序偏移功能。

在P模式下，半按快门按钮，然后转动主拨盘直到显示所需的快门速度或光圈的数值，虽然光圈与快门速度数值发生了变化，但这些数值组合在一起仍然能够获得同样的曝光量。

在操作时，如果向右旋转主拨盘可以获得模糊背景细节的大光圈（低F值）或“锁定”动作的高速快门曝光组合；如果向左旋转主拨盘可获得增加景深的小光圈（高F值）或模糊动作的低速快门曝光组合。

▲ 使用程序自动模式可方便地随时抓拍「焦距：42mm｜光圈：F3.2｜快门速度：1/500s｜感光度：ISO200」

选择曝光模式的操作方法：按住模式转盘锁定释放按钮的同时转动模式转盘，使要选择的曝光模式图标对齐右侧的白色标记，即可切换至该曝光模式。

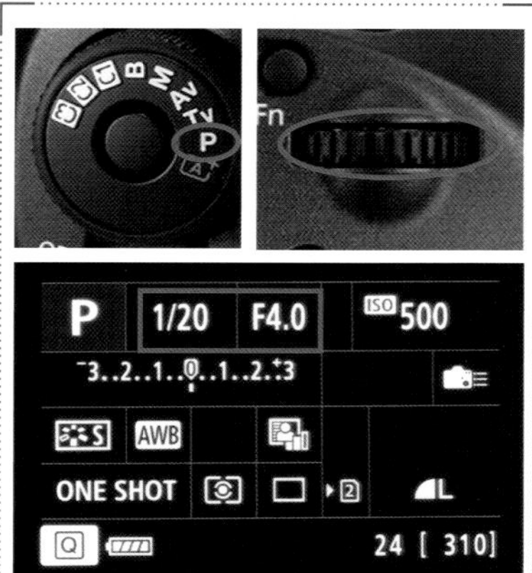

设置程序自动模式的操作方法：在程序自动模式下，用户可以通过转动主拨盘来选择快门速度和光圈的不同组合。

▲ 如果快门速度“30"”和最大光圈闪烁，表示曝光不足，此时可以提高 ISO 感光度或使用闪光灯补光，以增加进入镜头的光量

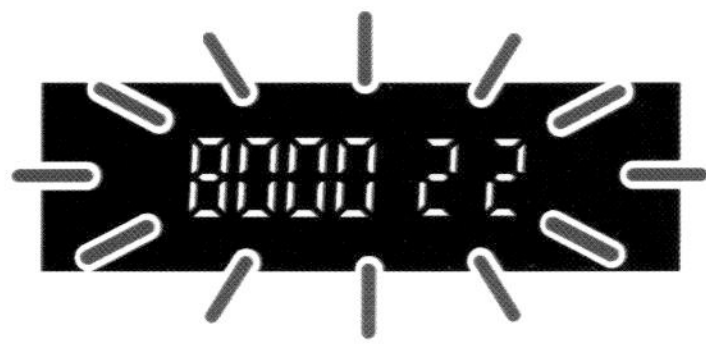

▲ 如果快门速度“8000”和最小光圈闪烁，表示曝光过度，此时可以降低 ISO 感光度或使用中灰（ND）滤镜，以减少进入镜头的光量

快门优先模式

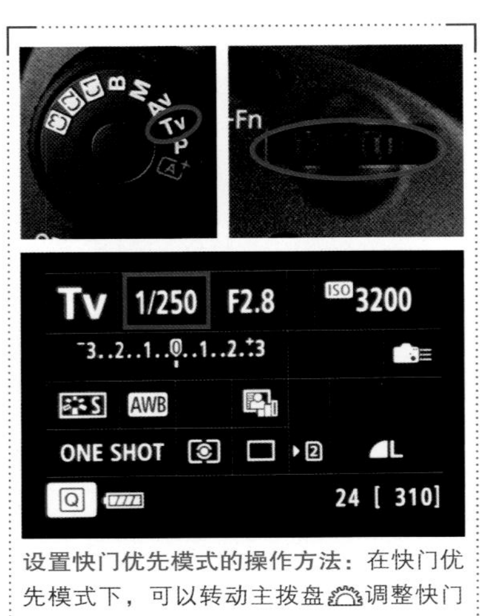

设置快门优先模式的操作方法：在快门优先模式下，可以转动主拨盘调整快门速度数值。

▲ 如果最大光圈值闪烁，表示曝光不足。需要转动主拨盘设置较低的快门速度，直到光圈值停止闪烁，也可以设置一个较高的 ISO 感光度数值

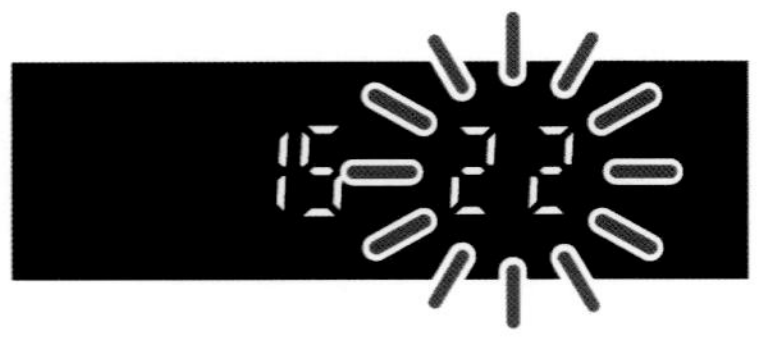

▲ 如果最小光圈的闪烁，表示曝光过度。需要转动主拨盘设置较高的快门速度，直到光圈值停止闪烁，也可以设置一个较低的 ISO 感光度

快门优先模式在Canon EOS 5Ds/5DsR的模式转盘上显示为“Tv”。在此模式下，可以指定一个快门速度，然后相机会自动计算光圈的大小，以获得正常的曝光。较高的快门速度可以凝固动作或者移动的主体；较慢的快门速度可以产生模糊效果，从而产生动感。

在拍摄时，快门速度需要根据拍摄对象的运动速度及照片的表现形式（即凝固瞬间的清晰还是带有动感的模糊）来决定。另外，在拍摄运动对象时，对焦方式也是非常重要的，尤其是拍摄对象做无规律的运动时（如足球比赛等各种体育运动），使用人工智能伺服自动对焦模式，并根据需要不断地改变焦距，以随时让拍摄对象在取景框中保持清晰的影像及合理的构图。

▲ 在快门优先模式下，设置较高的快门速度将鸟儿挥舞翅膀的瞬间清晰定格在画面中「焦距：270mm ｜光圈：F7.1｜ 快门速度：1/3200s｜ 感光度：ISO200」

▲ 在快门优先模式下，设置了较低的快门速度，将潺潺的溪流表现成丝绸般的效果「焦距：40mm ｜光圈：F16｜ 快门速度：1/2s｜ 感光度：ISO50」

光圈优先模式

光圈优先模式在Canon EOS 5Ds/5DsR的模式转盘上显示为“Av”。在此模式下，相机将会根据当前设置的光圈大小自动计算出合适的快门速度。当光圈过大，导致快门速度超出了相机极限时，如果仍然希望保持该光圈，可以尝试降低ISO感光度的数值，或使用中灰滤镜降低光线进入量，以保证曝光准确。

使用光圈优先模式可以控制画面的景深，在同样的拍摄距离下，光圈越大，景深越小，即拍摄对象（对焦的位置）前景、背景的虚化效果就越好；反之，光圈越小，则景深越大，即拍摄对象前景、背景的清晰度越高。

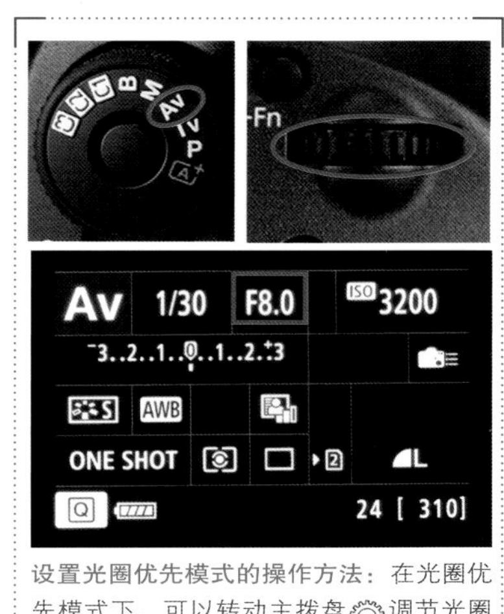

设置光圈优先模式的操作方法：在光圈优先模式下，可以转动主拨盘调节光圈数值。

在光圈优先模式下，设置较大的光圈得到小景深的画面，虚化了杂乱的环境使被摄者在画面中显得很突出「焦距：135mm | 光圈：F5.6 | 快门速度：1/320s | 感光度：ISO200」

在光圈优先模式下，设置了较小的光圈来表现海边广阔的空间，夕阳下的海边景象看起来很有震撼力「焦距：19mm | 光圈：F13 | 快门速度：1/320s | 感光度：ISO160」

手动拍摄模式

手动拍摄模式在Canon EOS 5Ds/5DsR的模式转盘上显示为“M”。在此模式下，光圈、快门速度等拍摄参数都要由拍摄者手动设置。

很多专业摄影师可以根据自己的拍摄经验及对光线的把握等，很快做出合理的参数设置。因此，是否能够娴熟、正确地运用手动拍摄模式，的确是衡量一个摄影师摄影水准的标准之一。

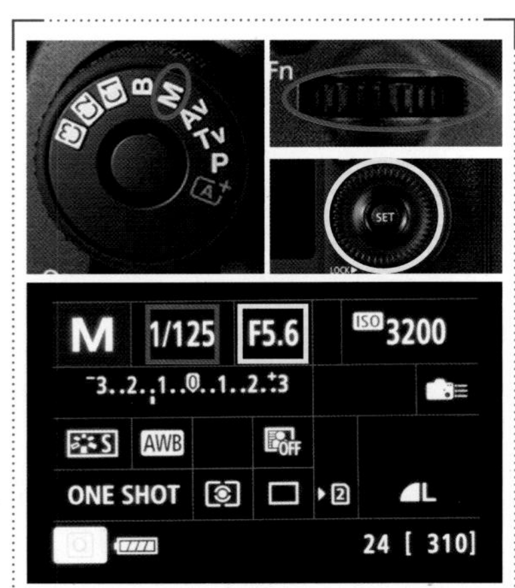

设置手动拍摄模式操作方法：在手动拍摄模式下，转动主拨盘可以调节快门速度值，转动速控转盘可以调节光圈值。

▲ 在室内利用手动挡拍摄时，由于光源稳定，几乎不需要更改光圈和快门速度等参数设置，因此使用起来非常方便「焦距：35mm ｜光圈：F5.6｜ 快门速度：1/200s｜ 感光度：ISO400」

摄影问答 在手动拍摄模式下，相机所有的测光及曝光系统都不再工作了吗

不是这样的。在手动拍摄模式下，相机所有的曝光参数都由摄影师手动设置，但此时相机仍可以按照设定的测光模式、ISO 感光度、光圈及快门速度等参数，对当前手动设定的曝光组合进行判定，判定的结果将在液晶显示屏、取景器等位置进行显示。

以下图为例。在该图中，下方的曝光量指示向左侧偏移，说明当前手动设置的曝光组合，其曝光量低于相机自动测量的曝光量。

标准曝光量指示

200 6.3 ISO 100 [25]

当前曝光量指示

若手动设置的曝光量超出了相机自动测量的曝光量的 ±3 级，则会在左右两侧显示◀或▶符号。

摄影问答 为什么手动拍摄模式下，曝光锁定按钮无法使用

使用曝光锁定按钮就能够保证当前光圈、快门速度和感光度参数的组合不变，但是换到手动拍摄模式下，这个功能就失效了。

其原因就在于，在手动拍摄模式下，已经将光圈和快门速度值固定了，只要不改变 ISO 值，那么就相当于曝光值一直被锁定。

B门曝光模式

B门曝光模式在Canon EOS 5Ds/5DsR的模式转盘上显示为“B”。使用B门模式拍摄时，持续地完全按下快门按钮时快门都将保持打开，直到松开快门按钮时快门被关闭，即完成整个曝光过程，因此曝光时间取决于快门按钮被按下与被释放的过程，特别适合拍摄光绘、天体、焰火等需要长时间并手动控制曝光时间的题材。为了避免画面模糊，使用B门模式拍摄时，应该使用三脚架及遥控快门线。

值得一提的是，包括Canon EOS 5Ds/5DsR在内的所有数码单反相机，都只支持最低30s的快门速度，也就是说，对于超过30s的曝光时间，也只能通过B门模式进行手工控制。

在Canon EOS 5Ds/5DsR相机的B门模式拍摄时，可以在“B门定时器”菜单中，预设B门曝光的曝光时间，预设好拍摄所需要的曝光时间后，按下快门按钮，将开始曝光，在曝光期间可以松开手而不需要按住快门，以减少操作相机的抖动，当曝光达到所设定的时间后，则结束拍摄。

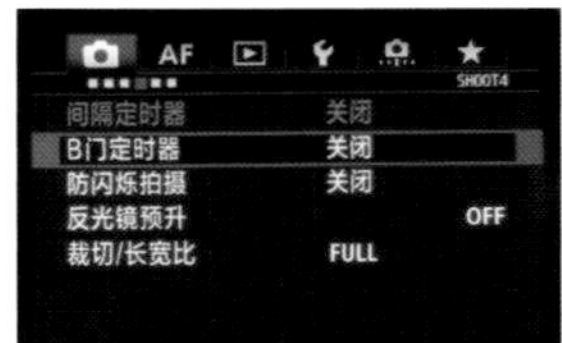

❶ 在**拍摄菜单**4中选择B**门定时器**选项，然后按下SET按钮

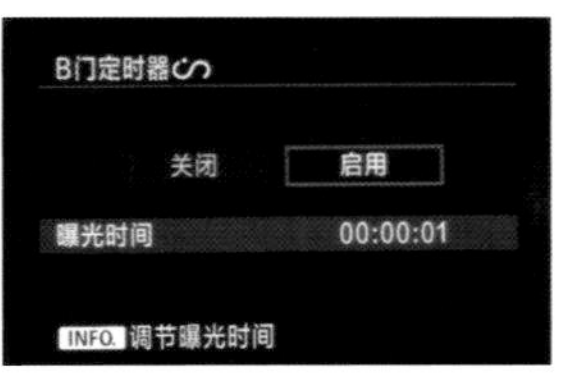

❷ 转动速控转盘选择**启用**选项，然后按下INFO.按钮进入调节曝光时间界面

❸ 转动速控转盘选择所需数字框并按下SET按钮，转动速控转盘设定数值，设定完成后选择确定选项并按下SET按钮确认

▲ 利用B门将各种烟花记录在同一张照片上，得到绚烂的画面效果「焦距：16mm ｜光圈：F11 ｜ 快门速度：4s ｜ 感光度：ISO800」

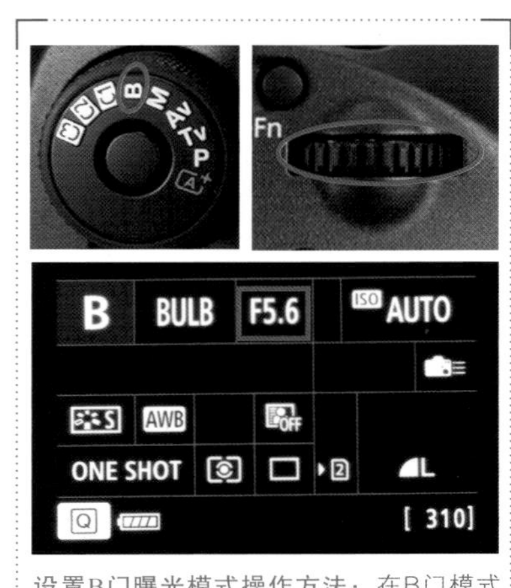

设置B门曝光模式操作方法：在B门模式下，可以转动主拨盘调节光圈数值。

佳片欣赏 利用B门拍摄光绘效果

根据拍摄场景用C模式快速切换拍摄参数

什么是C模式

▲ 模式转盘上的 C 模式

C模式在Canon EOS 5Ds/5DsR的模式转盘上显示为C1、C2、C3，我们可以将其理解为高级手动拍摄模式，即每种自定义拍摄模式提供了不同的参数选项预设功能，包括拍摄模式、ISO感光度、自动对焦模式、自动对焦点、测光模式、画质、白平衡、液晶屏亮度等。

C 模式的作用

可以事先将拍摄参数设置调整好，以应对不同的拍摄环境。例如，如果经常拍摄高调雪景风光，可以预先设置正向曝光补偿、较低的ISO数值、评价测光模式等拍摄参数，并将其定义为C1，这样下一次拍摄类似题材时，只需要在模式拨盘中选择C1模式，即可利用以前为此模式定义的各项拍摄参数，从而快速地完成拍摄操作。

如何设置C模式

▲ 如果是经常拍摄室外人像，可将设置成大光圈、低感光度、增加曝光补偿的拍摄数据保存成 C1 模式，这样在需要时，将拍摄模式转至 C1 后，就可以很轻松地拍出小景深的美女人像

Canon EOS 5Ds/5DsR提供了3个自定义拍摄模式，即C1、C2、C3，摄影师可以使用自己常用的设置快速拍摄固定题材的照片。

在注册前，先要在相机中设定要注册到C模式中的功能，如拍摄模式、曝光组合、ISO感光度、自动对焦模式、自动对焦区域选择模式、自动对焦点、测光模式、驱动模式、曝光补偿量、闪光补偿量等。

若将“自动更新设置”选项设置为“启用”，则在使用自定义拍摄模式时，将根据用户所做的参数设置，自动将其保存至当前的自定义拍摄模式中。

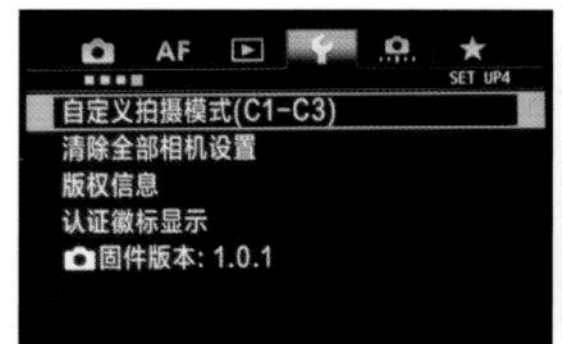

❶ 选择**设置菜单** 4 中的**自定义拍摄模式**（C1-C3）选项

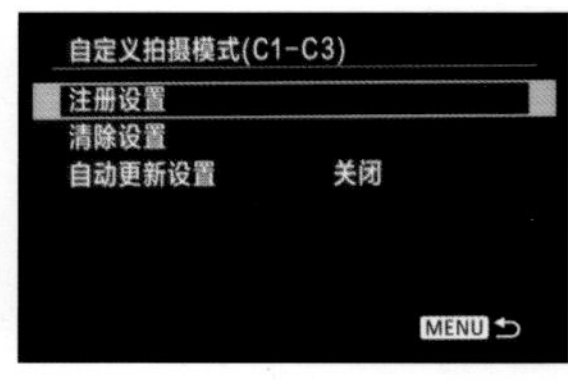

❷ 转动速控转盘◎选择**注册设置**选项

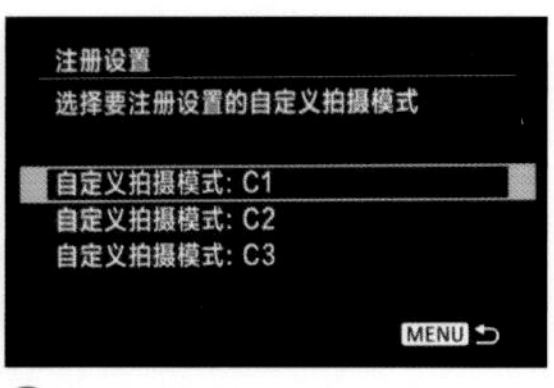

❸ 转动速控转盘◎选择要注册的自定义模式

❹ 转动速控转盘◎选择**确定**选项并按下 SET 按钮即可

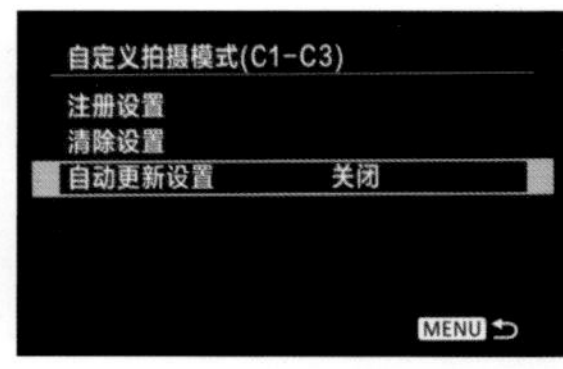

❺ 若在步骤❷中选择了**自动更新设置**选项，可设置是否自动更新自定义拍摄模式的参数设置

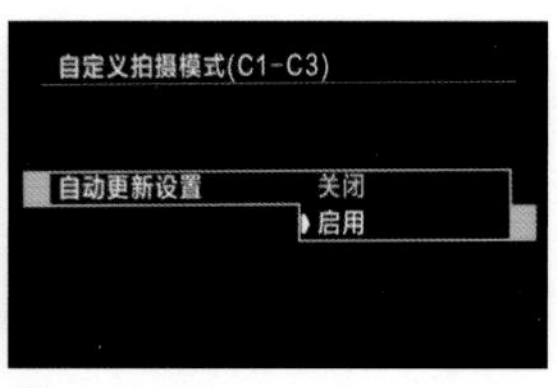

❻ 转动速控转盘◎选择**关闭**或**启用**自动更新设置功能

理解景深是为了拍出情深

Chapter 08

景深形成的原理

在摄影中，对焦操作的实质就是决定画面中的哪一部分成为焦平面，因为焦平面上的景物均呈现为合焦状态，所以具体到画面中就是确定照片中哪一部分的成像是最清晰的。

位于焦平面前方和后方的景物则由于都没有对焦，因此都是模糊的。但由于人眼不能精确地辨别焦点前方和后方出现的轻微模糊，因此这部分图像看上去仍然是清晰的，这种清晰的景物会一直在照片中向前、向后延伸，直至景物看上去变得模糊而不可接受，而这个可接受的清晰范围，就是景深。

焦平面之前的部分称为前景深，之后的部分称为后景深。景深的大小受所用镜头的光圈值等多种因素影响。

在景深区域之外的景物在画面中表现为脱焦状态，通俗地说就是被虚化了。而虚化的强弱和形状则受所使用的光圈大小、合焦位置与背景之间的距离、相机与合焦位置之间的距离等因素影响。

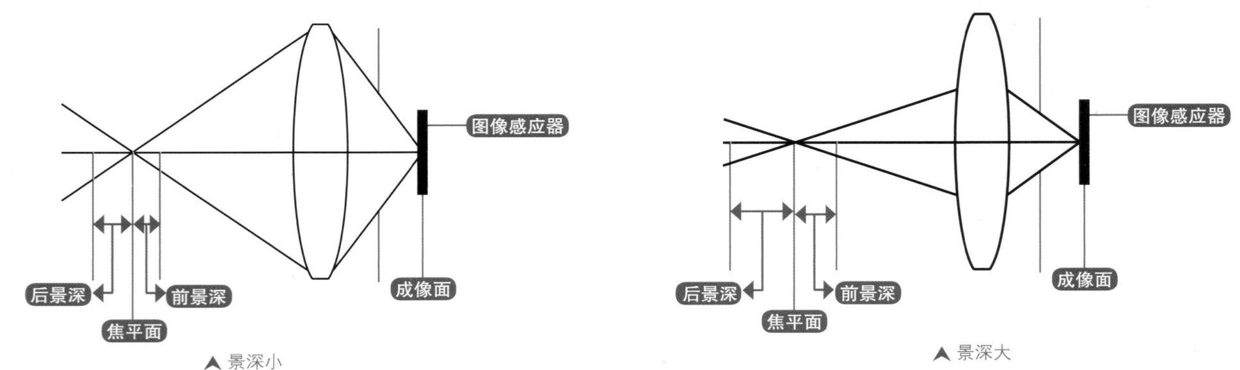

▲ 景深小

▲ 景深大

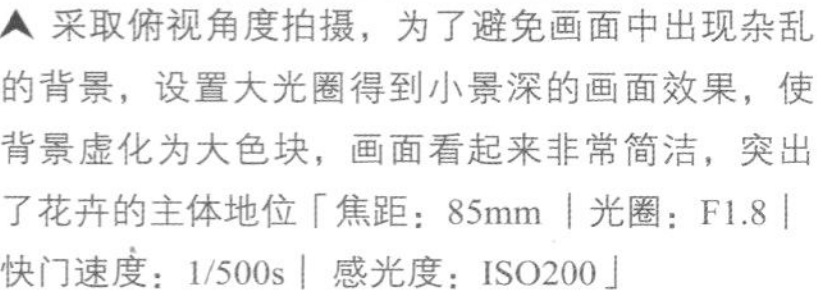

▲ 采取俯视角度拍摄，为了避免画面中出现杂乱的背景，设置大光圈得到小景深的画面效果，使背景虚化为大色块，画面看起来非常简洁，突出了花卉的主体地位「焦距：85mm ｜光圈：F1.8｜快门速度：1/500s｜ 感光度：ISO200」

▲ 通过设置较小的光圈来获得较大的景深，使画面中的景物远近都很清晰「焦距：17mm ｜光圈：F14｜快门速度：1/125s｜ 感光度：ISO50」

什么是焦平面

如前所述，当摄影师将镜头对焦于某个点拍摄时，在照片中与该点处于同一平面的景物都是清晰的，而位于该点前方和后方的景物则都是模糊的，这个平面就是成像焦平面。如果摄影师的相机位置不变，当被摄对象在可视区域内向焦平面水平运动时，成像始终是清晰的；但如果其向前或向后移动，则由于脱离了成像焦平面，因此会出现一定程度的模糊，模糊的程度与距焦平面的距离成正比。

▲ 对焦点在中间的财神爷玩偶上，但由于另外两个玩偶与其在同一个焦平面上，因此三个玩偶均是清晰的

▲ 对焦点仍然在中间的财神爷玩偶上，但由于另外两个玩偶与其不在同一个焦平面上，且拍摄时使用的光圈较大，因此另外两个玩偶均是模糊的

影响景深的要素

影响景深有数个要素，可以通过下面的图示清晰地看出来这些要素与景深的关系。

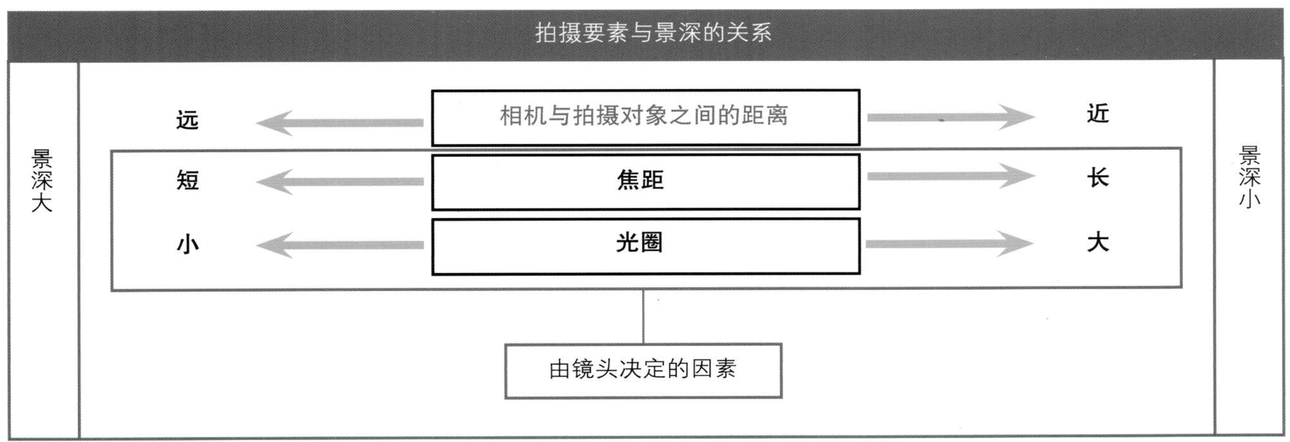

光圈与景深的关系

光圈与景深的关系是成反比的。光圈越大，则景深越小；光圈越小，则景深越大。如光圈F3.2呈现出的景深范围要小于光圈F11 所呈现出的景深范围。

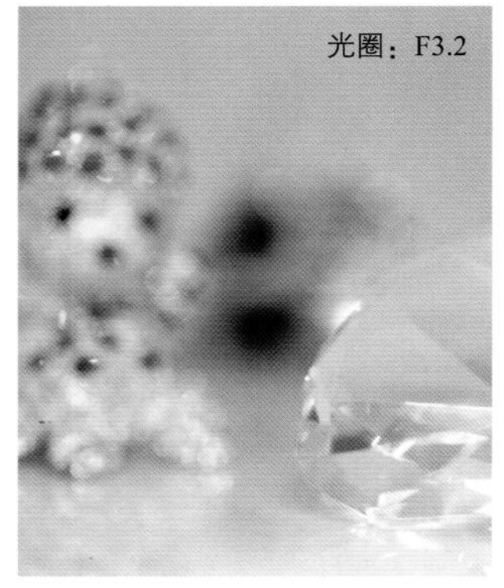

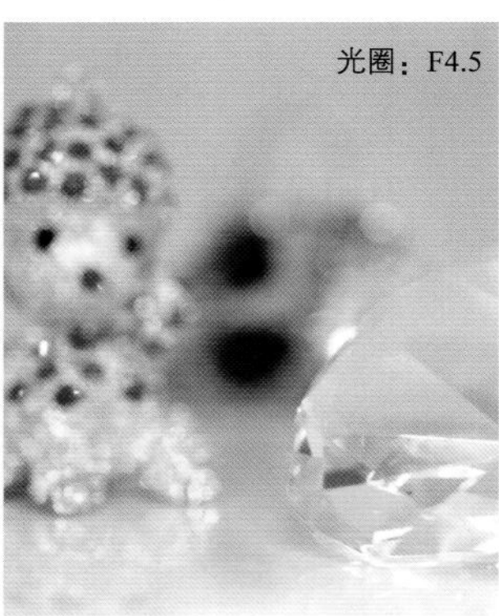

▲ 从这一组照片中可以看出，当光圈逐渐增大时，小狗越来越清晰，画面的景深也不断增大，同时为了保证画面的曝光量相同，当光圈不断增大时，快门速度也要逐渐降低

拍摄距离与景深的关系

在其他条件不变的情况下，拍摄者与被摄对象之间的距离越近，则越容易得到浅景深的虚化效果；反之，如果拍摄者与被摄对象之间的距离较远，则不容易得到虚化效果。

这点在使用微距镜头拍摄时体现得更为明显，当离被摄体很近的时候，画面中的清晰范围就变得非常浅。因此，在人像摄影中，为了获得较小的景深，经常采取靠近被摄者拍摄的方法。

▲ 镜头距离蝴蝶 400cm

▲ 镜头距离蝴蝶 200cm

▲ 镜头距离蝴蝶 150cm

▲ 镜头距离蝴蝶 100cm

◀ 从这一组照片中可以看出，当逐渐靠近被摄体进行拍摄时，画面中的清晰范围逐渐缩小，取景范围也逐渐缩小，背景的虚化效果逐渐增强，由此可见，物距缩小时，有利于被摄体局部的表现

背景距离与景深的关系

在其他条件不变的情况下，画面中的背景与被摄对象的距离越远，则越容易得到浅景深的虚化效果；反之，如果画面中的背景与被摄对象位于同一个焦平面上，或者非常靠近，则不容易得到虚化效果。

▲玩偶距离背景 20cm

▲玩偶距离背景 10cm

▲玩偶距离背景 5cm

▲玩偶距离背景 0cm

◀从这一组照片中可以看出，当被摄体距离背景越近时，背景的虚化效果越弱，将主体与背景的距离拉大有利于着重表现主体，并且画面也更加简洁

名师指路 情深比景深更重要

皮特·亚当斯曾说："对于伟大的摄影作品，重要的是情深，而不是景深。"很显然，这句名言与本书前面所讲述过的"不要陷入有技术没艺术的误区"不谋而合，这提醒我们在拍摄时，不能一味为了突出主体追求浅景深，而忽视了环境对于塑造画面意境的重要作用。

焦距与景深的关系

当其他条件相同时，拍摄时所使用的焦距越长，则画面的景深越浅（小），即可以得到更明显的虚化效果；反之，焦距越短，则画面的景深越深（大），容易呈现前后都清晰的画面效果。

▲焦距：70mm

▲焦距：100mm

▲焦距：145mm

▲焦距：200mm

◀从这一组照片中可以看出，镜头的焦距越长，画面的景深越浅，并且视角越窄，有利于局部特写，而焦距越大景深则越大，因此有利于整体的表现

如何利用超焦距技术拍摄出大景深照片

一幅漂亮的风光摄影作品通常要求画面整体都要很清晰，即从前景到背景的景物都应十分清晰。要做到这一点，在选择镜头时，应首选广角镜头，因为广角镜头比长焦镜头能获得更大的景深，而使用小光圈则比使用大光圈拍摄出来的画面景深更大。

除此之外，准确对焦也十分重要。通常一幅风光照片焦点后的景深要比焦点前的景深大，因此，若想使景深最大化，一个简单方法是把焦点对在风景的三分之一处。

更准确的方法是使用超焦距技术，即利用镜身上的超焦距刻度或厂家提供的超焦距测算表，通过旋转变焦环，将焦点设置在某一个位置，这样画面的清晰范围就会达到最大。例如，针对一支35mm的定焦镜头而言，当使用F16的光圈拍摄时，其超焦距为2.8米，则此时其景深范围是从1.4米至无穷远，意味着只要在拍摄时将合焦位置安排在距离相机2.8米的位置，就能够获得使用此光圈拍摄时的最大景深，即1.4米至无穷远。

定焦镜头在确定超焦距时比较容易，利用镜头的景深标尺，将镜筒上标示的正确光圈值与无限远符号连线即可。由于变焦镜头上没有景深标尺，所以就需要使用镜头厂家提供的超焦距图表来对对焦距离进行合理的估计。

需要注意的是，通常在使用超焦距对焦时，如果对焦在画面的三分之一处，会发现取景器中的影像变得不够清楚，这实际上仅仅是观看效果，因为取景器中的照片总是以最大光圈来显示场景的，因此，在拍摄前应该用景深预览按钮进行查看，以确定对焦位置是否正确，场景的清晰度是否达到了预定的要求。

▲ 使用小光圈拍摄，将焦点放在画面的前三分之一处，近处和远处的景物都得到了清晰的表现，大景深的画面看起来视野非常开阔「焦距：18mm ｜光圈：F16｜ 快门速度：1/500s｜ 感光度：ISO100」

Chapter 09 与其准确曝光不如正确测光

曝光与测光的关系

要想准确曝光，前提是必须做到准确测光，使用数码单反相机内置测光表提供的曝光数值拍摄，一般都可以获得准确的曝光。但有时也不尽然，例如，在环境光线较为复杂的情况下，数码相机的测光系统不一定能够准确识别，此时仍采用数码相机提供的曝光组合拍摄的话，就会出现曝光失误。在这种情况下，我们应该根据要表达的主题、渲染的气氛进行适当的调整，即按照“拍摄→检查→设置→重新拍摄”的流程进行不断的尝试，直至拍出满意的照片为止。

▲ 采用逆光拍摄并对受光的树叶测光，得到黄色树叶呈半透明的画面效果「焦距：55mm ｜光圈：F4｜ 快门速度：1/1600s｜ 感光度：ISO160」

因光、因景而变化的测光模式

Canon EOS 5Ds/5Dsʀ内置了评价测光、局部测光、中央重点平均测光、点测光4种测光模式。

评价测光

评价测光是最常用的测光模式，在全自动模式和创意自动曝光模式下，相机都默认采用评价测光模式。在该模式下，相机会将画面分为252个区，然后会自动测算取景中不同区域的亮度，并以加权平均的算法，令这些景物都能得到良好的表现。因此，此模式最适合拍摄光线比较均匀的场景（被摄主体与背景的明暗反差不大时）。

从拍摄题材来看，如果拍摄的是大场景风光题材，应该首选此测光模式，因为大场景风光照片通常需要考虑整体的光照，这恰好是评价测光的特色。

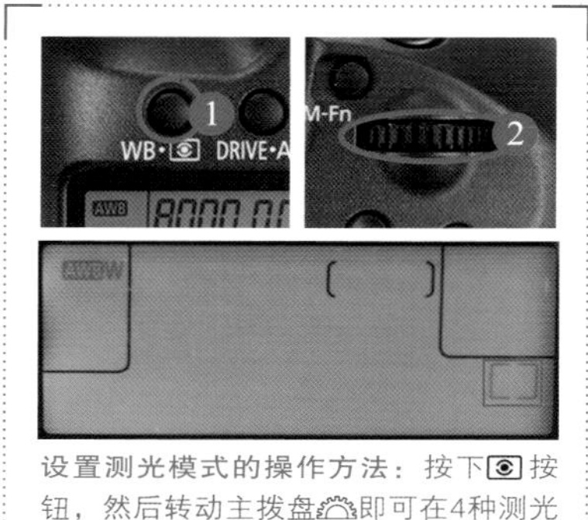

设置测光模式的操作方法：按下按钮，然后转动主拨盘即可在4种测光方式之间进行切换。

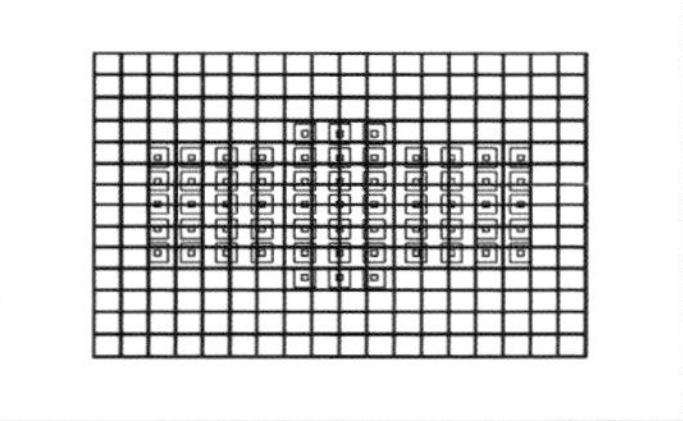

▲评价测光模式示意图

摄影问答 适用评价测光的场景有哪些

- 顺光且光线均匀的场景
- 大场景的风光照片
- 合影照片和纪念照

◀在拍摄风景时，使用评价测光可兼顾亮部与暗部的细节，从而获得层次细腻的画面效果「焦距：19mm | 光圈：F11 | 快门速度：1/320s | 感光度：ISO200」

中央重点平均测光[ ]

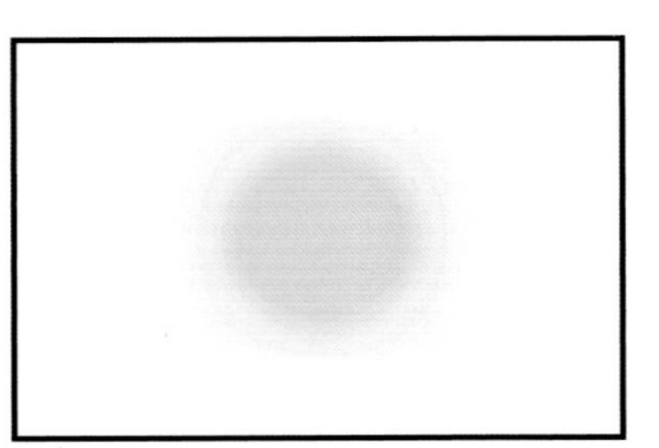
▲ 中央重点平均测光模式示意图

摄影问答 适用中央重点平均测光的场景有哪些

- 纪实摄影
- 街头抓拍

在中央重点平均测光模式下，测光会偏重考虑取景器的中央部位，但也会同时兼顾其他部分的亮度。

由于拍摄人像时通常将人物的面部或上身安排在画面的中间位置，因此人像摄影可以优先考虑采用这种测光模式。

◀ 由于被摄者的面部处于画面偏中央的位置，使用中央重点平均测光模式，可得到测光准确、曝光合适的画面「焦距：100mm ｜ 光圈：F2.8 ｜ 快门速度：1/40s ｜ 感光度：ISO400」

局部测光

▲ 局部测光模式示意图

摄影问答 适用局部测光的场景有哪些

- 明暗对比强烈的风光
- 逆光下的动植物
- 逆光下的人像

局部测光的测光区域约占画面的6.1%。当主体占据画面的位置较小，又希望获得准确的曝光时，可以尝试使用该测光模式。

拍摄中景人像时常用这种测光模式，因为人物在画面中所占的面积相对较大，因此更适合于使用测光区域更大一些的局部测光，而不是中央重点平均测光。

◀ 由于蝴蝶与花骨朵在画面中所占比例较小，使用局部测光模式可以使其获得准确的曝光「焦距：100mm ｜ 光圈：F9 ｜ 快门速度：1/640s ｜ 感光度：ISO100」

点测光[•]

点测光也是一种高级测光模式，相机只对画面中央区域的很小部分（也就是光学取景器中央对焦点周围约1.3%的小区域）进行测光，因此具有相当高的准确性。当主体和背景的亮度差异较大时，最适合使用点测光模式拍摄。

由于Canon EOS 5Ds/5Dsr是采用中央对焦点进行测光的，因此，在实际使用时，可以直接将对焦点设置为中央对焦点，这样就可以实现对焦与测光的同步工作了。

在使用点测光时，有两种常见的拍摄方法，都能获得不错的效果。第一种方法适用于拍摄黑暗中的明亮物体，比如舞台表演。你只需将相机设置为光圈或快门优先模式，然后手动选择自动对焦点，让你的目标位于一个对焦点上即可，这时候相机只对这一点测光，不会受到环境光线的影响。

第二种方法操作更加复杂，但是自由度更大。将拍摄模式切换为手动，并选择中间的对焦点，此时对焦点的作用仅仅是点测光，而非对焦。对准你的拍摄目标，根据相机的测光结果调整参数，然后你就可以重新构图和变焦，在拍摄时不用受到对焦点位置的限制，还能保证拍摄主体曝光正确。

▲ 在拍摄夕阳时，如果使用点测光对准天空处相对较亮的区域进行测光，就可使较暗的区域因曝光不足而成为半剪影效果「焦距：230mm ｜光圈：F8｜ 快门速度：1/1250s｜ 感光度：ISO400」

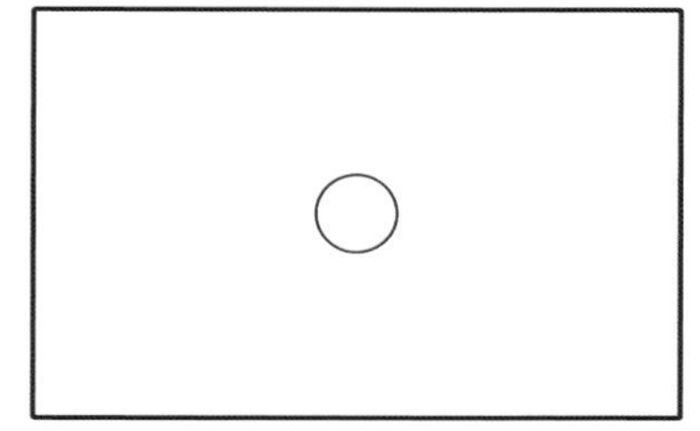

▲ 点测光模式示意图

摄影问答 适用点测光的场景有哪些

- 明暗对比强烈的风光摄影
- 逆光条件的动植物和商品摄影

拍摄技巧 正确区分拍摄主体与测光主体

拍摄主体就是指我们在画面中重点要表现的对象，而测光主体则是画面曝光的依据。

在很多时候，拍摄主体与测光主体是重合的，例如在人像摄影中，通常情况下都是使用点测光或中央重点平均测光模式，以人物的皮肤作为测光依据。

但有些时候，例如下图所示的人像剪影，画面主体仍然是人物，但为了将人物拍摄为剪影，且背景中的景物能够正确曝光，因此是使用评价测光模式、以天空作为测光主体拍摄的。

综上所述，在拍摄时，应正确区分拍摄主体与测光主体，这样能够帮助我们更好地确定照片的曝光结果。

以哪里为曝光标准是个重要问题

除了评价测光模式外，使用其他的三种测光模式对所拍摄的场景进行测光时，摄影师都必须明确对哪里进行测光。

对于一个有亮部与暗部的场景而言，如果以暗部为标准进行测光、曝光，使这一部分的曝光正常，则亮部在照片中必然会更亮，甚至过曝成为白色区域；反之，如果希望亮部在照片中曝光正常，以这一部分为标准进行测光、曝光，则暗部在照片中必然会成为死黑一片。

正因为依据不同的位置进行曝光时，得到的结果迥然不同。因此，每一个摄影师都必须明确，在拍摄时希望以被摄场景中的哪一个部分为标准进行测光、曝光。只有这样才能够随心所欲地以任何一个区域作为曝光标准，使另外一些区域曝光过度或不足，从而营造出有艺术张力的画面效果。

◀ 若想得到地面景物呈剪影形式的画面，应使用点测光对天空的中灰部进行测光「焦距：200mm ｜光圈：F9｜ 快门速度：1/1250s ｜感光度：ISO100」

利用曝光锁定功能锁定曝光

曝光锁定，顾名思义就是可以将画面中某个特定区域的曝光值锁定，并以此曝光值对场景进行曝光。

曝光锁定主要用于如下场合：①当光线复杂而主体不在画面中央位置的时候，需要先对准主体进行测光，然后将曝光值锁定，再进行重新构图、拍摄；②以代测法对场景进行曝光，当场景中的光线复杂或主体较小时，可以对其他代测物体进行测光，如人的面部、反光率为18%的灰板、人的手背等，然后将曝光值锁定，再进行重新构图、拍摄。

▲ Canon EOS 5Ds/5Dsr 的曝光锁定按钮

下面以拍摄逆光人像为例讲解其操作方法。

通过使用镜头的长焦端或者靠近被摄人物，使被摄者充满画面，半按快门得到一个曝光值，按下✱按钮锁定曝光值。

保持✱按钮的被按下状态，通过改变相机的焦距或者改变和被摄人物之间的距离进行重新构图，半按快门对被摄者对焦，合焦后完全按下快门完成拍摄。

◀ 对模特面部进行测光后，使用曝光锁定功能锁定并重新构图进行拍摄，可看出画面中模特的肤色得到了很好的还原「焦距：135mm ｜ 光圈：F2.8 ｜ 快门速度：1/320s ｜ 感光度：ISO100」

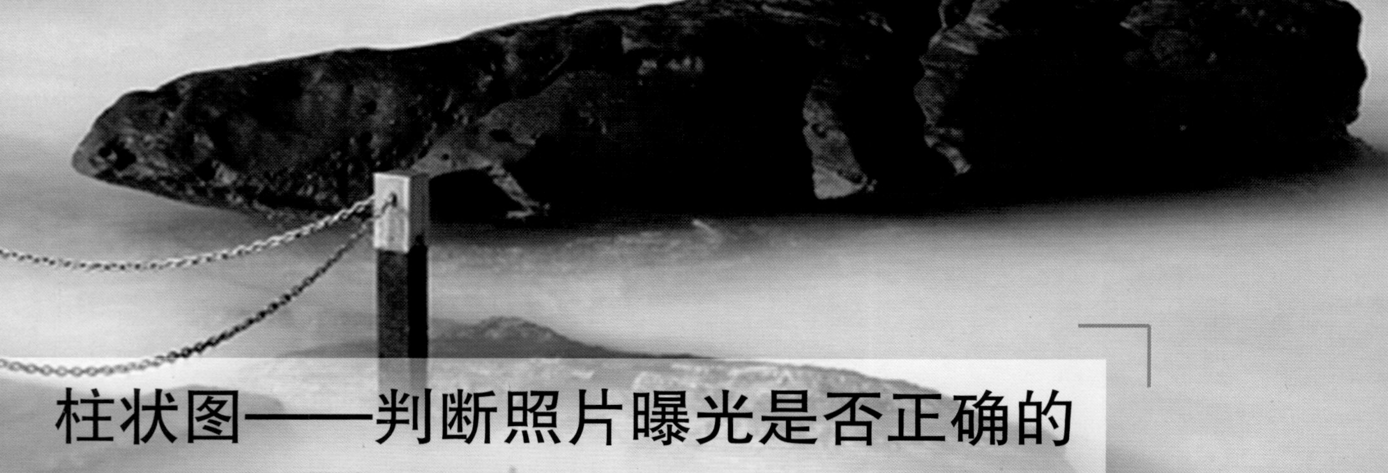

柱状图——判断照片曝光是否正确的重要标准

Chapter 10

为什么读懂柱状图如此重要

很多摄影爱好者都会陷入这样一个误区，液晶显示屏上的影像很棒，便以为真正的曝光效果也会不错，但事实并非如此。这是由于很多相机的显示屏还处于出厂时的默认状态，显示屏的对比度和亮度都比较高，令摄影者误以为拍摄到的影像很漂亮，感觉照片曝光正合适，但在电脑屏幕上观看时，却发现拍摄时感觉还不错的照片，暗部层次却丢失了，即使是使用后期处理软件挽回部分细节，效果也不是太好。虽然Canon EOS 5Ds/5DsR的液晶监视器已经比其他大部分机型的显示性能都要高一些，但对于照片的呈现还是受到一定的限制，即便经过亮度校正，也会存在一定的误差。

解决这一问题的方法就是查看照片的柱状图，通过查看柱状图所呈现的效果，可以帮助拍摄者判断曝光情况，并据此做出相应调整，以得到最佳曝光效果。

柱状图是相机曝光所捕获的影像色彩或影调的图示，能够反映出照片的曝光情况。

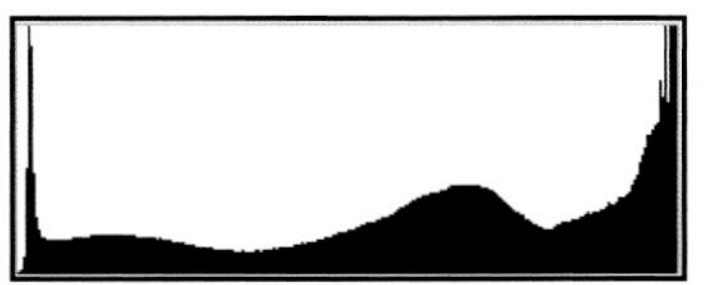

◀ 通过观察柱状图，适当调整曝光与白平衡，得到画面明朗、色彩清新的美女画面「焦距：50mm ｜光圈：F3.2 ｜ 快门速度：1/320s ｜ 感光度：ISO100」

如何显示柱状图

Canon EOS 5Ds/5DsR提供了亮度和RGB两种柱状图，分别表示曝光量分布情况和色彩饱和度与渐变情况。通过“显示柱状图”菜单可以控制是显示亮度柱状图还是显示RGB柱状图。

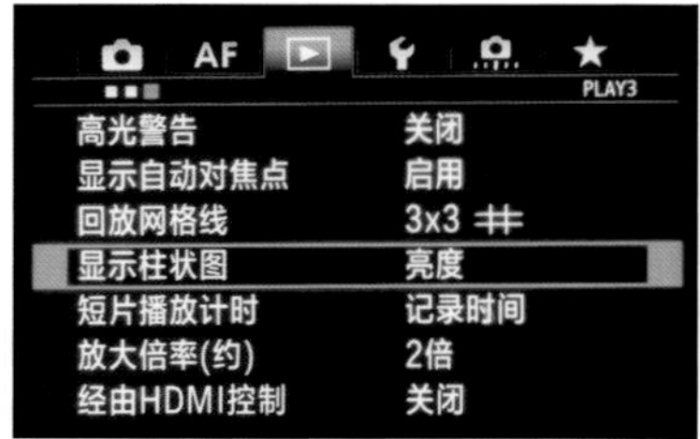

❶ 在**回放菜单 3** 中选择**显示柱状图**选项

❷ 转动速控转盘◎可选择显示哪种柱状图

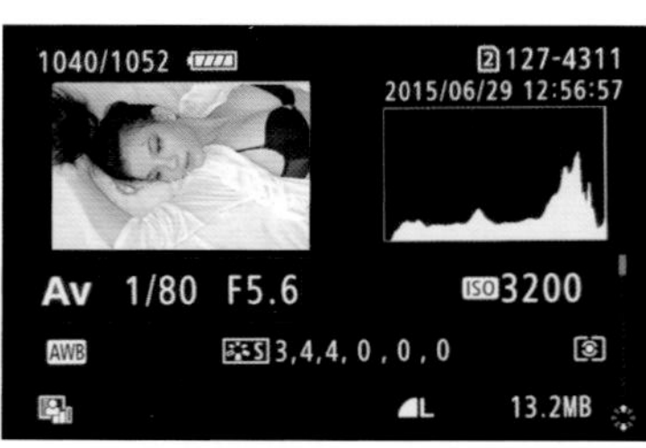

▲ 亮度柱状图

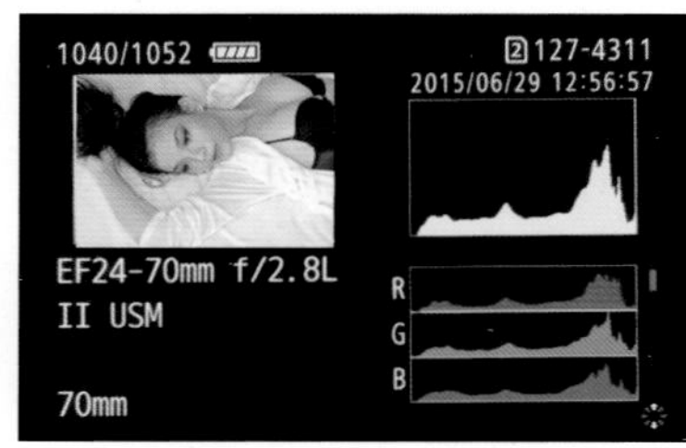

▲ RGB 柱状图

- 亮度：选择此选项，则显示亮度柱状图。其中横轴和纵轴分别代表亮度等级（左侧暗，右侧亮）和像素分布状况，两者共同反映出所拍图像的曝光量和整体色调情况。
- RGB：选择此选项，则显示RGB柱状图。通过所拍图像三原色的亮度等级分布状况，反映图像色彩饱和度和渐变情况以及白平衡的偏移情况。

▲ Canon EOS 5Ds/5DsR的INFO.按钮位置

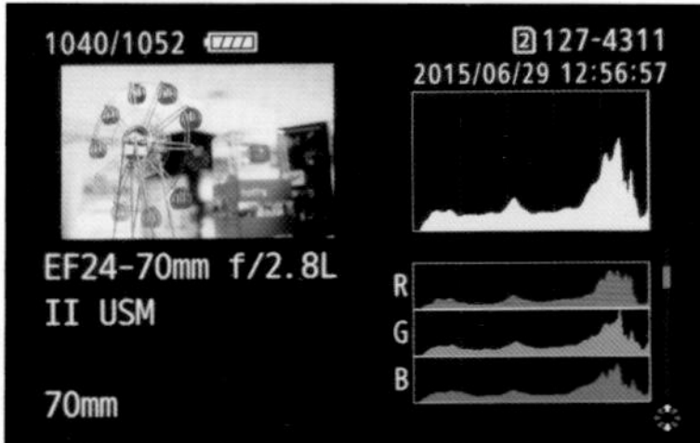

▲ 按下播放按钮并转动速控转盘选择照片，然后按 INFO. 按钮切换至拍摄信息显示界面，即可查看照片的柱状图，向下倾斜多功能控制钮可以查看 RGB 柱状图

➤ 边观察柱状图边拍摄，最终获得曝光合适的夜景画面「焦距：24mm ｜光圈：F20｜ 快门速度：1/40s｜ 感光度：ISO500」

认识三类典型的柱状图

曝光不足时的柱状图

当曝光不足时，照片中会出现无细节的死黑区域，画面中丢失了过多的暗部细节，反映在柱状图上就是像素主要集中于横轴的左端（最暗处），并出现像素溢出现象，即暗部溢出，而右侧较亮区域少有像素分布，故该照片在后期无法补救。

▲ 柱状图中线条偏左且溢出，说明画面曝光不足「焦距：70mm | 光圈：F6.3 | 快门速度：1/250s | 感光度：ISO100」

曝光正确时的柱状图

当曝光正确时，照片影调较为均匀，且高光、暗部或阴影处均无细节丢失，反映在柱状图上就是在整个横轴上从最黑的左端到最白的右端都有像素分布。

▲ 曝光正常的柱状图，画面明暗适中，色调分布均匀「焦距：200mm | 光圈：F4 | 快门速度：1/200s | 感光度：ISO200」

曝光过度时的柱状图

当曝光过度时，照片中会出现死白的区域，画面中的很多细节都丢失了，反映在柱状图上就是像素主要集中于横轴的右端（最亮处），并出现像素溢出现象，即高光溢出，而左侧较暗的区域则无像素分布，故该照片在后期也无法补救。

▲ 柱状图右侧溢出，说明画面中高光处曝光过度「焦距：35mm | 光圈：F5.6 | 快门速度：1/500s | 感光度：ISO100」

两类特殊的柱状图

低调照片的柱状图

由于低反差暗调照片中有大面积暗调，而高光面积较小，因此在其柱状图上可以看到像素基本集中在左侧，而右侧的像素则较少。

▲ 柱状图中线条偏左且溢出，此为低调照片柱状图的特点「焦距：35mm ｜光圈：F11｜快门速度：20s ｜感光度：ISO800」

高调照片的柱状图

高调照片有大面积浅色、亮色，反映在柱状图上就是像素基本上都出现在其右侧，左侧即使有像素其数量也比较少。

▲ 柱状图中线条偏右，左侧只有少量像素，此柱状图与曝光过度的柱状图类似「焦距：130mm ｜光圈：F2.8 ｜ 快门速度：1/250s｜感光度：ISO100」

拍摄技巧 **高调和低调照片的拍摄技巧**

乍一看起来，高调与低调照片就是曝光过度与曝光不足的典型范例，前者目标是把影像保持至最白，并从最白中保留细节；后者目标是把影像保持至最黑，并从最黑中保留细节。看似简单的照片，拍摄起来并不容易。

下面介绍一下高调与低调照片的基本拍摄流程。

1. 将相机调至光圈优先模式，利用相机内置的测光功能进行测光。

2. 使用评价或中央重点平均测光模式，留意光圈、快门速度和ISO的读数。例如测光后光圈为F8，快门速度为1/80s、感光度为ISO200。

3. 根据要拍摄的是高调还是低调照片调整曝光，一般要把曝光加减2~3挡。例如，要获得高调照片，可设置光圈为F8，快门速度为1/20s；要获得低调照片，可设置光圈为F8，快门速度为1/250s。

4. 需要时可以把相机调至手动拍摄模式以实现精确曝光。

下面是拍摄高调与低调照片时会用到的拍摄技巧。

- 使用RAW格式拍摄，为后期处理留有更大的空间。
- 在暗调的场景中保留一些亮调，否则照片会显得沉闷。
- 在较亮的场景中保留一点暗调或艳色，否则照片会显得没有重点。

利用高光警告功能及时发现照片过曝情况

什么是高光警告功能

在环境光比过大、曝光时间过长、测光不准确、光线过亮、逆光拍摄、使用过大的光圈等情况下拍摄时很容易出现曝光过度的现象。

Canon EOS 5Ds/5DsR提供了“高光警告”功能，开启此功能可以帮助摄影师发现照片中曝光过度的区域。

如何设置高光警告功能

在拍摄时选择“高光警告”菜单中的“启用”，可以发现所拍摄图像中曝光过度的区域，此时如果想要表现曝光过度区域的细节，就需要适当减少曝光量。

- 关闭：选择该选项，将关闭“高光警告”功能。
- 启用：选择该选项，将开启“高光警告”功能。

▲开启“高光警告”功能后，照片的高光区显示黑色块的效果

操作步骤 设置高光警告

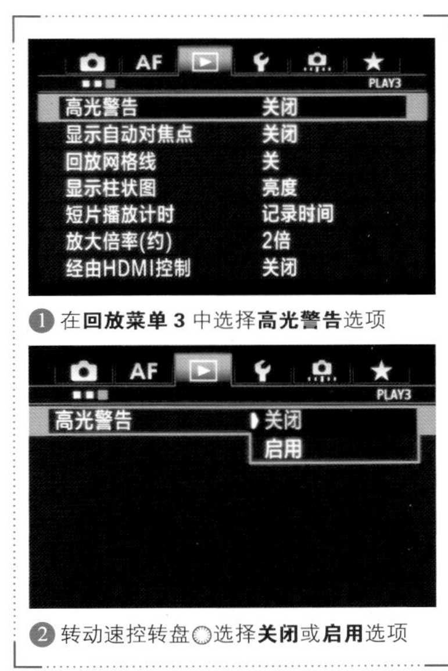

❶ 在**回放菜单 3** 中选择**高光警告**选项

❷ 转动速控转盘◎选择**关闭**或**启用**选项

◀开启“高光警告”功能后，拍摄这张风光照片，根据“高光警告”的提示，画面中大面积的白色区域都曝光正常，画面影调丰富、细腻「焦距：24mm ｜光圈：F13｜ 快门速度：1/320s｜ 感光度：ISO200」

这么理解曝光补偿才对

Chapter 11

为什么要用到曝光补偿

由于数码单反相机是利用一套程序来对不同的拍摄场景进行测光，因此在拍摄一些极端环境，如较亮的白雪场景或较暗的弱光环境时，往往会出现偏差。为了避免这种情况的发生，可以通过增加或减少曝光补偿使所拍摄景物的色彩得到较好的还原。

相机的测光原理是基于18%中性灰建立的，由于数码单反相机的测光主要是由场景物体的平均反光率确定的。因为除了反光率比较高的场景（如雪景、云景）及反光率比较低的场景（如煤矿、夜景），其他大部分场景的平均反光率都在18%左右，而这一数值正是灰度为18%物体的反光率。因此，可以简单地将测光原理理解为：当所拍摄场景中被摄物体的反光率接近于18%时，相机就会做出正确的测光。

数码单反相机都提供了曝光补偿功能，即可以在当前相机测定的曝光数值的基础上，做增加亮度或减少亮度的补偿性操作，使拍摄出来的照片更符合真实的光照环境。例如，拍雪景时就要增加一至两挡的曝光补偿，这样拍出来的雪才会更加洁白。

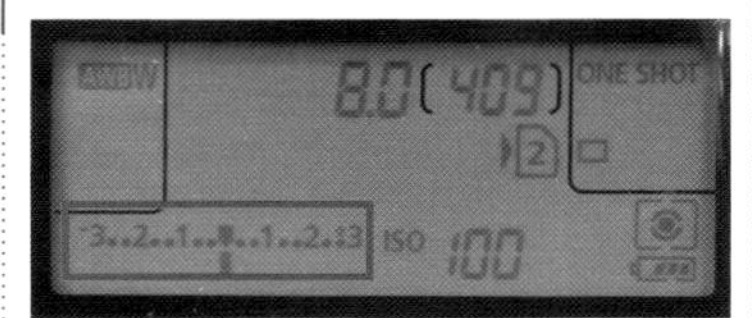

调节曝光补偿的操作方法：将模式转盘转至P、Tv或Av位置，半按快门按钮，然后转动速控转盘◎即可调节曝光补偿值。

向左走还是向右走——读懂“白加黑减”

曝光补偿有正向与负向之分，即增加与减少曝光补偿，最简单的方法就是依据“白加黑减”口诀来判断是做正向还是负向曝光补偿。

“白加”中提到的“白”并不是指单纯的白色，而是泛指一切颜色看上去比较亮的、比较浅的景物，如雪、雾、白云、浅色的墙体、亮黄色的衣服等；同理，“黑减”中提到的“黑”，也并不是单指黑色，而是泛指一切颜色看上去比较暗的、比较深的景物，如夜景、深蓝色的衣服、阴暗的树林、黑胡桃色的木器等。

通常情况下，若遇到了“白色”的场景，就应该做正向曝光补偿；如果遇到的是“黑色”的场景，就应该做负向曝光补偿。

操作步骤 设置曝光补偿

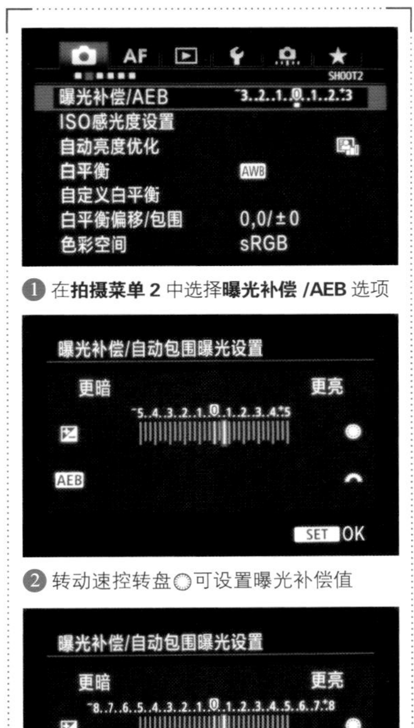

❶ 在**拍摄菜单 2** 中选择**曝光补偿 /AEB** 选项

❷ 转动速控转盘◎可设置曝光补偿值

❸ 转动主拨盘可设置自动包围曝光值

在拍摄花朵时，为了使花朵更加突出，选择了较暗的拍摄背景，并且在曝光时减少了0.3 挡曝光补偿，以暗色背景来衬托鲜艳的花朵「焦距：120mm ｜光圈：F3.2｜ 快门速度：1/500s｜ 感光度：ISO320」

深入理解曝光补偿的原理

许多摄影初学者在刚接触曝光补偿时，以为使用曝光补偿可以在曝光参数不变的情况下，提亮或加暗画面，这实际上是错误的。

实际上，曝光补偿是通过改变光圈与快门速度来提亮或加暗画面的。即在光圈优先模式下，如果增加曝光补偿，相机实际上是通过降低快门速度来实现的；反之，则是通过提高快门速度来实现的。在快门优先模式下，如果增加曝光补偿，相机实际上是通过增大光圈来实现的（直至达到镜头所标明的最大光圈），因此当光圈达到镜头所标明的最大光圈时，曝光补偿就不再起作用；反之，则是通过缩小光圈来实现的。

下面通过两组照片及其拍摄参数来佐证这一点。

▲「焦距：50mm | 光圈：F1.4 | 快门速度：1/10s | 感光度：ISO100 | 曝光补偿：+0.3EV」

▲「焦距：50mm | 光圈：F1.4 | 快门速度：1/50s | 感光度：ISO100 | 曝光补偿：+0.7EV」

▲「焦距：50mm | 光圈：F1.4 | 快门速度：1/80s | 感光度：ISO100 | 曝光补偿：0EV」

▲「焦距：50mm | 光圈：F1.4 | 快门速度：1/100s | 感光度：ISO100 | 曝光补偿：-0.3EV」

从上面展示的4张照片中可以看出，在光圈优先曝光模式下，改变曝光补偿，实际上是改变了快门速度。

▲「焦距：50mm | 光圈：F4 | 快门速度：1/4s | 感光度：ISO100 | 曝光补偿：-0.3EV」

▲「焦距：50mm | 光圈：F3.5 | 快门速度：1/4s | 感光度：ISO100 | 曝光补偿：0EV」

▲「焦距：50mm | 光圈：F2.5 | 快门速度：1/4s | 感光度：ISO100 | 曝光补偿：+0.7EV」

▲「焦距：50mm | 光圈：F2 | 快门速度：1/4s | 感光度：ISO100 | 曝光补偿：+1EV」

从上面展示的4张照片中可以看出，在快门优先模式下，改变曝光补偿，实际上是改变了光圈大小。

过犹不及——掌握调整曝光补偿的量

如前所述，根据“白加黑减”口诀来判断曝光补偿的方向并非难事，真正使大多数初学者比较迷惑的是，面对不同的拍摄场景应该如何选择曝光补偿量。

实际上，选择曝光补偿量的标准也很简单，即根据画面中的明暗比例来确定。

如果明暗比例为1：1，则无需进行曝光补偿，用评价测光就能够获得准确的曝光。

如果明暗比例为1：2，应该做-0.3挡曝光补偿；如果明暗比例是2：1，则应该做+0.3挡曝光补偿。

如果明暗比例为1：3，应该做-0.7挡曝光补偿；如果明暗比例是3：1，则应该做+0.7挡曝光补偿。

如果明暗比例为1：4，应该做-1挡曝光补偿；如果明暗比例是4：1，则应该做+1挡曝光补偿。

总之，明暗比例相差越大，则曝光补偿数值也应该越大。当然，由于Canon EOS 5Ds/5DsR的曝光补偿范围为-5.0~+5.0EV，因此最高的曝光补偿量不可能超过这个数值。

在确定曝光补偿量时，除了要考虑场景的明暗比例以外，还要将摄影师的表达意图考虑在内，其中比较典型的是人像摄影。例如，在拍摄漂亮的女模特时，如果希望其皮肤在画面中显得更白皙一些，则可以在自动测光的基础上再增加0.3~0.5挡曝光补偿。

在拍摄老人、棕色或黑色人种时，如果希望其肤色在画面中看起来更沧桑或更黝黑，则可以在自动测光的基础上做0.3~0.5挡负向曝光补偿。

▲ 明暗比例为 1 ： 2 的场景

▲ 明暗比例为 2 ： 1 的场景

▲ 通过增加曝光补偿，使美女的皮肤更白皙

◀ 通过做负向曝光补偿，使小男孩的皮肤看上去更黝黑而有光泽「焦距：120mm ｜光圈：F3.2｜ 快门速度：1/500s｜ 感光度：ISO200」

拍摄时必须使用曝光补偿的典型场景

增加曝光补偿拍摄白云、白雾、雪景

佳片欣赏 通过增加曝光补偿拍摄的佳片

拍摄白色的云景与雾景不同于一般风光摄影，通常要拍摄的画面均属于高调类型，因此使用评价测光模式拍摄时，有可能会使画面变得灰暗，应该对画面中的雾气进行点测光并适当增加曝光补偿。

拍摄雪景也存在同样的问题，由于雪的亮度很高，如果按相机自己测算出的测光值曝光，会造成曝光不足，使拍摄出的雪呈灰色，所以拍摄雪景时一般都要使用曝光补偿功能对曝光进行修正，根据雪景在画面中所占的比例，通常需要增加1至2 挡曝光补偿。左侧展示了需要增加曝光补偿才能够拍摄出的美景。

➤ 清晨拍摄林间升腾的雾气，增加 0.7 挡曝光补偿，使雾气更加洁白，画面优美，宛如仙境「焦距：230mm ｜光圈：F11｜ 快门速度：1/50s｜ 感光度：ISO250」

增加曝光补偿让人像的皮肤更白皙

在拍摄人像时，尤其是拍摄儿童或美女人像时，通常都要将其皮肤拍摄得白皙一些，此时，可以在自动测光的基础上，适当增加半挡或2/3挡的曝光补偿，让皮肤获得足够的光线，而显得白皙、光滑、细腻，而又不会显得过分苍白。

提示

通过增加曝光补偿拍摄人像还有一个好处是，能够掩饰皮肤上的瑕疵，如暗斑、细小的皱纹等，这样能够使人物看上去显得更年轻。这个道理与拍摄影视剧是一样的，当需要表现主角较年轻的状态时，通常需要以强光进行照射。

▲ 在拍摄儿童时，除了通过灯光使其皮肤看上去更白皙，也可以通过适当增加曝光补偿来达到基本类似的效果

◀ 增加曝光补偿后，美女的皮肤看起来更加白皙、细腻「焦距：85mm ｜光圈：F2.8｜ 快门速度：1/800s｜ 感光度：ISO200」

增加曝光补偿拍摄出高调人像

高调人像是指画面的影调以亮调为主，暗调部分所占比例非常小，一般来说，白色要占整个画面的70% 以上。

高调照片能给人淡雅、纯净、洁静、优美、明快、清秀等感觉，常用于表现儿童、少女、医生等。相对而言，年轻貌美、皮肤白皙、气质高雅的女性更适合于采用高调照片来表现。

在拍摄高调人像时，模特应该穿白色或其他浅色的服装，背景也应该选择相匹配的浅色。

在构图时要注意在画面中安排少量与高调颜色对比强烈的颜色，如黑色或红色，否则画面会显得苍白、无力。

在光线选择方面，通常多采用顺光拍摄，整体曝光要以人物脸部亮度为准。最后比较重要的一点是，在拍摄时要在正常测光值的基础上增加0.5～1挡曝光补偿，以强调高调效果。

➤ 以高调的形式表现美女，不仅使其皮肤更加白皙，还将其青春洋溢的气质表现得很好「焦距：35mm | 光圈：F3.2 | 快门速度：1/640s | 感光度：ISO100」

减少曝光补偿拍摄低调人像

与高调人像相反，低调人像的影调构成以较暗的颜色为主，基本由黑色及部分中间调颜色组成，亮调所占的比例较小。

在拍摄低调人像时，如果采用逆光拍摄，应该对背景的高光位置进行测光；如果采用侧光或侧逆光拍摄，通常是以黑色或深色作为背景，然后对模特身体上的高光区域进行测光，该区域以中等亮度或者更暗的影调表现出来，而原来的中间调或阴影部分则呈现为暗调。

在室内或影棚中拍摄低调人像时，根据要表现的主题，通常布置1~2盏灯光，比如正面光通常用于表现深沉、稳重的人像，侧光常用于突出人物的线条，而逆光则常用于表现人物的形体造型或头发（即发丝光），此时模特宜穿着深色的服装，以与整体的影调相协调。

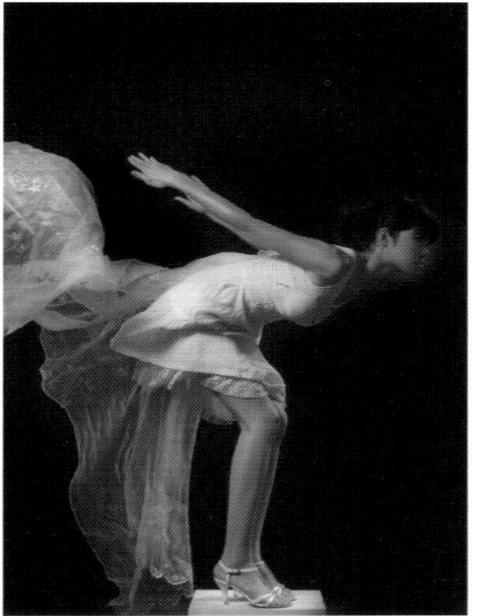

通过减少 1 挡曝光补偿以及特殊的灯光场景布置，拍摄出低调效果的人像，这样的画面效果给人另类、有个性的感受「焦距：27mm ｜光圈：F8｜ 快门速度：1/160s｜ 感光度：ISO200」

减少曝光补偿使背景成为深暗色调突出表现花朵

在拍摄花卉时，如果被摄主体位于深色背景的前面，可以通过降低曝光补偿以适当降低曝光量，将背景拍摄成纯黑色，从而凸显前景处的被摄主体。

需要注意的是，应该用点测光模式对准前景处被摄主体相对较亮的区域进行测光，从而保证被摄主体的曝光是准确的。

在拍摄时，设置的曝光补偿数值要视画面中深暗色背景的面积而定，面积越大，则曝光补偿的数值也应该设置得大一点。

摄影问答 使用RAW格式拍摄就不用考虑曝光补偿的问题了，是正确的吗

这个说法不正确。虽然 RAW 格式文件相比 JPEG 格式文件而言，在后期处理时具备更大的调整空间，曝光宽容度也要比 JPEG 格式文件高一些，但也是有限度的。在曝光时，如果出现了半挡或一挡的偏差，如果以 RAW 格式保存，则后期调整时能够较容易地校正过来。但如果距离正确曝光有 2 挡或 2 挡以上的偏差，即使以 RAW 格式保存文件，后期也无法通过校正得到曝光正确的照片。

➤ 拍摄白色的小花儿时选择深暗的背景并减少 1 挡曝光补偿，使得背景更加昏暗，从而将主体很好地衬托出来「焦距：60mm ｜光圈：F2.5｜ 快门速度：1/250s｜ 感光度：ISO100」

减少曝光补偿让景物的色彩更浓郁

在很多情况下，尤其是光线照射较强时，植物的色彩都会受到一定的影响，因此，在正常曝光的基础上，适当降低一些曝光补偿，可以让拍摄对象的色彩看起来更加浓郁，这也是不使用其他器材，仅通过相机设置获得饱满色彩的较好方法。

➤ 在拍摄夕阳美景时，降低了 0.7 挡曝光补偿，因此天空中的云霞色彩更加浓郁，通过降低曝光补偿渲染出了画面气氛「焦距：27mm ｜光圈：F9｜ 快门速度：1/80s｜ 感光度：ISO200」

活的色彩——利用白平衡随意变换照片的色调

Chapter 12

什么是景物真正的色彩——理解白平衡

在数码摄影中，如果白色还原正确，其他颜色还原也就基本正确了，否则就会出现偏色。不同色温的光源会呈现出不同色调的画面效果，为了能让数码相机拍摄出的照片色彩与人眼看到的基本一样，就需要通过调整“白平衡”来纠正色彩还原。

白平衡的作用是让相机对拍摄环境中不同光线和色温所造成的色偏进行修正。例如，钨丝灯和荧光灯的光线颜色就完全不一样，日出和正午时分的光线颜色也不会完全一样。所以，我们要修正色偏，以准确地还原被摄物的真实色彩。

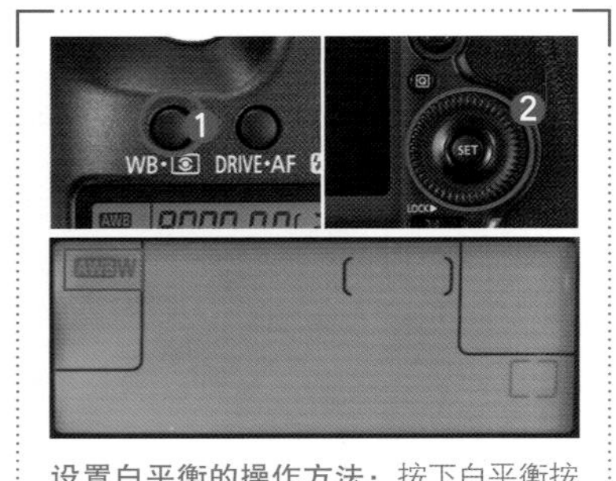

设置白平衡的操作方法：按下白平衡按钮WB，转动速控转盘可以选择不同的白平衡模式；在选择手调色温模式时，转动主拨盘可以调整不同的色温数值。

白平衡的设置方法

Canon EOS 5Ds/5DsR提供了预设白平衡、自定义白平衡、色温白平衡3类白平衡功能，可以根据拍摄需要灵活地选择、设置白平衡，使拍出的照片获得真实自然的色彩效果。

操作步骤 设置预设白平衡

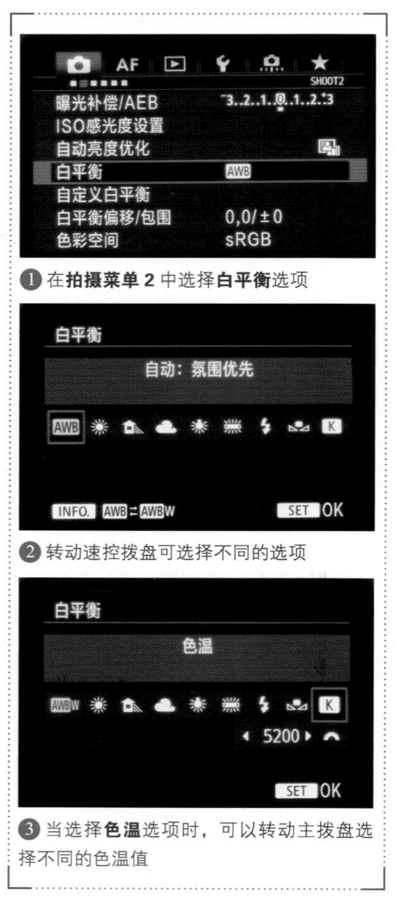

❶ 在**拍摄菜单2**中选择**白平衡**选项

❷ 转动速控拨盘可选择不同的选项

❸ 当选择**色温**选项时，可以转动主拨盘选择不同的色温值

➤ 在拍摄行走在沙漠上的驼队时，为了还原当时真实的色彩，通过设置白平衡，最终获得了理想的效果，画面十分震撼，将沙漠的炙热、广袤充分展现了出来「焦距：100mm ｜光圈：F16｜ 快门速度：1/400s｜ 感光度：ISO200」

预设白平衡

Canon EOS 5Ds/5DsR内置了7种白平衡模式，可以满足大多数日常拍摄的需求，下面分别加以介绍。

- 自动白平衡：Canon EOS 5Ds/5DsR的自动白平衡具有非常高的准确率，在大多数情况下，都能够获得准确的色彩还原。在自动白平衡模式下，可以选择“氛围优先”和“白色优先”两种自动白平衡模式，在“氛围优先”自动白平衡模式下，当在钨丝灯下拍摄时，能在照片中保留灯光下的红色色调，从而拍出具有温暖氛围的照片。而在“白色优先”自动白平衡模式可以抑制灯光的红色，准确地再现白色。这两种自动白平衡模式只可以在菜单中进行切换。
- 日光白平衡：日光白平衡的色温值为5200K，适用于空气较为通透或天空有少量薄云的晴天。但如果是在正午时分，环境的色温已经达到5800K，又或者是日出前、日落后，色温仅有3000K左右，此时使用日光白平衡很难得到正确的色彩还原。
- 阴影白平衡：阴影白平衡的色温值为7000K，在晴天的阴影中拍摄时，如建筑物或大树下的阴影，由于其色温较高，使用阴影白平衡模式可以获得较好的色彩还原。反之，如果不使用阴影白平衡，则会产生不同程度的蓝色，即所谓的“阴影蓝”。
- 阴天白平衡：阴天白平衡的色温值为6000K，适用于云层较厚的天气，或在阴天环境中使用。
- 钨丝灯白平衡：又称为白炽灯白平衡，其色温为3200K。在很多室内环境拍摄时，如宴会、婚礼、舞台等，由于色温较低，因此采用钨丝灯白平衡，可以得到较好的色彩还原。若此时使用自动白平衡，则很容易出现偏色（黄）的问题。
- 荧光灯白平衡：荧光灯白平衡的色温值为4000K，在以白色荧光灯作为主光源的环境中拍摄时，能够得到较好的色彩还原。但如果是其他颜色的荧光灯，如冷白色或暖黄色等，使用此白平衡模式得到的结果会有不同程度的偏色，因此还是应该根据实际拍摄环境来选择白平衡模式。建议拍摄一张照片作为测试，以判断色彩还原是否准确。
- 闪光灯白平衡：闪光灯白平衡的色温值为6000K。顾名思义，此白平衡在以闪光灯作为主光源时，能够获得较好的色彩还原。但要注意的是，不同的闪光灯，其色温值也不尽相同，因此还要通过实拍测试，才能确定色彩还原是否准确。

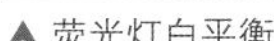

▲ 荧光灯白平衡

▲ 闪光灯白平衡

▲ 自动白平衡

▲ 日光白平衡

▲ 阴影白平衡

▲ 阴天白平衡

▲ 钨丝灯白平衡

自定义白平衡

自定义白平衡模式是各种白平衡模式中最精准的一种，是指在现场光照条件下拍摄纯白的物体，并通过设置使相机以此白色物体来定义白色，从而使其他颜色都据此发生偏移，最终实现精准的色彩还原。

例如在室内使用恒亮光源拍摄人像或静物时，由于光源本身都会带有一定的色温倾向，因此，为了保证拍出的照片能够准确地还原色彩，此时就可以通过自定义白平衡的方法进行拍摄。

在Canon EOS 5Ds/5DsR中自定义白平衡的操作步骤如下。

❶ 在镜头上将对焦方式切换至MF（手动对焦）方式。

❷ 找到一个白色物体，然后半按快门对白色物体进行测光（此时无需顾虑是否对焦的问题），且要保证白色物体应充满中央的点测光圆（即中央对焦点所在位置的周围），然后按下快门拍摄一张照片。

❸ 在“拍摄菜单2”中选择“自定义白平衡”选项。

❹ 此时将要求选择一幅图像作为自定义的依据，选择第❷步拍摄的照片并确定即可。

❺ 要使用自定义的白平衡，可以按下机身上的WB按钮，然后在液晶显示屏中选择（用户自定义）选项即可。

操作步骤 设置自定义白平衡

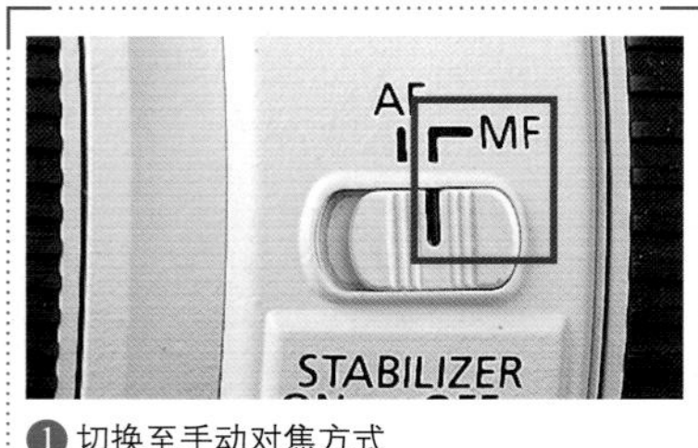

❶ 切换至手动对焦方式

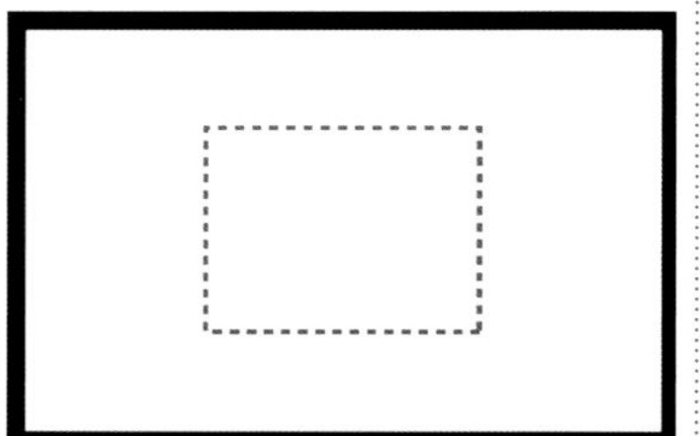
❷ 对白色对象进行测光并拍摄

❸ 选择**自定义白平衡**选项

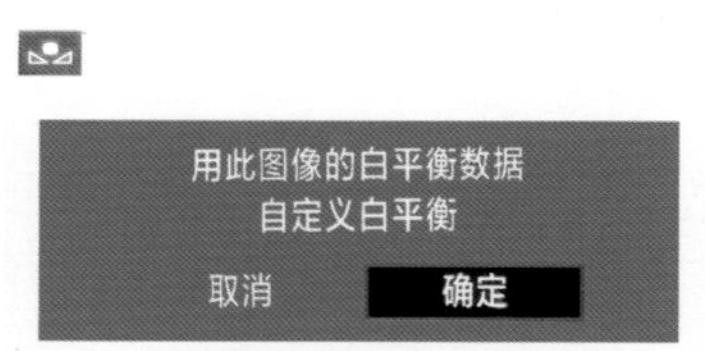

❹ 选择一幅图像作为自定义的依据并选择**确定**选项确认

❺ 若要使用自定义的白平衡，选择**用户自定义**选项即可

提示

在实际拍摄时灵活运用自定义白平衡功能，可以使拍摄效果更自然，这要比使用滤色镜获得的效果更自然，操作也更方便。但值得注意的是，当曝光不足或曝光过度时，使用自定义白平衡可能无法获得正确的白平衡。在实际拍摄时可以使用18%灰度卡（市面有售）取代白色物体，这样可以更精确地设置白平衡。

▲ 在室内拍摄时，为了避免因灯光的色温导致画面的偏色问题，可使用自定义白平衡模式来正确还原画面的色彩「焦距：29mm ｜光圈：F3.5｜ 快门速度：1/160s｜ 感光度：ISO100」

色温不是色彩的温度——理解色温

物理学家发明“色温”一词，是为了科学地衡量不同光源中的光谱颜色成分，其单位为“K”。这个概念基于一个虚构的黑色物体，在被加热到不同温度时会发出不同颜色的光。这个过程类似于加热铁块，当铁块变成红色时温度并不十分高，但最后铁块变成为蓝色时温度会非常高。因此，色温越低，则光源中的红色成分就越多，通常被称为“暖光”；色温越高，则光源中的蓝色成分就越多，通常被称为“冷光”。

色温与白平衡的关系

设置白平衡实际上就是控制色温。当选择某一种白平衡时，实际上是在以这种白平衡所定义的色温设置相机。例如，当选择钨丝灯白平衡时，实际上是将相机的色温设置为2900K；如果选择的是阴天白平衡，实际上是将色温设置为6000K。预设白平衡中各类白平衡的名称只是为了使摄影师更便于记忆与识别。

所以，如果希望更精细地调整画面的色彩，要通过手调色温的方式来实现。如果只是想以更简便、易懂的方式理解色温、调整色温，只需要掌握不同预设白平衡对画面的影响即可。

了解色温并理解色温与光色之间的联系后，摄影师就可以通过自定义设置色温K值来获得色调不同的照片。

通常，当自定义设置的K值和光源色温一致时，则能获得准确的色彩还原效果；若设置的K值高于拍摄时现场光源的色温时，则照片的颜色会向暖色偏移；反之，若设置的K值低于拍摄时现场光源的色温时，则照片的颜色会向冷色偏移。

这种通过手调色温获得不同色彩倾向或使画面向某一种颜色偏移的手法，在风光摄影中经常被采用。

色温：3500k

色温：5000k

采用不同的色温值拍摄出冷暖不同的画面效果，同时带给观者的感受也不尽相同「左图 焦距：40mm | 光圈：F13 | 快门速度：1/500s | 感光度：ISO200」「右图 焦距：24mm | 光圈：F8 | 快门速度：1/80s | 感光度：ISO400」

调整色温

为了应对复杂光线环境下的拍摄需要，Canon EOS 5Ds/5DsR在色温调整白平衡模式下为用户提供了2500~10000K的调整范围，最小调整幅度为100K。用户可根据实际色温进行精确调整。

在预设白平衡模式中，其色温比手动调整的范围要小一些，因此当需要一些比较极端的效果时，预设白平衡模式就显得有些力不从心，此时就可以手动进行调整。

常见光源或环境色温一览表			
蜡烛及火光	1900K以下	晴天中午的太阳	5400K
朝阳及夕阳	2000K	普通日光灯	4500~6000K
家用钨丝灯	2900K	阴天	6000K以上
日出后一小时阳光	3500K	HMI灯	5600K
摄影用钨丝灯	3200K	晴天时的阴影下	6000~7000K
早晨及午后阳光	4300K	水银灯	5800K
摄影用石英灯	3200K	雪地	7000~8500K
平常白昼	5000~6000K	电视屏幕	5500~8000K
220 V 日光灯	3500~4000K	无云的蓝天	10000K以上

操作步骤 设置色温

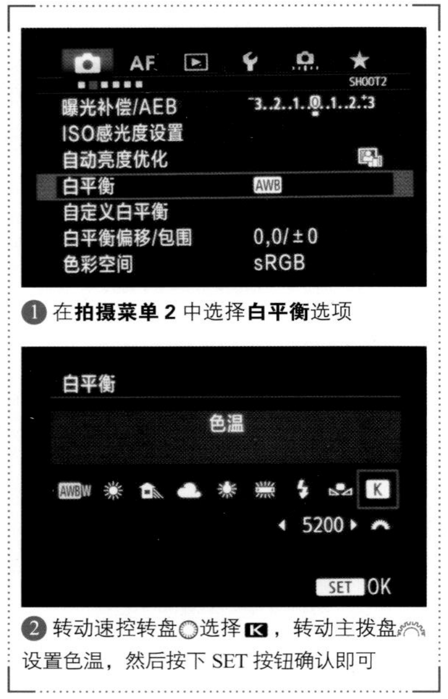

❶ 在**拍摄菜单 2** 中选择**白平衡**选项

❷ 转动速控转盘选择 K，转动主拨盘设置色温，然后按下 SET 按钮确认即可

摄影问答 除了设置白平衡，还有什么方法可以改变色温

在大部分情况下，使用相机中自带的白平衡预设或手动调整色温，就已经可以满足日常拍摄的需要，但如果还需要强化某一种色调，且调整色温又无法满足时，则可以尝试在镜头前加装彩色滤镜（又称滤光镜或滤色镜）。

滤色镜有多种不同的色彩类型，安装后可实现校正色温或对某种色彩进行补偿的目的。

另外，若是以 RAW 格式进行拍摄，并使用 Adobe Photoshop 附带的 Camera Raw 软件打开文件，则可以设置超出相机范围的色温参数，从而实现更多样化的色彩效果。

➤ 通过手动调整白平衡，得到了金黄色的画面效果，渲染出黄昏时分温馨、宁静的气氛「焦距：150mm ｜光圈：F11 ｜ 快门速度：1/20s ｜ 感光度：ISO100」

RAW格式可以更灵活地调整白平衡与色温

如果拍摄的照片被存储为JPEG、TIFF等格式，则相机会使用内置的白平衡模式对照片进行自动调整。但如果拍摄的照片被保存为RAW格式，则可以在Camera Raw的对话框中尝试多种白平衡设置，以便得到最佳色彩还原效果。

要调整照片的白平衡，在Camera Raw的对话框中，可以拖动“基本”选项卡中的“色温”和“色调”两个滑块，也可以通过选择“白平衡”下拉菜单中的选项进行设置。

■ 色温：如果拍摄时的光线色温较低，降低此数值可以使照片的颜色变得更蓝，以补偿周围光线的低色温（发黄）。相反，如果拍摄时的光线色温较高，提高此数值可以使照片的整体颜色变得更暖，以补偿周围光线的高色温（发蓝）。图①为原图，图②、图③分别为向左侧、右侧拖动此滑块后得到的效果。

①

②

③

■ 色调：增加此数值，可以在图像中添加洋红色；如下图所示，降低此数值，可以在图像中添加绿色。

要快速应用某一白平衡预设值，可以直接在“白平衡”下拉菜单中选择相应的选项，图④为原图，图⑤为将“白平衡”设置为“日光”后的效果，图⑥为将“白平衡”设置为“荧光灯”后的效果，图⑦为将“白平衡”设置为“阴影”后的效果。

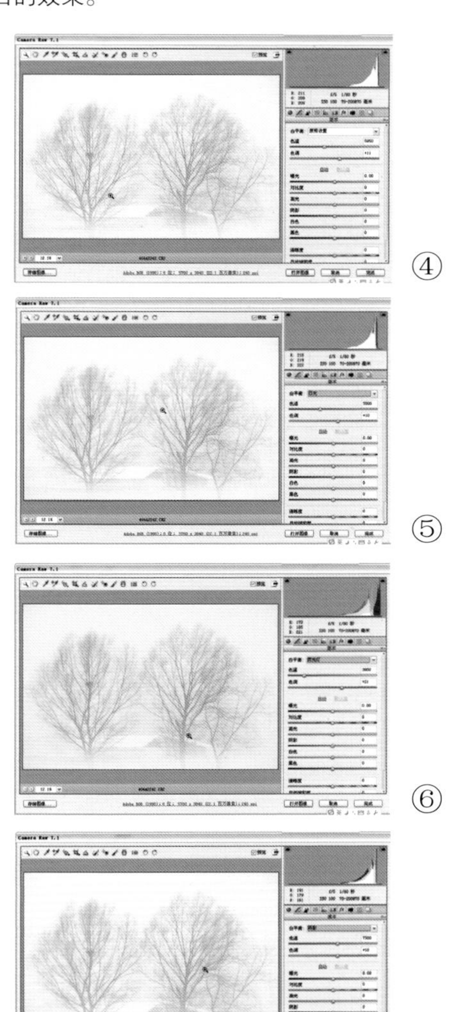
④ ⑤ ⑥ ⑦

对焦跟瞄准一样重要

Chapter 13

用一只眼睛还是两只眼睛

许多摄友将对焦想象成为射击，因此注视取景镜的眼睛是睁开的，而另一只眼睛处于紧闭状态。

如果拍摄时处在一个较安静的场所，所拍摄的也是处于静止或半静止状态的对象，则这种对焦瞄准状态并无不可。

但如果摄影师身处喧闹的环境，或所拍摄的对象处于运动中，则这种对焦瞄准状态并不可取。

首先，在喧闹的环境中，来往的行人可能与摄影师发生碰撞；其次，如果拍摄的是运动对象，睁开另一只眼睛有助于查看其运动方向，以进行连续跟踪拍摄。例如，在拍摄飞行速度较快的蝴蝶或蜻蜓时，可以利用睁开的另一只眼睛观察其下一处落点，以避免其飞出取景范围后不知所踪的尴尬。

一定要注意按下快门的力度

经常在实拍活动与网络讨论中见到摄友报怨，虽然使用了各种对焦技巧，但仍然无法拍摄到清晰的画面。

根据笔者观察与亲身体验，发现有一个很小的问题被这些摄友忽略了，即在拍摄时按下快门的力度。

简单地说，当手持相机对焦后，按快门一定要轻快，按下的力度不能大于使相机发生位移的力度，否则就有可能使相机发生移动，从而拍摄出模糊的照片。

学习技巧 近视眼拍摄时校准取景器的技巧

使用数码单反相机拍摄时，取景操作通常是通过取景器进行的，为了更好地判断自己拍摄的对象是否合焦，一定要校准取景器，对于眼睛近视的朋友尤其如此。

▲ 向左或向右转动屈光度调节旋钮，使得取景器中的自动对焦点最为清晰

▲ 这张照片如果不放大仔细看，整体效果还算良好，但如果放大到 100% 观看，就会发现画面中的景物都出现了虚影，这种情况就是由于按下快门时用力过猛导致的「焦距：30mm ｜光圈：F9｜ 快门速度：1/160s｜ 感光度：ISO500」

了解EOS 5Ds/5DsR强大的对焦性能

认识EOS 5Ds/5DsR的对焦点

在佳能的整个产品体系中，EOS-1系列机型由于具有高密度多点自动对焦系统，被众多专业摄影师广泛应用于各种拍摄场合，并创作出了大量摄影佳作。而Canon EOS 5Ds/5DsR也使用了与EOS-1系列机型相同的61点十字自动对焦系统，这一性能的升级使5D系列相机在对焦系统方面有了质的改变。

左图展示了Canon EOS 5Ds/5DsR的61个对焦点的分布情况，可以看出这一对焦系统的覆盖范围远远超过了Canon EOS 5D Mark Ⅱ的9点对焦系统，使Canon EOS 5Ds/5DsR能够在更大范围内实现精确对焦，这61个对焦点可分为如下三类：

A区域的16个对焦点为F5.6十字形对焦点。

B区域的20个对焦点为F5.6垂直对焦+F4.0水平对焦的十字形对焦点。

C区域5个对焦点(位于中心)为F5.6+F2.8双十字形对焦点，包括F2.8双对角线型对焦点及F5.6十字形对焦点。

除了A、B、C三个区域外，其他区域为20个F5.6垂直一字形对焦点。

总的来说，Canon EOS 5Ds/5DsR有41个高精度的十字形对焦点，这样的对焦系统足以傲视同级产品。

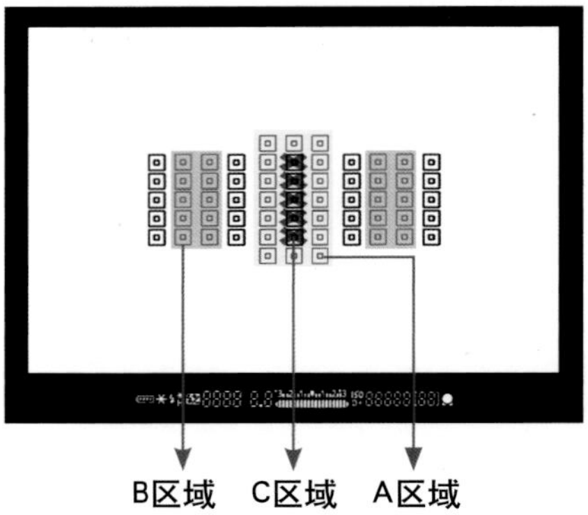

▲ Canon EOS 5Ds/5DsR 对焦点分布情况

如何发挥EOS 5Ds/5DsR的强大对焦性能

要想发挥Canon EOS 5Ds/5DsR强大的对焦性能，首先必须了解上面所展示的Canon EOS 5Ds/5DsR不同对焦区域的对焦点，在什么情况下能够达到十字对焦点的性能。

A区域的16个对焦点在使用最大光圈大于或等于F5.6的镜头时为十字形对焦点，而其余20个对焦点为对水平线条敏感的一字形对焦点。

B区域的20个对焦点在使用最大光圈大于或等于F4的镜头时为十字形对焦点，在使用最大光圈为F5.6的镜头时为F5.6一字形对焦点。

C区域是F5.6和F2.8双十字形对焦点，在使用最大光圈大于等于F2.8的镜头时，F2.8和F5.6对焦模块能同时工作，获得更快速、更精准的自动对焦结果。在镜头的最大光圈介于F2.8 ～ F5.6时，为F5.6十字形对焦点；而当镜头的最大光圈小于F5.6 时，则无法自动对焦。

从上面所述可知，能否使不同光圈级别的对焦点发挥作用，取决于摄影师所使用的镜头。镜头的最大光圈越大，越能够使相机的全部对焦点发挥功用；否则，只能够使一部分对焦点发挥功用，这跟在拍摄时使用的最大光圈值没有关系。例如对于佳能EF 24-70mm F2.8 L Ⅱ USM镜头而言，它全焦段都可以使用F2.8 的最大光圈，因此，当将其安装在Canon EOS 5Ds/5DsR上时，就可以启用C区域的双十字形对焦感应器与A、B区域的十字形对焦点。而对于佳能EF 28-135mm F3.5-5.6 IS USM镜头而言，其最大光圈的区间为F3.5 ～ F5.6，也就是说，在任何焦段下，它都达不到F2.8的光圈，因此就无法启用C区域双十字形对焦感应器。

这也是为什么对于Canon EOS 5Ds/5DsR这样的相机而言，应该配红圈镜头而不是“狗头”的原因，只有红圈镜头才充分发挥Canon EOS 5Ds/5DsR在对焦方面的优势。

认识强大的自动对焦模式

单次自动对焦

在单次自动对焦模式下，相机在合焦（半按快门时对焦成功）之后即停止自动对焦，此时可以保持半按快门的状态重新调整构图。

这种对焦模式是风光摄影中最常用的对焦模式之一，特别适合拍摄静止的对象，例如山峦、树木、湖泊、建筑等。当然，在拍摄人像、动物时，如果被摄对象处于静止状态，也可以使用这种对焦模式。

拍摄风光照片时使用单次自动对焦模式就可以做到准确对焦

人工智能伺服自动对焦

选择人工智能伺服自动对焦模式后，当摄影师半按快门合焦后，保持快门的半按状态，相机会在对焦点中自动切换以保持对运动对象的准确合焦状态，如果在这个过程中被摄对象的位置发生了较大的变化，只要移动相机使自动对焦点保持覆盖主体，就可以持续进行对焦。

这种对焦模式较适合拍摄运动中的鸟、昆虫、人等对象。

拍摄鸟类以及孩子这些经常处于运动中的对象时，使用人工智能伺服自动对焦可以准确地进行持续对焦「左图 焦距：300mm | 光圈：F5.6 | 快门速度：1/125s | 感光度：ISO200」「右图 焦距：28mm | 光圈：F6.3 | 快门速度：1/500s | 感光度：ISO400」

人工智能自动对焦

人工智能自动对焦模式适用于无法确定拍摄对象是静止还是运动状态的情况，此时相机会自动根据拍摄对象是否运动来选择单次自动对焦还是人工智能伺服自动对焦。

例如，在动物摄影中，如果所拍摄的动物暂时处于静止状态，但有突然运动的可能性，此时应该使用该对焦模式，以保证能够将拍摄对象清晰地捕捉下来。在人像摄影中，如果模特不是处于摆拍的状态，随时有可能从静止变为运动状态，也可以使用这种对焦模式。

摄影问答 为什么有时候无法按下快门

单反相机在以下几种情况无法释放快门。

- 电池电量不足时无法释放快门（按不下去），此时只能及时充电或更换电池才能解决问题。
- 在自动对焦时，若焦点未成功合焦，则无法释放快门（按不下去）。此时可以设置快门释放优先、锁定对焦或以手动对焦的方式进行拍摄。
- 使用非 CPU 镜头时，除光圈优先模式和手动模式外，在其他模式下都无法释放快门。
- 在使用遥控或延时拍摄模式时，释放快门（按下去）后开始计时，等到延时时间到达时才能释放快门。
- 当存储卡已满或没有插入存储卡，无法存储照片时，无法释放快门（按不下去）。
- 镜头没有安装到位时，无法释放快门（按不下去）。此类问题很少出现，若确认不是其他方面的问题，可拆下镜头后重新安装。

➤ 在拍摄小昆虫时，由于无法判断其是否始终处于静止状态，所以使用了人工智能自动对焦模式，最终获得了对焦清晰、准确的画面，主体表现十分突出「焦距：100mm ｜ 光圈：F10 ｜ 快门速度：1/320s ｜ 感光度：ISO100」

提高你的动手能力——手动对焦也很重要

从广义上来说，手动对焦可以分为两种，其一是拧动对焦环进行对焦，另一种是手动选择对焦点（与自动对焦模式搭配使用），对指定的位置进行对焦。

自动对焦模式也有失效的情况

在摄影中，如果遇到下面的情况，相机的自动对焦系统往往无法准确对焦，此时应该使用手动对焦功能，切换方式如右图所示。

- 画面主体处于杂乱的环境中，例如拍摄杂草后面的花朵。
- 画面属于高对比、低反差的情况，例如拍摄日出、日落。
- 弱光摄影，例如拍摄夜景、星空。
- 距离太近的题材，例如拍摄昆虫、花卉等。
- 主体被覆盖，例如拍摄动物园笼子中的动物、鸟笼中的鸟等。
- 对比度很低的景物，例如拍摄纯净的蓝天、墙壁。
- 距离较近且相似程度又很高的题材。

选择手动对焦模式操作方法：将镜头上的对焦模式选择器调至MF位置，即可选择手动对焦模式。

手选对焦点的方法

在P、Av、Tv及M模式下，除了61点自动对焦自动选择模式外，其他5种自动对焦区域模式都支持手动选择对焦点，以便根据对焦需要进行选择。

手选对焦点的方法如右图所示，先按下机身上的自动对焦点选择按钮⊞，然后在液晶监视器上使用多功能控制钮⁘在8个方向上设置对焦点的位置。如果垂直按下多功能控制钮⁘，则可以选择中央对焦点/区域。

另外，转动主拨盘可以在水平方向上切换对焦点，转动速控转盘◎可以在垂直方向上切换对焦点。

设置手选对焦点操作方法：按下相机背面右上方的自动对焦点选择按钮⊞，然后拨动多功能控制钮⁘，可以调整单个对焦点的位置。

在拍摄蝴蝶时，采用手选对焦点的方法，焦点更加准确，蝴蝶的翅膀处于焦平面上，花纹被清晰地呈现出来「焦距：200mm｜光圈：F3.2｜快门速度：1/500s｜感光度：ISO200」

设置驱动模式以拍摄运动或静止的对象

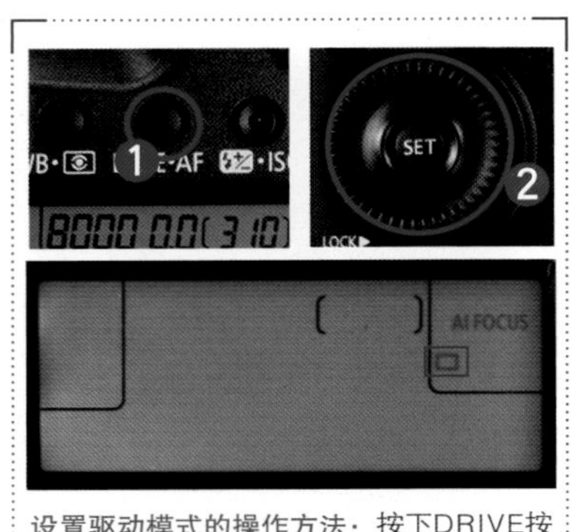

设置驱动模式的操作方法：按下DRIVE按钮，转动速控转盘可选择不同的驱动模式。

针对不同的拍摄任务，需要将快门设置为不同的驱动模式。例如，要抓拍高速移动的物体，为了保证成功率，通过设置可以使相机按下一次快门后，能够连续拍摄多张照片。

Canon EOS 5Ds/5DsR提供了单拍、低速连拍、高速连拍、静音单拍、静音连拍、10 秒自拍/遥控、2秒自拍/遥控等驱动模式，下面分别讲解它们的使用方法。

单拍模式

在此模式下，每次按下快门时，都只拍摄一张照片。单拍模式适用于拍摄静态对象，如风光、建筑、静物等题材。静音单拍的操作方法和拍摄题材与单拍基本类似，但由于使用静音单拍时相机发出的声音更小，因此更适合在较安静的场所进行拍摄，或用于拍摄易于被相机快门声音惊扰的对象。

➤ 使用单拍驱动模式拍摄的各种题材

连拍模式

在连拍模式下，每次按下快门时将连续拍摄多张照片。Canon EOS 5Ds/5Dsr提供了3种连拍模式，高速连拍模式（□H）最高连拍速度能够达到约5张/秒；低速连拍模式（□）的最高连拍速度能达到约3张/秒；静音连拍模式（□S）的最高连拍速度能达到约3张/秒。

连拍模式适用于拍摄运动的对象，当将被摄对象的连续动作全部抓拍下来以后，可以从中挑选满意的画面。

使用连拍模式拍摄两个玩耍中的儿童

摄影问答 为什么相机能够连续拍摄

因为 Canon EOS 5Ds/5Dsr 有临时存储照片的内存缓冲区，因而在记录照片到存储卡的过程中可继续拍摄，受内存缓冲区大小的限制，最多可持续拍摄照片的数量是有限的。

摄影问答 弱光环境下，连拍速度是否会变慢

连拍速度在以下情况下可能会变慢：当剩余电量较低时，连拍速度会下降；在人工智能伺服自动对焦模式下，因主体和使用的镜头不同，连拍速度可能会下降；当选择了“高 ISO 感光度降噪功能”或在弱光环境下，即使设置了较高的快门速度，连拍速度也可能变慢。

摄影问答 连拍时快门为什么会停止释放

在最大连拍数量少于正常值时，如果中途停止连拍，可能是“高 ISO 感光度降噪功能”被设置为“强”导致的，此时应该选择“标准”、“弱”或“关闭”选项。因为当启用“高 ISO 感光度降噪功能”时，相机将花费更多的时间进行降噪处理，因此将数据转存到存储空间的耗时会更长，相机在连拍时更容易被中断。

摄影问答 什么是反光镜，其工作原理是怎样的

数码单反相机的全称是数码单镜头反光照相机，其中的“反光”就是指相机内的一块平面反光镜。

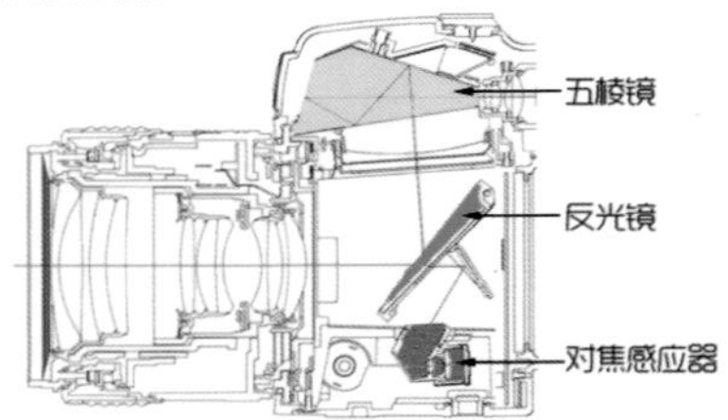

反光镜的工作流程如下。

1. 在未曝光（拍摄）之前，将光线折射到五棱镜上，并通过五棱镜将光线反射到取景器中，使摄影师能够通过取景器正确地取景、对焦。

2. 按下快门按钮后，反光镜向上翻，光线到达相机感光元件进行曝光。

3. 曝光过程结束后，反光镜弹回原位。

正是由于在拍摄时，反光镜上下翻动会引起相机的震动，因此，在拍摄对细节要求非常高的题材，如微距摄影时，应尽量采用反光镜预升功能进行拍摄。

操作步骤 设置反光镜预升

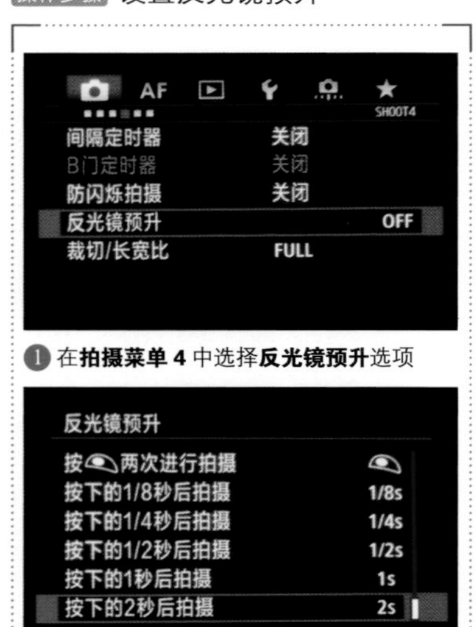

❶ 在**拍摄菜单4**中选择**反光镜预升**选项

❷ 转动速控转盘可选择不同的选项

自拍模式

Canon EOS 5Ds/5DsR相机提供了两种自拍模式，可满足不同的拍摄需求。

- 10秒自拍/遥控：在此驱动模式下，可以在10秒后进行自动拍摄。此驱动模式支持与遥控器搭配使用。
- 2秒自拍/遥控：在此驱动模式下，可以在2秒后进行自动拍摄。此驱动模式也支持与遥控器搭配使用。

▲ 使用自拍模式为自己拍出漂亮的写真照片「焦距：118mm ｜光圈：F4｜ 快门速度：1/250s｜ 感光度：ISO100」

反光镜预升

使用反光镜预升功能可以有效地避免由于相机震动而导致的图像模糊。在该菜单中选择需要的选项，然后再对拍摄对象对焦，完全按下快门后释放，这时反光镜已经升起，再次按下快门即可进行拍摄。拍摄完成后反光镜将自动落下。因此，当开启“反光镜预升”功能后，需要按下两次快门才能完成拍摄。

- 按👁两次进行拍摄：选择此选项，完全按下快门按钮将升起反光镜，再次完全按下快门则拍摄照片。
- 按下的1/8（1/4、1/2、1、2）秒后拍摄：选择此选项，完全按下快门按钮将升起反光镜，经过所选择的时间后会拍摄照片。有1/8秒、1/4秒、1/2秒、1秒或2秒等时间选项。

提示

当快门速度在1/30～1/8秒之间、需要长时间曝光拍摄、使用长焦镜头拍摄或进行微距拍摄时，建议启用“反光镜预升”功能，以减轻机震对成像质量的影响。但要注意的是，由于反光镜被升起，相机的图像感应器将会直接裸露在光线中，因此要尽量避免太阳或强光的直射，否则可能会损坏感光元件。另外，“反光镜预升”功能会影响拍摄速度，所以通常情况下建议将其设置为“关闭”，需要时再进行设置。

多拍优选——提高拍摄成功率的秘笈

Chapter 14

从决定性瞬间看拍摄成功率

决定性瞬间的含义

决定性瞬间是指通过抓拍手段，在短暂的几分之一秒的瞬间中，将具有决定性意义的事物加以概括，并用强有力的视觉构图表达出来。

这个概念是由法国纪实摄影大师亨利·卡蒂埃·布列松（Henri·Cartier·Bresson）提出的。但决定性瞬间并不是指抓拍的技术和构图的能力，而是指表现出发展着的事物外在形态与内在本质最接近的时刻，也就是最真实的瞬间，这样的画面无论什么时间观看，几乎都能够透过画面看到事件的本质。因此，摄影师要有发现事物本质的能力，才能利用相机来表现这一瞬间。

决定性瞬间与拍摄成功率

由于拍摄决定性瞬间具有一定的偶然性，因此拍摄成功率相对较低。即使看到了决定性瞬间，也很有可能出现大幅度脱焦、构图混乱、景物重叠、曝光错误等问题，因此要提高拍摄决定性瞬间的成功率，就应该切实采取一定的技术措施，而这也正是本章讲述的重点。

决定性瞬间的表现形式很重要，在杂乱的实际拍摄环境中，摄影师要有将要表现的主题元素恰当安排的能力，以利用合适的构图更好地表现决定性瞬间。

抓拍时要尽可能保证主体清晰，还需要有恰当的景深，所以画面中的近景、中景、远景应避免重叠。

▲ 在拍摄水鸟捕捉小鱼的瞬间时，由于捕食的过程非常短暂，因此对于构图、对焦以及曝光来说都是非常困难的，需要摄影师具有娴熟的摄影技术并且与审美相结合，才能拍摄出这样具有决定性瞬间的照片「焦距：300mm | 光圈：F5.6 | 快门速度：1/1250s | 感光度：ISO800」

名师指路 决定性瞬间不是一切

能够拍摄到决定性瞬间固然很好，但也无需墨守成规束缚自己的创作思路。

例如，有时拍摄环境也许差强人意，想要表现的主题元素不一定都恰好出现，这时就应该通过表现“非决定性瞬间”展现事件高潮以外的真实，虽然画面没有“决定性瞬间”震慑人心的感觉，但也肯定具有独特的个性，而且由于照片从另一个角度诠释了事物的内涵，因此也具有了艺术价值。

如在弗兰克的作品《生产线•底特律》《运河大街上芸芸众生》中，虽然都是些杂乱的画面、平淡无奇的脸，但是真实地表现了上世纪五十年代美国大都市中的人们只顾自己奔忙，无暇顾及别人的冷漠状态。

▲ 在拍摄决定性瞬间照片时，为了拍摄到这样的画面，需要事先做好准备，调好光圈、快门速度静静等候合适的位置出现合适的人物，因此当三位老妇人走到画面中合适的位置时摄影师按下了快门。照片带给观者很多联想，画面很有意境

实现多拍优选的策略之一——自动包围曝光

理解自动包围曝光

无论摄影师使用的是评价测光还是点测光，有时都无法实现准确或者说正确的曝光，其中任何一种方法都会给曝光带来一定程度的遗憾。有的测光方式可能会导致所拍出的画面比正确曝光的画面过曝1/3EV，有的则可能欠曝1/3EV。

解决上述问题的最佳方案是使用包围曝光技法，摄影师可以针对同一场景连续拍摄出3张曝光量略有差异的照片，每一张照片的曝光量具体相差多少，可由摄影师自己确定。在实际拍摄过程中，摄影师无需调整曝光量，相机将根据摄影师的设置自动在第一张照片的基础上增加、减少一定的曝光量，拍摄出另外两张照片。

按此方法拍摄出来的三张照片中，总会有一张是曝光相对准确的照片，因此使用包围曝光能够提高拍摄的成功率。这种技术还能够帮助那些面对复杂的现场光线没有把握正确设置曝光参数的摄影师，通过拍摄多张同一场景且曝光量不同的照片来确保拍摄的成功率。

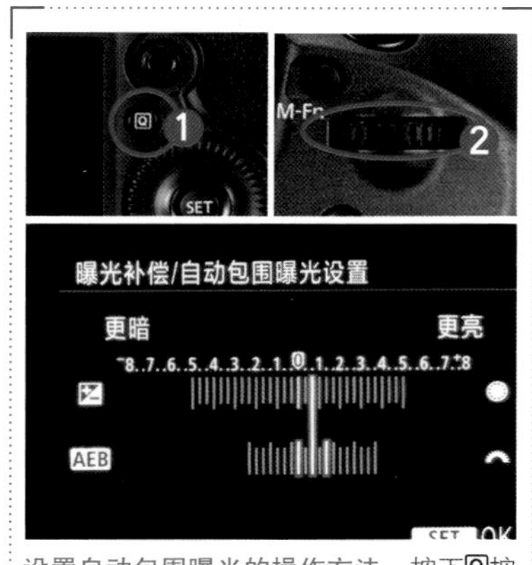

设置自动包围曝光的操作方法：按下Q按钮并使用多功能控制钮选择曝光补偿/自动包围曝光设置选项，转动主拨盘可设置包围曝光的范围。

提示

在实际使用时，如果使用的是单拍模式，要按下3次快门才能完成自动包围曝光拍摄；如果使用的是连拍模式，则按住快门即可连续拍摄3张曝光量不同的照片。

取消自动包围曝光

对于很多摄影师来说，包围曝光并不是常用的功能，或者常常希望拍摄一次之后就取消此功能，此时就可以启用“包围曝光自动取消”功能。如果需要经常或连续使用包围曝光功能，则应该关闭“包围曝光自动取消”功能。

- 启用：选择此选项，当关闭相机电源、清除相机设置或切换至短片拍摄模式时，自动包围曝光和白平衡包围设置会被取消。当闪光灯准备就绪时，自动包围曝光也会被取消。
- 关闭：选择此选项，即使关闭电源，自动包围曝光和白平衡包围设置也会被保留下来。

提示

对于那些不经常使用自动包围曝光和白平衡包围功能的摄影师而言，建议选择“启用”选项，这样在下次启动相机时就不需要再手动清除自动包围曝光设置了。

操作步骤 设置取消自动包围曝光

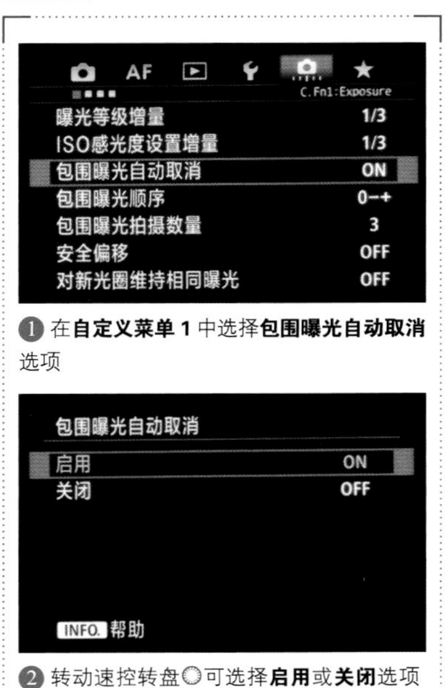

❶ 在**自定义菜单1**中选择**包围曝光自动取消**选项

❷ 转动速控转盘可选择**启用**或**关闭**选项

设置自动包围曝光的顺序

在“包围曝光顺序”菜单中可以设置使用自动包围曝光时不同曝光量照片的拍摄顺序，Canon EOS 5Ds/5DsR提供了三种包围曝光顺序。选定一种包围曝光顺序后，相机就会按照该顺序进行拍摄。

- 0，-，+：选择此选项，相机会按照第一张标准曝光量、第二张减少曝光量、第三张增加曝光量的顺序进行拍摄。
- -，0，+：选择此选项，相机会按照第一张减少曝光量、第二张标准曝光量、第三张增加曝光量的顺序进行拍摄。
- +，0，-：选择此选项，相机会按照第一张增加曝光量、第二张标准曝光量、第三张减少曝光量的顺序进行拍摄。

操作步骤 设置包围曝光顺序

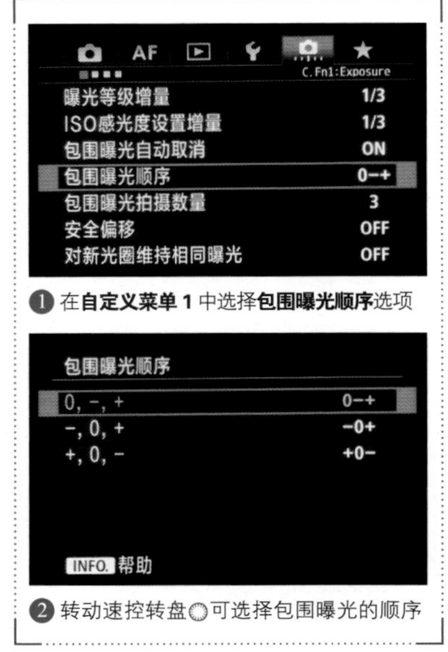

❶ 在**自定义菜单 1** 中选择**包围曝光顺序**选项

❷ 转动速控转盘◎可选择包围曝光的顺序

提示

在实际拍摄中，如果更改了“包围曝光顺序”选项，并不会对拍摄的结果产生影响。

▲ 选择了“0，-，+”选项，相机按照第一张标准曝光量、第二张减少曝光量、第三张增加曝光量的顺序拍摄海边的岩石

实现多拍优选的策略之二——白平衡包围

理解白平衡包围

白平衡包围的作用是，在拍摄后，相机能够依据摄影师所设置的白平衡偏移，得到三张颜色不同的照片。对于那些不希望对照片进行大幅度后期调色处理的摄友而言，此功能免去了后期麻烦的调色操作，只需要在拍摄得到的三张照片中选出一张最满意的即可。

设置白平衡包围

“白平衡包围”是一种类似于“自动包围曝光”的功能，通过设置相关参数，只需要按下一次快门即可拍摄3张不同色彩倾向的照片。使用此功能可以实现多拍优选的目的。

设置白平衡包围后，在实际拍摄时，将按照标准、蓝色（B）、琥珀色（A）或标准、洋红（M）、绿色（G）的顺序拍摄出3张不同色彩倾向的照片。

▲ 正常

▲ 增加 6 格 B（蓝色）偏移

▲ 增加 6 格 A（琥珀色）偏移

操作步骤 设置白平衡包围

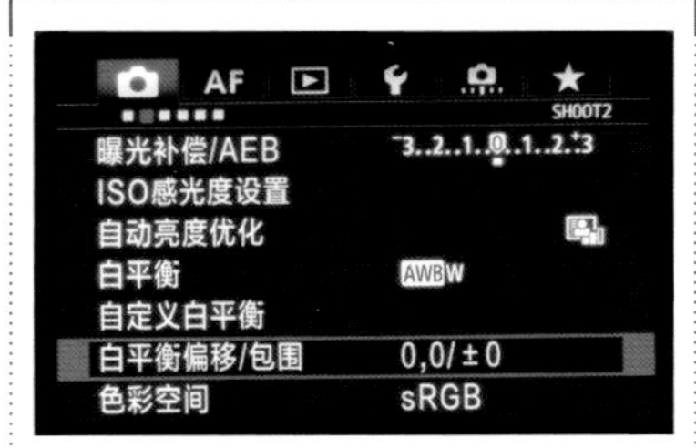

❶ 在**拍摄菜单 2** 中选择**白平衡偏移 / 包围**选项

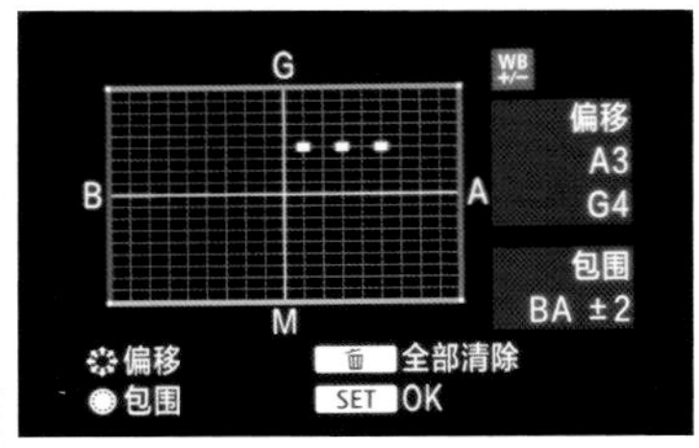

❷ 转动速控转盘◎，屏幕上的■标记将变为■■■（3 点）。向右转动速控转盘◎可设置蓝色 / 琥珀色包围曝光，向左转动可设置洋红色 / 绿色包围曝光，在屏幕的右侧，**包围**表示包围曝光方向和包围曝光量。按下🗑按钮将取消所有白平衡偏移 / 包围设置，按下 SET 按钮将退出设置界面并返回上一级菜单

实现多拍优选的策略之三——高速连拍

开启高速连拍模式

选择高速连拍模式的操作方法：按下DRIVE按钮，转动速控转盘◎选择高速连拍模式即可。

在拍摄运动速度较高的物体时，为了清晰地记录下精彩的瞬间，就需要选择较高的快门速度，以便记录下运动物体的瞬间动作。注意在构图时，最好在运动物体的前方留出一定的空间，使画面看起来有透气感。开启高速连拍模式可以在持续按下快门按钮时连续拍摄照片，利用此功能进行拍摄有利于多拍优选，可以有效避免错过精彩的瞬间，Canon EOS 5Ds/5DsR的最高连拍速度为5张/秒。

➤ 从所有高速连拍的照片中选择出合适的照片后进行后期修饰的效果，照片较为完美地展现了女孩们跃起的瞬间

使用高速连拍功能拍摄动物

在拍摄动物时，动物的姿态会不断发生变化，几乎每一次改变都可以成为一次拍摄机会，要想尽可能多地抓住机会，应该用高速连拍功能来连续拍摄动物姿态变化的画面，然后从中挑选出最为满意的照片。

▲ 用高速连拍模式拍摄水中嬉戏的鸟儿，定格了每个精彩瞬间

使用高速连拍功能拍摄儿童

要表现儿童自然、生动的神态，最好在儿童玩耍的过程中进行抓拍，这样可以拍摄到最自然、生动的画面，同时照片也具有一定的纪念意义。

如果拍摄者是儿童的父母，可以一边参与儿童的游戏，一边寻找合适的时机，以足够的耐心眼疾手快地定格精彩瞬间。

为了不放过任何一个精彩的瞬间，在拍摄时应该将快门驱动模式设置为高速连拍模式。

◀ 用高速连拍模式拍摄玩耍的孩子，不错过孩子每一个精彩瞬间

摄影问答 为什么连拍速度达不到标称的速度

对 Canon EOS 5Ds/5Dsr 来说，其标称的最高连拍速度为 5 张 / 秒，但在实际拍摄时，可能达不到这个速度，这主要是受到以下几方面的影响：

1. 快门速度的影响。对于 Canon EOS 5Ds/5Dsr 而言，快门速度至少不低于 1/5s，才能实现其标称的 5 张 / 秒的连拍速度。在实际拍摄时，考虑到反光板的运动和快门的开合，实际上这时候快门速度应该不低于 1/8s 才可以。若低于此数值，则应该通过增大光圈、提高 ISO 感光度等方法提高快门速度。Canon EOS 5Ds/5Dsr 拥有最高 ISO12800 的感光度，即使是在 ISO1600 甚至 ISO3200 的情况下，拍摄出的照片质量也非常高，因此可以放心使用。

2. 对焦速度。在使用人工智能或人工智能伺服自动对焦模式时，在连拍的过程中可能会出现自动重新对焦的情况，而这个对焦的过程也是需要一定时间的，拍摄对象越不容易对焦，那么这个时间也就越长，进而影响到每秒钟能够连拍的数量。如果担心对焦速度影响连拍，可以通过设定快门释放优先、锁定对焦或以手动对焦的方式进行拍摄。

3. 存储卡写入速度。连拍的时候，对存储卡写入速度的要求是很高的。如果存储卡写入速度不够高，就容易出现连拍速度降低的情况。建议选择 Class6 以上等级的 SDHC 卡，这样才能保证连拍速度不打折扣。

成就高手的必由之路一 ——高级曝光技巧

Chapter 15

多重曝光

Canon EOS 5Ds/5DsR相机的多重曝光功能支持2~9张照片的融合，即分别拍摄多张照片，然后相机会使用不同的计算方法自动将各张照片融合在一起。

设置多重曝光

“多重曝光”菜单用于控制是否启用“多重曝光”功能，以及启用此功能后是否可以在拍摄过程中对相机进行操作等。

- 关闭：选择此选项，则禁用“多重曝光”功能。
- 开（功能/控制）：选择此选项，将允许在多重曝光的过程中做一些如查看菜单、回放等操作。
- 开（连拍）：选择此选项，在拍摄期间无法进行查看菜单、回放、实时显示、图像确认等操作，也无法保存单次曝光的图像，此选项较适合对动态对象进行多重曝光时使用。

提示

在使用多重曝光功能拍摄期间，“自动亮度优化”“高光色调优先”“周边光量校正”等功能将被关闭。另外，为第一次曝光设定的画质、ISO、照片风格、高ISO感光度降噪功能等设置会被继续延用在后续拍摄中。

多重曝光控制

在“多重曝光控制”菜单中可以选择多重曝光合成照片时的算法，其中包括了加法、平均、明亮、黑暗4个选项。

操作步骤 设置多重曝光

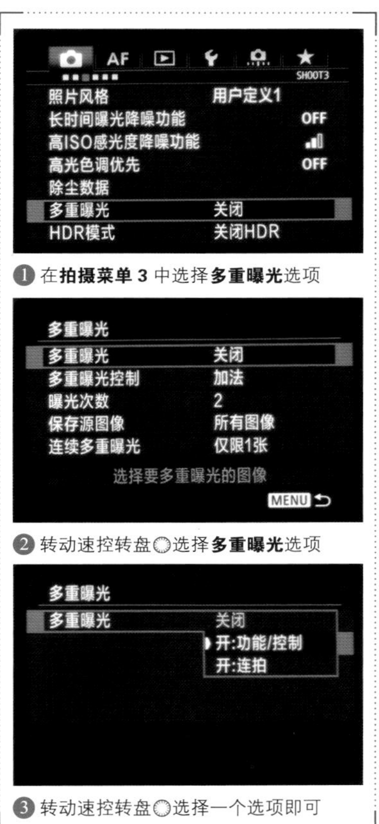

❶ 在**拍摄菜单3**中选择**多重曝光**选项

❷ 转动速控转盘◎选择**多重曝光**选项

❸ 转动速控转盘◎选择一个选项即可

操作步骤 设置多重曝光控制方式

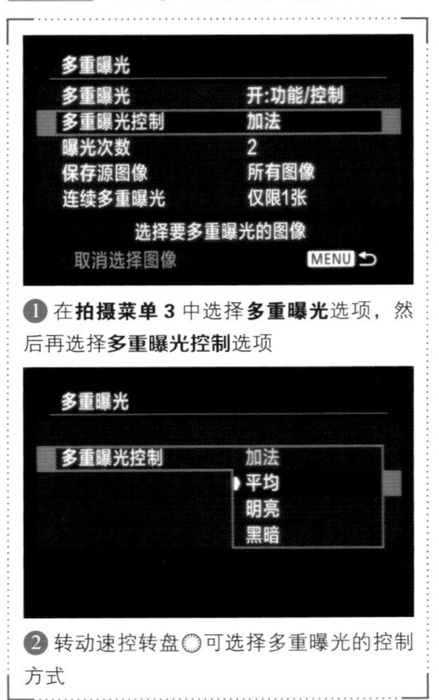

❶ 在**拍摄菜单3**中选择**多重曝光**选项，然后再选择**多重曝光控制**选项

❷ 转动速控转盘◎可选择多重曝光的控制方式

- 加法：选择此选项，每一次单张曝光的照片会被叠加在一起。

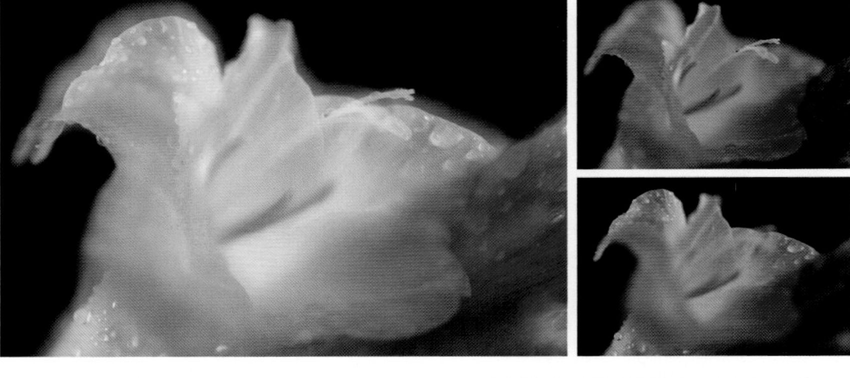

- 平均：选择此选项，将在每次拍摄单张曝光的照片时，自动控制其背景的曝光，以获得标准的曝光结果。

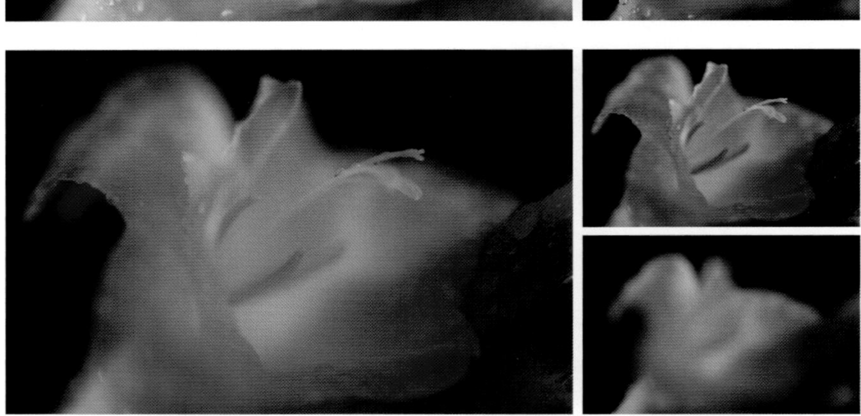

- 明亮：选择此选项，会将多次曝光结果中明亮的图像保留在照片中。例如在拍摄月亮时，选择此选项可以获得明月高悬于夜幕上空的画面。

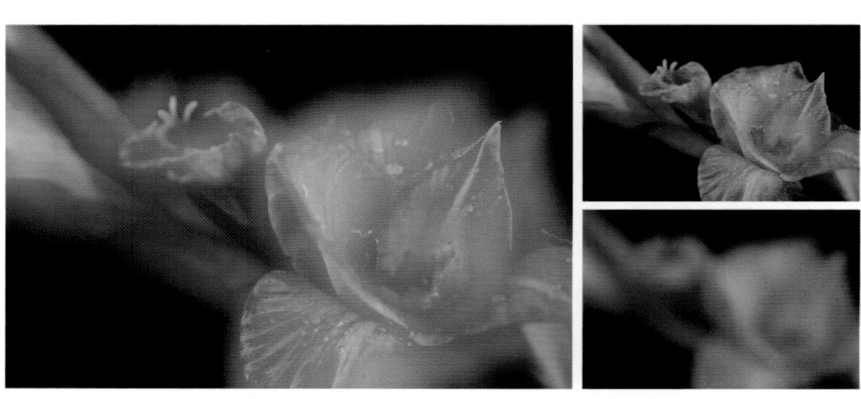

- 黑暗：此选项的功能与“明亮”选项刚好相反，可以在拍摄时将多次曝光结果中暗调的图像保留下来。

用存储卡中的照片进行多重曝光

在Canon EOS 5Ds/5Dsʀ中，允许用户从存储卡中选择一张照片，然后再通过拍摄的方式进行多重曝光，而选择的照片也会占用一次曝光次数。

例如在设置曝光次数为3时，除了从存储卡中选择的照片外，还可以再拍摄两张照片用于多重曝光的合成。

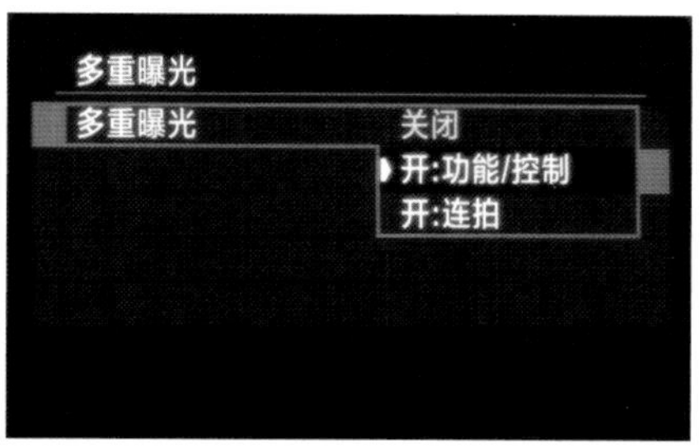

❶ 在**拍摄菜单 3** 中选择**多重曝光**选项，然后再选择**开：功能 / 控制**或**开：连拍**选项

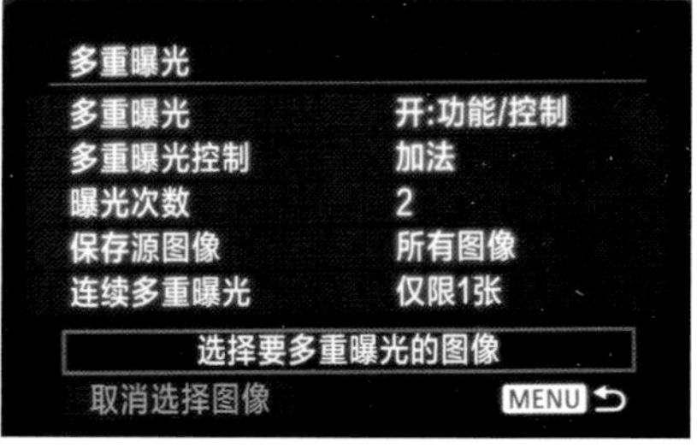

❷ 转动速控转盘◎选择**选择要多重曝光的图像**选项

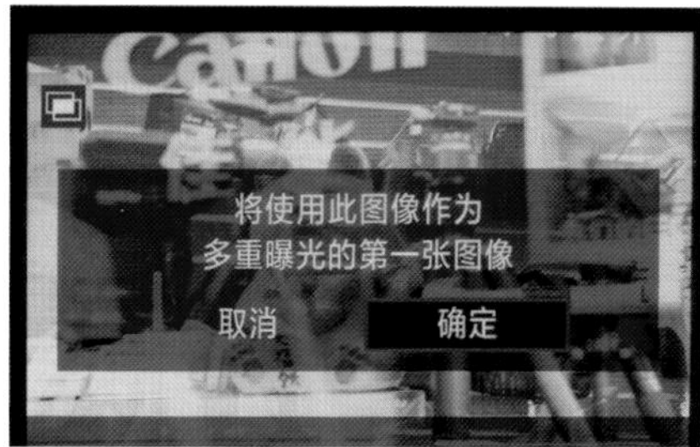

❸ 选择要进行多重曝光的图像，然后按下 SET 按钮并选择**确定**选项

❹ 拍摄一张照片后，曝光次数随之减 1，拍摄完成后，相机会自动合成这些照片，形成多重曝光效果

多重曝光创意摄影案例——额济纳胡杨林

第 1 张

第 2 张

胡杨生长在沙漠中，具有惊人的抗干旱、御风沙、耐盐碱的能力，能顽强地生存繁衍于沙漠之中，这也是大自然漫长进化过程中优胜劣汰的结果。“活着三千年不死、死后三千年不倒、倒后三千年不朽”这句话是对胡杨顽强生命力的最佳诠释。

笔者第一天到达此景点时，太阳已经落山，由于没有较强的光照，因此无法在照片中表现胡杨灿烂的黄叶。无法拍出最美的胡杨，但还可以拍出最有意思的胡杨。经过拍前的构思，笔者决定使用多重曝光拍摄技法，拍出具有盗梦空间感觉的胡杨林。以下为笔者的拍摄步骤。

1.开启多重曝光拍摄模式。

2.将多重曝光的控制方式选择为“黑暗”。

3.先以横画幅拍摄第一张胡杨照片，由于使用的是黑暗叠加模式，因此拍摄时，笔者对着落日的方向，使天空尽量亮一些。

4.拍摄第二张照片时，旋转相机以竖画幅进行拍摄，为了使叠加后的天空较蓝，拍摄时对着东方，并特意通过旋转相机使胡杨位于竖画幅画面的右下角处。拍摄时有意识地使画面的上方大半部分为天空，下方小半部分为地面。

完成拍摄后，得到了这张下方与左侧均有生长出来的胡杨的照片，整个画面颇有电影《盗梦空间》梦境里的空间。

下方是笔者使用多重曝光拍摄模式拍摄出来的效果。

合成效果（色彩经过后期软件调整）

HDR

HDR模式的原理是通过连续拍摄3张正常曝光量、增加曝光量以及减少曝光量的影像，然后由相机进行高动态影像合成，从而获得暗调、中间调与高光区域都具有丰富细节的照片，甚至还可以获得类似油画、浮雕画等特殊效果。

调整动态范围

此菜单用于控制是否启用HDR模式，以及在开启此功能后的动态范围。

- 关闭HDR：选择此选项，将禁用HDR模式。
- 自动：选择此选项，将由相机自动判断合适的动态范围，然后以适当的曝光增减量进行拍摄并合成。
- ±1~±3EV：选择±1EV、±2EV或±3EV选项，可以指定合成时的动态范围，即分别拍摄正常、增加和减少1、2或3挡曝光量的图像并进行合成。

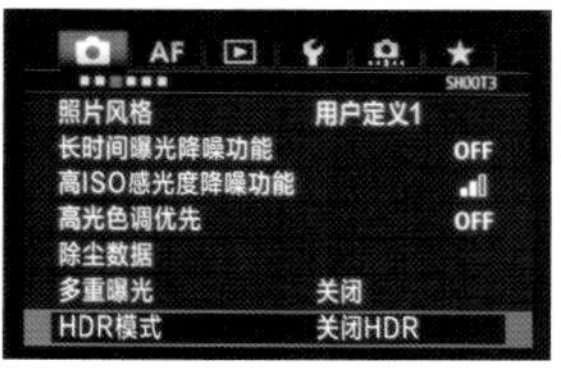

❶ 在**拍摄菜单3**中选择**HDR模式**选项

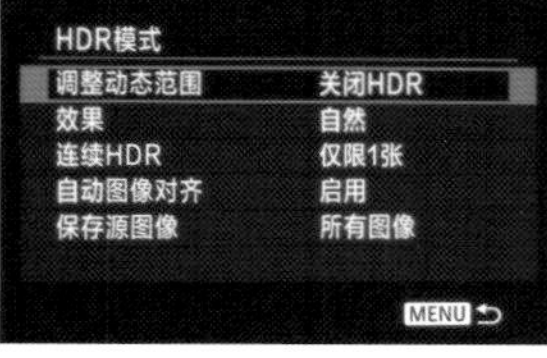

❷ 转动速控转盘◎选择**调整动态范围**选项

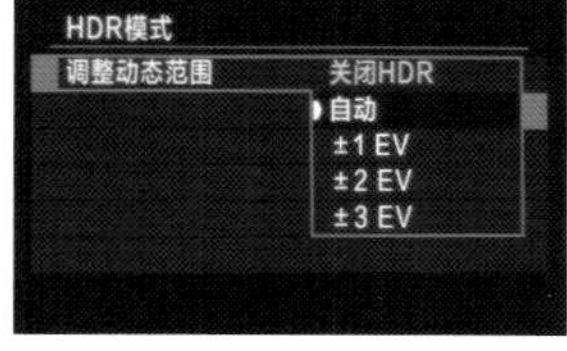

❸ 转动速控转盘◎选择是否启用HDR模式及HDR的动态范围

效果

在此菜单中可以选择合成HDR图像时的影像效果，其中包括如下5个选项。

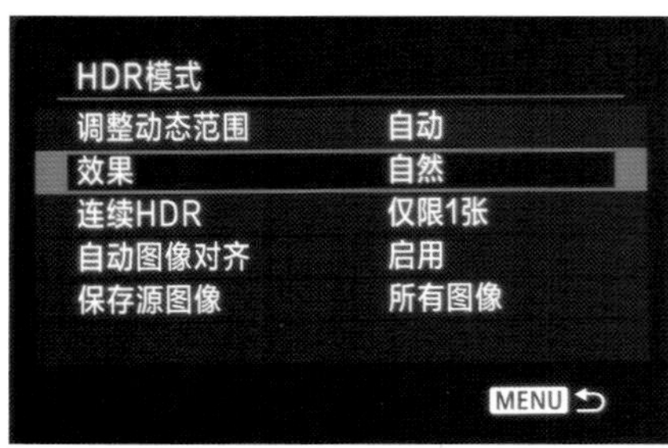

❶ 在**拍摄菜单3**中，选择**HDR模式**中的**效果**选项

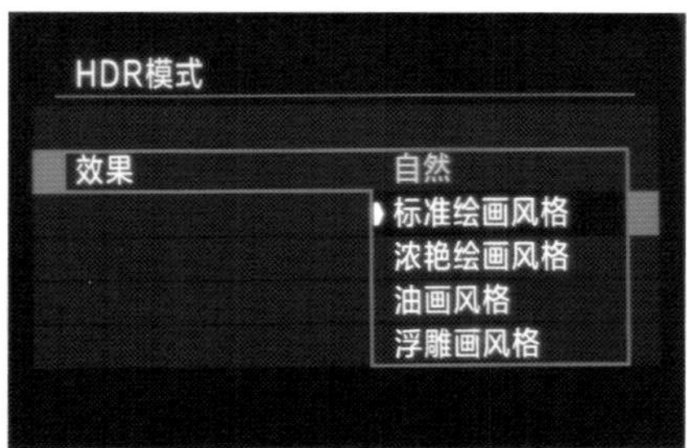

❷ 转动速控转盘◎选择不同的合成效果

摄影问答 HDR是什么

所谓HDR，是英文High-Dynamic Range的缩写，意为“高动态范围”。HDR照片的典型特点是无论高光还是阴影部分的细节都很清晰。HDR照片无法通过拍摄直接获得，只能依靠相机或后期软件通过同一场景的3张以上不同曝光度的图片合成而来，用于合成的照片应该包括同一场景曝光不足时、曝光适当时和曝光过度时的相关细节。

知识链接 常用后期HDR软件介绍

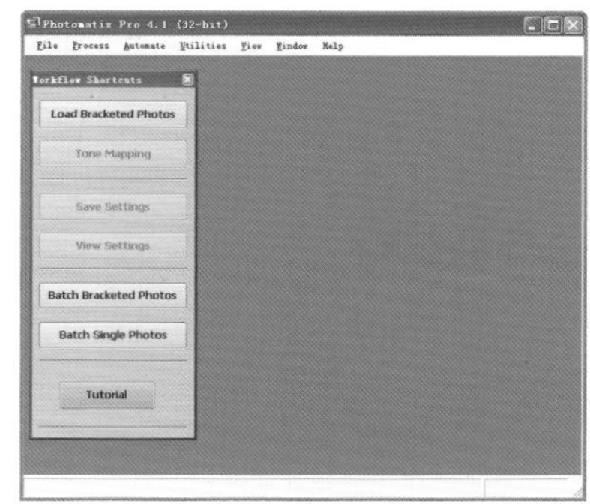

▲ photomatix
http://www.hdrsoft.com/

▲ QuickHDR
http://www.mediachance.com/hdri/

▲ Dynamic Photo HDR
http://www.haozhaopian.com/

■ 自然：选择此选项，可以在均匀显示画面暗调、中间调及高光区域图像的同时，保持画面为类似人眼观察到的视觉效果。

■ 标准绘画风格：选择此选项，画面中的反差更大，色彩的饱和度也会较真实场景高一些。

■ 浓艳绘画风格：选择此选项，画面中的反差和饱和度都很高，尤其在色彩上显得更为鲜艳。

■ 油画风格：选择此选项，画面的色彩比浓艳绘画风格更强烈。

■ 浮雕画风格：选择此选项，画面的反差极大，在图像边缘的位置会产生明显的亮线，因而具有一种物体发出轮廓光的效果。

连续HDR

在此菜单中可以设置是否连续多次使用HDR模式。

- 仅限1张：选择此选项，将在拍摄完成一张HDR照片后，自动关闭此功能。
- 每张：选择此选项，将一直保持HDR模式的打开状态，直至摄影师手动将其关闭为止。

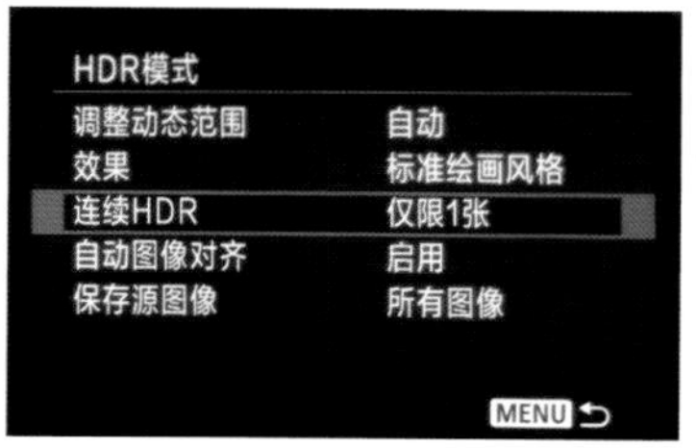

❶ 在**拍摄菜单3**的**HDR模式**中，选择**连续HDR**选项

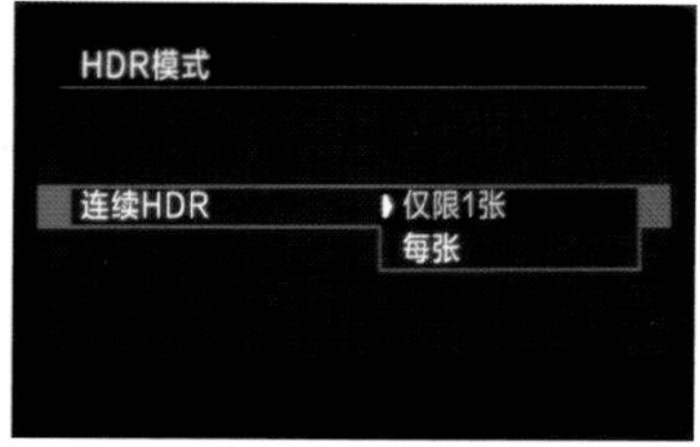

❷ 转动速控转盘◎选择**仅限1张**或**每张**选项

自动图像对齐

在拍摄HDR照片时，即使使用连拍方式，也不能确保每张照片都是完全对齐的，此时就可以在此菜单中进行设置，确保一个系列中的照片彼此是对齐的。

- 启用：选择此选项，可以让相机自动对齐各个图像，因此在拍摄HDR图像时，建议启用“自动图像对齐”功能。
- 关闭：选择此选项，将关闭“自动图像对齐”功能，若拍摄的3张照片中有位置偏差，则合成后的照片可能会出现重影问题。

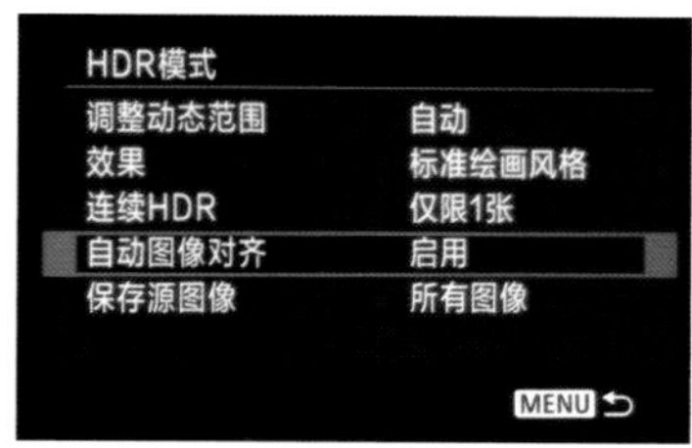

❶ 在**拍摄菜单3**的**HDR模式**中，选择**自动图像对齐**选项

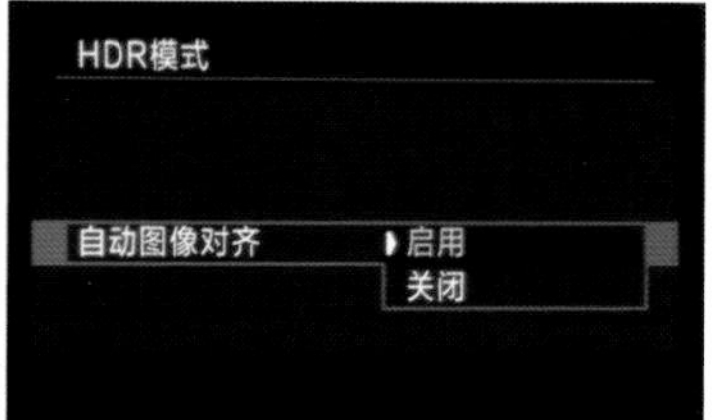

❷ 转动速控转盘◎选择**启用**或**关闭**选项

保存源图像

在此菜单中可以设置是否将拍摄的多张不同曝光量的单张照片也保存至存储卡中。

- 所有图像：选择此选项，相机会将所有的单张曝光照片以及最终的合成结果全部保存在存储卡中。
- 仅限HDR图像：选择此选项，不保存单张曝光的照片，仅保存HDR合成图像。

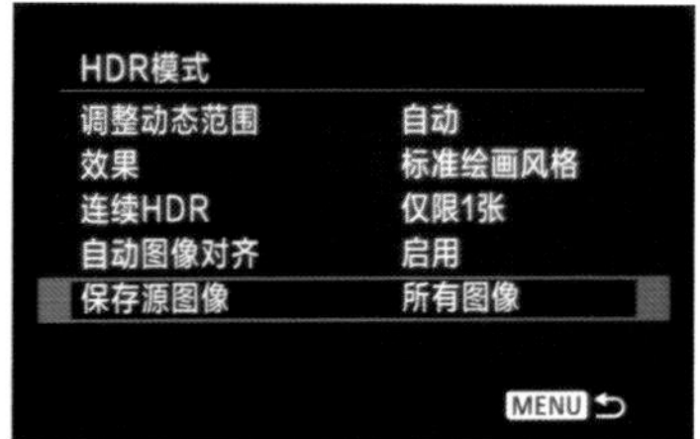

❶ 在**拍摄菜单3**的**HDR模式**中，选择**保存源图像**选项

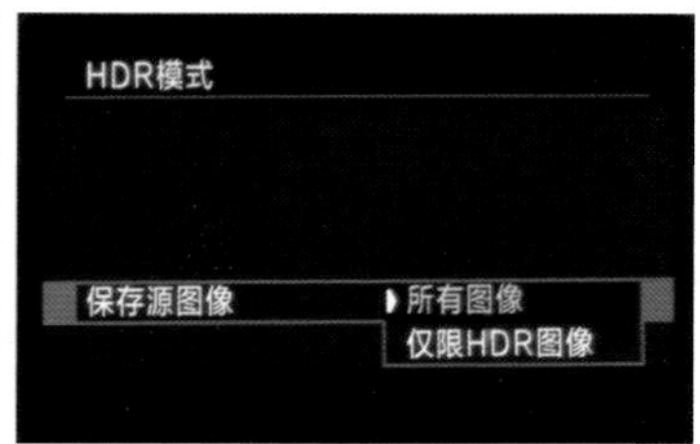

❷ 转动速控转盘◎选择**所有图像**或**仅限HDR图像**选项

巧用间隔拍摄功能进行延时摄影

延时摄影又称“定时摄影”，即利用相机的间隔拍摄控制功能，每隔一定的时间拍摄一张照片，最终形成一个完整的照片序列，用这些照片生成的视频能够呈现出电视上经常看到的花朵开放、城市变迁、风起云涌的效果。

例如，花蕾的开放约需3天3夜72小时，但如果每半小时拍摄一个画面，顺序记录其开花的过程，即可拍摄144张照片，当用这些照片生成视频并以正常帧频率放映时（每秒24幅），在6秒钟之内即可重现花朵3天3夜的开放过程，能够给人强烈的视觉震撼。延时摄影通常用于拍摄城市风光、自然风景、天文现象、生物演变等题材。

- 拍摄间隔：可在“00:00:01”至“99:59:59”之间设定间隔时间。
- 拍摄张数：可在“01”至“99”张之间设定。如果设定为“00”，则相机会持续拍摄，直到停止间隔定时器。

▲ 这是使用延时摄影方法拍摄的一组流云飞逝的画面

使用Canon EOS 5Ds/5DsR进行延时摄影要注意以下几点。

- 使用M挡全手动模式，手动设置光圈、快门速度、感光度，以确保所有拍摄出来的系列照片有相同的曝光效果。
- 不能使用自动白平衡，而需要通过手调色温的方式设置白平衡。
- 一定要使用三脚架进行拍摄，否则在最终生成的视频短片中就会出现明显的跳动画面。
- 将对焦方式切换为手动对焦。
- 按短片的帧频与播放时长来计算需要拍摄的照片张数，例如，按25fps拍摄一个播放10秒的视频短片，就需要拍摄250张照片，而在拍摄这些照片时，彼此之间的时间间隔则是可以自定义的，可以是1分钟，也可以是1小时。
- 为防止从取景器进入的光线干扰曝光，拍摄时要用衣服或其他东西遮挡住取景器。

操作步骤 设置间隔定时器

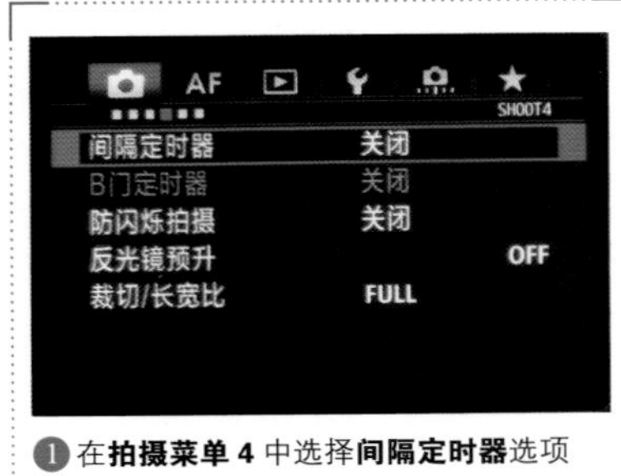

❶ 在**拍摄菜单 4** 中选择**间隔定时器**选项

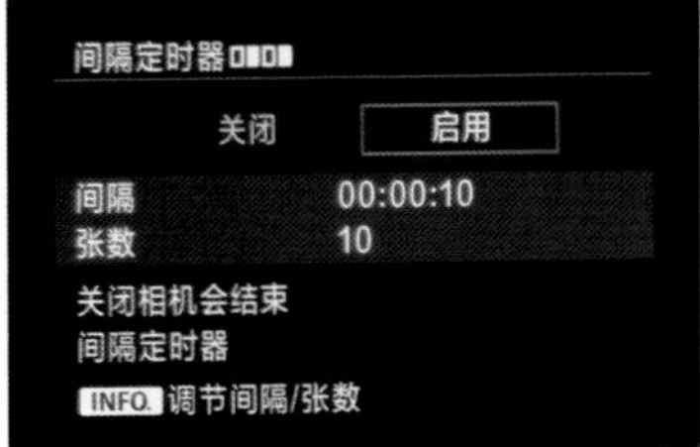

❷ 转动速控转盘选择**启用**选项，然后按下INFO.按钮进入间隔/张数设置界面

❸ 转动速控转盘选择间隔或张数的数字框，按下SET按钮后转动速控转盘选择所需的间隔时间或张数

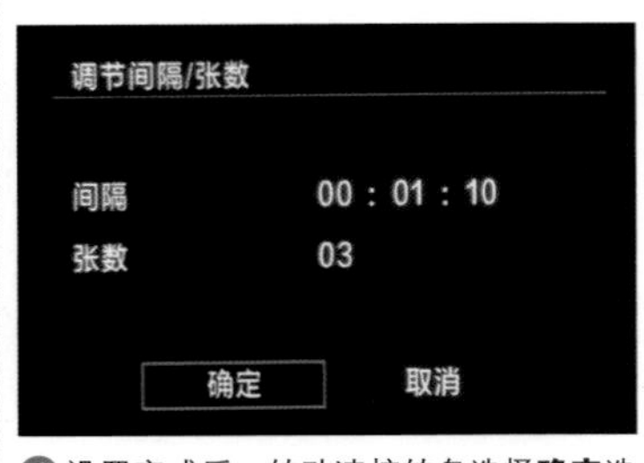

❹ 设置完成后，转动速控转盘选择**确定**选项，然后按下SET按钮确认

利用延时短片功能生成视频短片

利用“延时短片”功能，可以在指定的时间间隔就拍摄一张照片的流程化操作。这一功能与前面所讲的“间隔摄影”功能基本类似，但不同之处在于，使用此功能可以在拍摄完成后直接生成一个无声的视频短片。

- 拍摄间隔：可在“00:00:01”至“99:59:59”之间设定间隔时间。
- 拍摄张数：可在“0002”至“3600”张之间设定。如果设定了3600，NTSC模式下生成的延时短片将约为2分钟，PAL模式下生成的延时短片将约为2分24秒。

❶ 在**拍摄菜单5**中选择**延时短片**选项

❷ 转动速控转盘选择**启用**选项，然后按下INFO.按钮进入间隔/张数设置界面

❸ 转动速控转盘选择间隔或张数的数字框，按下SET按钮后转动速控转盘选择所需的间隔时间或张数

❹ 设置完成后，转动速控转盘选择**确定**选项，然后按下SET按钮确认

◀ 利用“延时短片”功能自己可以拍摄自编、自导、自演的个性化动态视频

成就高手的必由之路二——高级对焦技巧

Chapter 16

自动对焦区域模式

Canon EOS 5Ds/5DsR拥有61个对焦点，其中包括了41个十字形对焦点，为更好地进行准确对焦提供了强有力的保障，但对焦点数量越多，选择对焦点时的操作就越繁琐。

Canon EOS 5Ds/5DsR提供了6种自动对焦区域选择模式，摄影师可根据不同拍摄对象及拍摄条件，灵活选择使用这6种模式。

注册自动对焦区域模式

虽然Canon EOS 5Ds/5DsR提供了6种自动对焦区域选择模式，由于个人的拍摄习惯及拍摄题材不同，这些模式并非都是常用的，甚至有些模式几乎不会用到，因此可以在“选择自动对焦区域选择模式”菜单中自定义可选择的自动对焦区域选择模式，以简化拍摄时的操作。

▲ 在微距摄影中，为了保证对焦的准度，通常采用定点或单点自动对焦区域模式，以确保相机能够对细小的焦点（通常是眼睛）进行准确对焦「焦距：100mm ｜光圈：F10｜ 快门速度：1/100s｜ 感光度：ISO800」

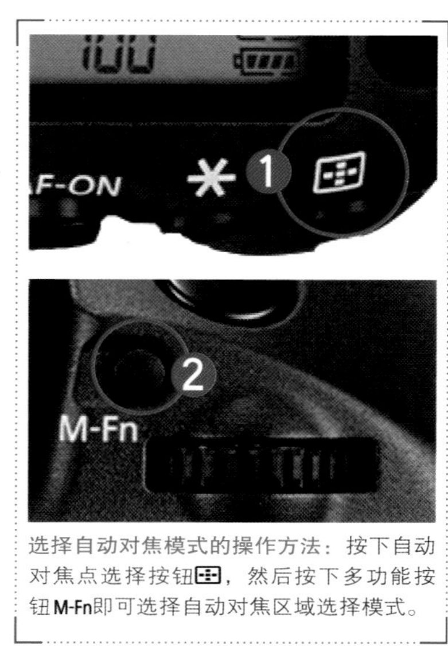

选择自动对焦模式的操作方法：按下自动对焦点选择按钮，然后按下多功能按钮**M-Fn**即可选择自动对焦区域选择模式。

操作步骤 选择自动对焦区域选择模式

❶ 在**对焦菜单4**中选择**选择自动对焦区域选择模式**选项

❷ 转动速控转盘◎即可选择常用的自动对焦区域选择模式

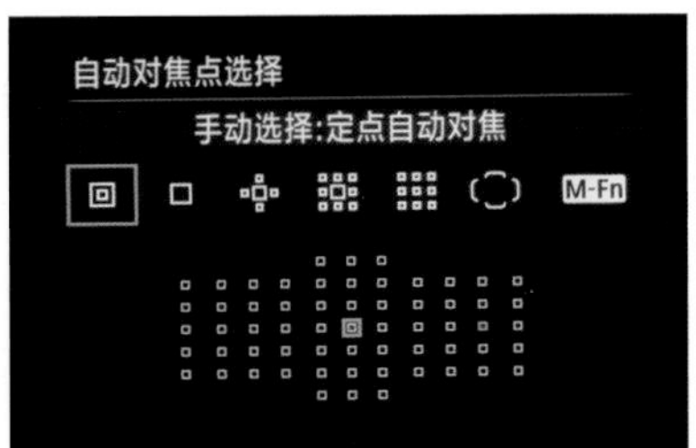

▲ 选择**手动选择：定点自动对焦**模式时的显示屏

提示

定点自动对焦的特性就是对很小的区域合焦，所以不适合使用人工智能伺服自动对焦模式捕捉快速移动的被摄体。

摄影问答 自动对焦模式与自动对焦区域模式有什么区别

对焦模式可分为手动对焦模式与自动对焦模式两种，自动对焦模式又分为3种，自动对焦区域模式正是用于控制对焦点工作方式的。

可参考下图更好地理解这三者之间关系。

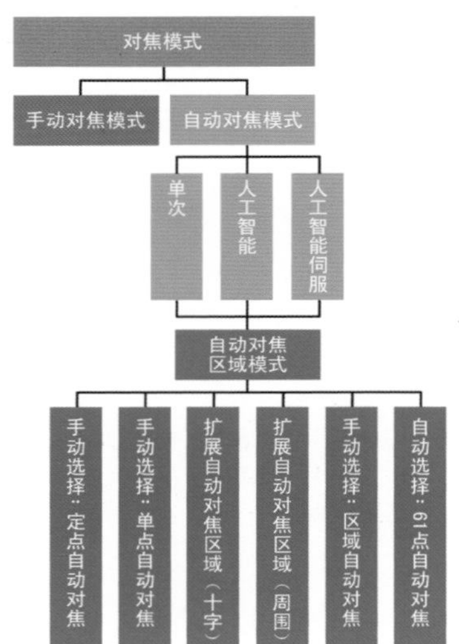

自动对焦区域模式1——手动选择：定点自动对焦

在此模式下，摄影师可以在61个对焦点中手动选择自动对焦点，此模式的对焦区域较小，因此适合进行更小范围的对焦。

例如隔着笼子拍摄动物时，可能需要使用更小的对焦点对笼子里面的动物进行对焦。又如，在体育摄影中经常需要对头盔下运动员的眼睛合焦，在这种情况下，很容易在眼睛附近的头盔帽檐部分合焦，造成对焦失误，这时使用定点自动对焦可以很好地完成合焦任务。

▲ 拍摄树叶后的人像时，由于茂密的树叶挡住了人脸，需选择更小的定点自动对焦模式来对焦，这样即使是对焦范围很小也可以将人物对焦清晰「焦距：85mm ｜光圈：F2.8｜ 快门速度：1/320s｜ 感光度：ISO200」

自动对焦区域模式2——手动选择：单点自动对焦

单点自动对焦是只使用一个手动选择的自动对焦点合焦的模式，在此模式下，摄影师可以手动选择对焦点的位置，Canon EOS 5Ds/5DsR共有61个对焦点可供选择。此自动对焦区域模式与人工智能伺服自动对焦模式配合使用时，可连拍移动的被摄体。另外，在拍摄静物和风景时，单点自动对焦区域模式也特别有用。

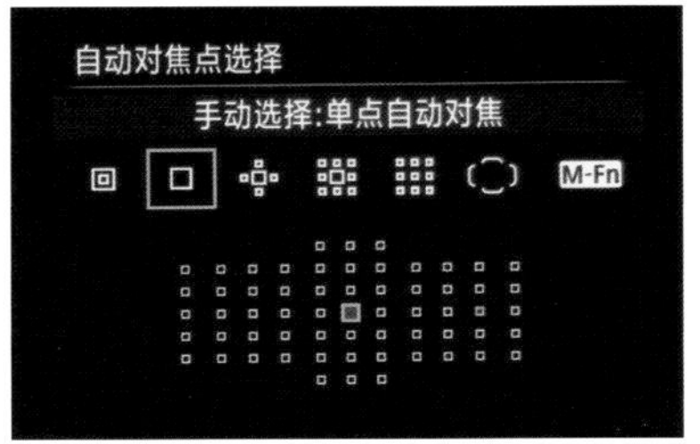

▲ 选择**手动选择：单点自动对焦**模式时的显示屏

自动对焦区域模式3、4——扩展自动对焦区域（十字/周围）

这两种模式也可以理解为单点自动对焦手动选择模式的一个升级版，即仍然以手选单个对焦点的方式进行对焦，并在当前所选的对焦点周围，会有多个辅助对焦点进行辅助对焦，从而得到更精确的对焦结果。这两种模式的不同之处在于，扩展自动对焦区域（十字）是在当前对焦点的上、下、左、右扩展出几个辅助对焦点；而扩展自动对焦区域（周围）则是在当前对焦点周围扩展出几个辅助对焦点。

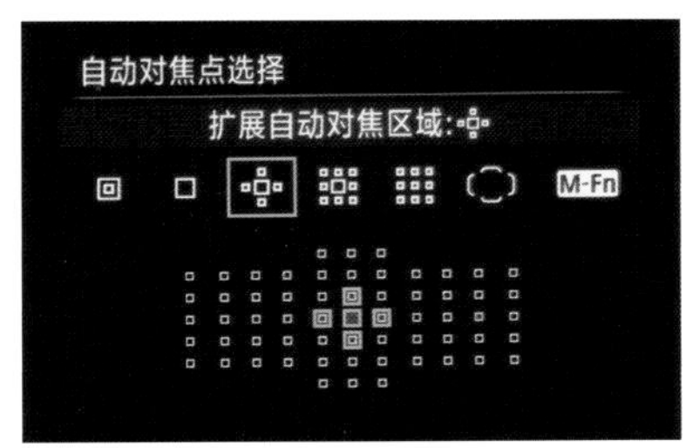

▲ 选择**扩展自动对焦区域（十字）**模式时的显示屏

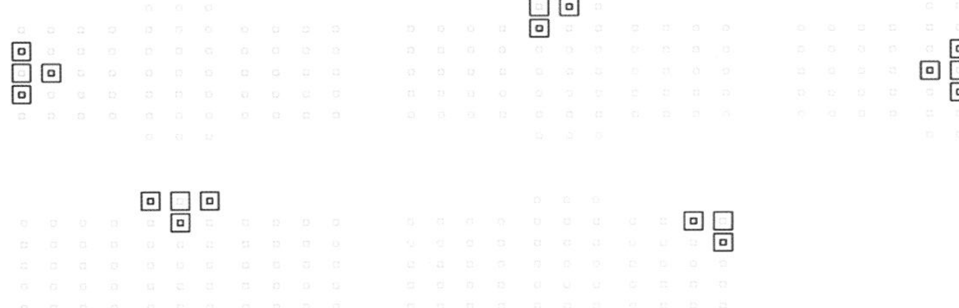

▲ 扩展自动对焦区域（十字）的对焦点示意图

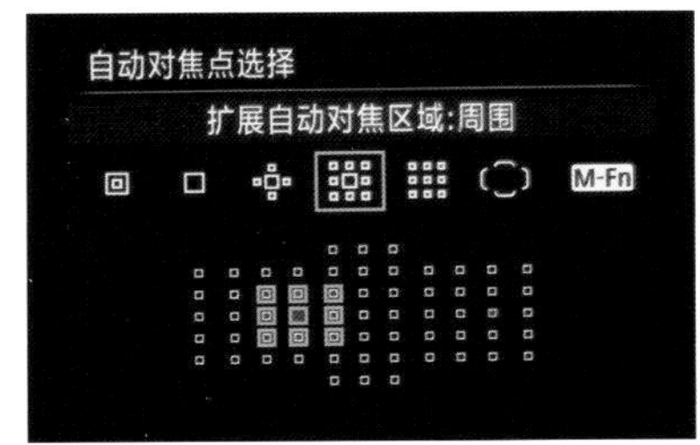

▲ 选择**扩展自动对焦区域（周围）**模式时的显示屏

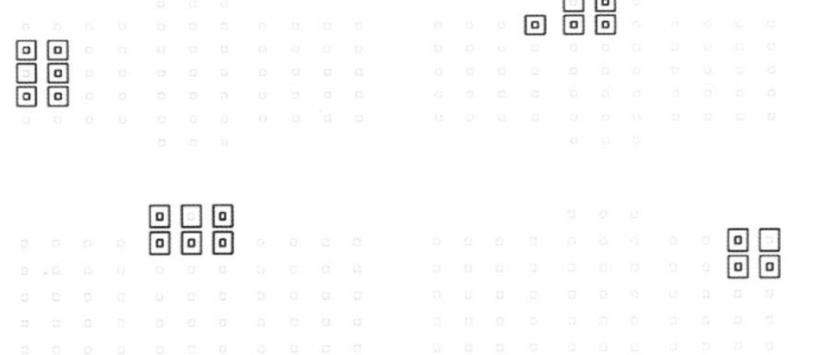

▲ 扩展自动对焦区域（周围）的对焦点示意图

提示

扩展自动对焦区域模式在拍摄体育题材时经常被采用，其优点在于，当被摄体（如快速移动的运动员）从手动选择的自动对焦点上偏离时，相机能够自动切换到邻近（上、下、左、右或周围）的自动对焦点连续对被摄体合焦，因此适合拍摄移动速度快、一个自动对焦点很难连续追踪的被摄体。

自动对焦区域模式5——手动选择：区域自动对焦

在此模式下，相机的61个自动对焦点被划分为9个区域，每个区域中分布了9或12个对焦点，当选择某个区域进行对焦时，则此区域内的对焦点将自动进行对焦（类似61点自动对焦模式的工作方式）。

▲ 采用区域自动对焦模式选择不同区域时的状态

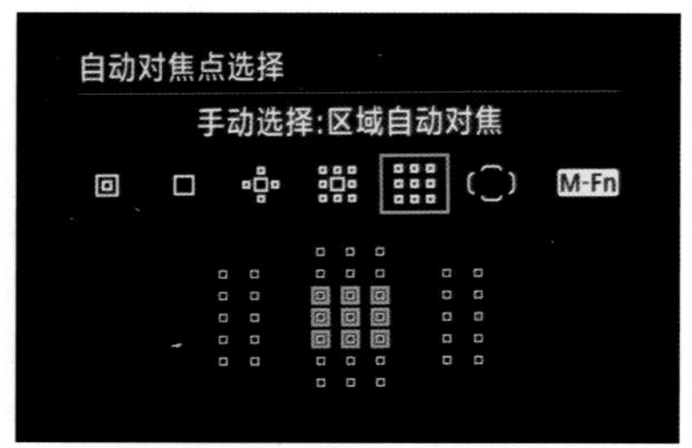

▲ 选择**手动选择：区域自动对焦**模式时的显示屏

提示

与扩展自动对焦区域模式不同，区域自动对焦模式是在一个相对小的对焦区域内（即9个小区域中的某一个），由相机识别被摄体进行自动合焦，因此，这种模式适用于要拍摄的被摄体本身或想对其合焦的部分比较大，且对精确合焦位置要求不太高的情况。例如，在拍摄鞍马运动员时，如果仅希望清晰地捕捉手部的动作，且对合焦的位置并没有过多的要求时，就可以使用这种自动对焦区域模式。

自动对焦区域模式6——自动选择：61点自动对焦

61点自动对焦是最简单的自动对焦区域模式，此时将完全由相机决定对哪些对象进行对焦（相机总体上倾向于对距离镜头最近的主体进行对焦），在主体位于前面或对对焦要求不高的情况下较为适用。如果是较严谨的拍摄，建议根据需要选择其他自动对焦区域模式。

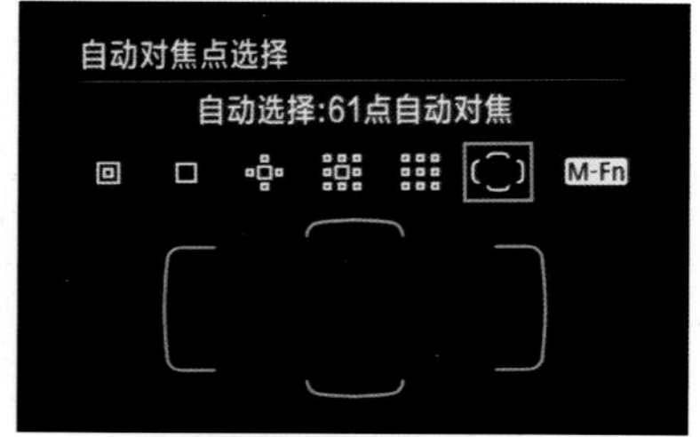

▲ 选择**自动选择：61 点自动对焦**模式时的显示屏

提示

使用61点自动对焦模式时，在单次自动对焦模式下，对焦成功后将显示所有成功对焦的对焦点；在人工智能伺服自动对焦模式下，将优先针对手选对焦点所在的区域进行对焦。在被摄体较小等情况下，有时无法合焦。

▲ 在拍摄风光类照片时，使用 61 点自动对焦模式即可「焦距：17mm ｜光圈：F14｜ 快门速度：1/3s｜ 感光度：ISO100」

控制对焦点的数量

虽然Canon EOS 5Ds/5DsR提供了多达61个对焦点，但并非拍摄所有题材时都需要使用这么多的对焦点，我们可以根据实际拍摄需要选择可用的自动对焦点数量。

例如在拍摄人像时，使用15个甚至9个对焦点就已经完全可以满足拍摄需求了，同时也可以避免由于对焦点过多而导致手选对焦点时过于复杂的问题。

▲ 在拍摄人像时使用了9个对焦点，避免出现由于对焦点多导致手选对焦点速度慢，错失抓拍模特精彩的表情「焦距：85mm ｜光圈：F2.8｜ 快门速度：1/250s｜ 感光度：ISO200」

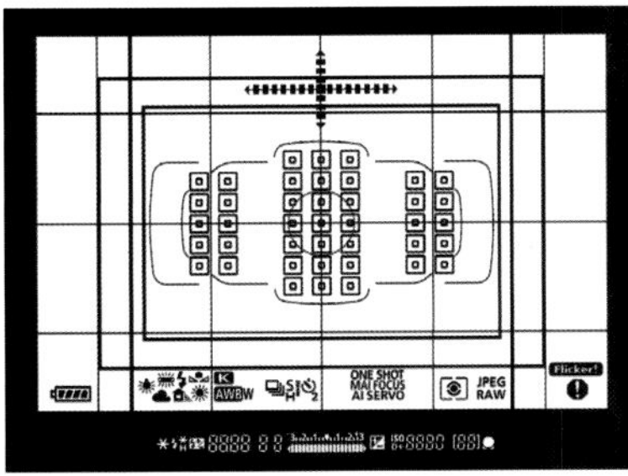

▲ 仅限十字型自动对焦点

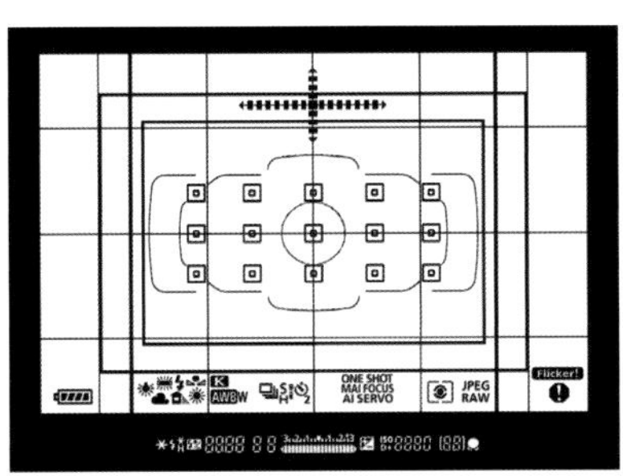

▲ 15个自动对焦点

操作步骤 设置可选择的自动对焦点

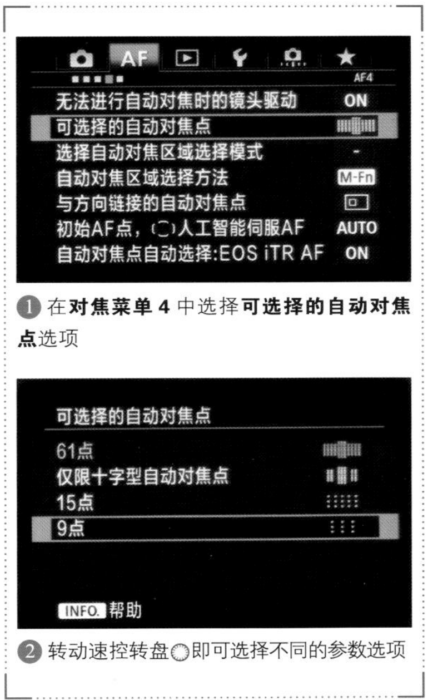

❶ 在**对焦菜单4**中选择**可选择的自动对焦点**选项

❷ 转动速控转盘◎即可选择不同的参数选项

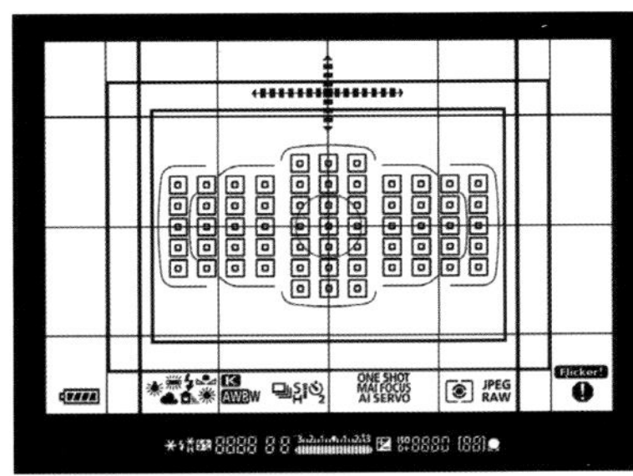

▲ 61个自动对焦点

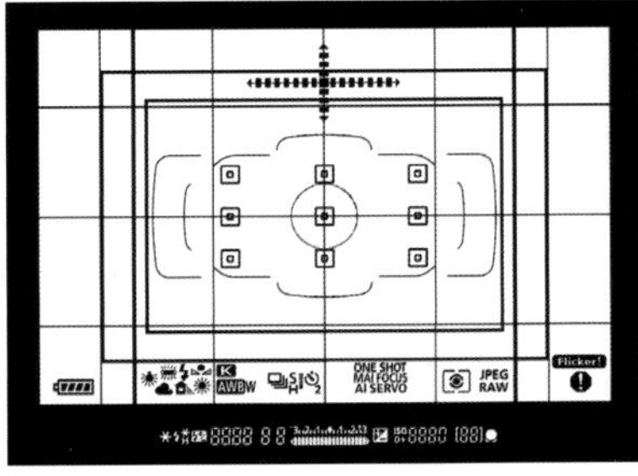

▲ 9个自动对焦点

弱光下进行对焦的技巧

利用“自动对焦辅助光发光”菜单可以控制是否启用自动对焦辅助光。在弱光环境下拍摄时，由于被摄对象模糊不清，相机的对焦操作变得困难，因此要开启自动对焦辅助光功能利用光束照亮被摄对象，以辅助相机进行精确对焦。

- 启用：选择此选项，外置闪光灯将会发射自动对焦辅助光。
- 关闭：选择此选项，将不发射自动对焦辅助光。
- 只发射红外自动对焦辅助光：选择此选项，将禁止外置闪光灯自动发射闪光进行辅助对焦，而是只发出红外线自动对焦辅助光进行辅助对焦。此选项只在使用具有红外自动对焦辅助光功能的外置闪光灯时有效。

操作步骤 设置自动对焦辅助光发光

❶ 在**对焦菜单3**中选择**自动对焦辅助光发光**选项

❷ 转动速控转盘◎选择不同的选项

提示

需要注意的是，如果要使用“自动对焦辅助光闪光”功能，那么在外接闪光灯的设置中也同样要将菜单中的选项设置为“启用”，否则即使在相机中启用“自动对焦辅助光闪光”功能，闪光灯依然不会发射自动对焦辅助光。

➤ 在弱光下拍摄时，开启“自动对焦辅助光闪光”功能可使对焦更轻松「焦距：200mm ｜光圈：F4｜ 快门速度：1/200s｜ 感光度：ISO100」

在不同的拍摄方向上自动切换对焦点

在水平或垂直方向切换拍摄时，常常遇到的一个问题就是，在切换至不同的方向时，会使用不同的自动对焦点。在实际拍摄时，如果每次切换拍摄方向时都重新指定对焦点无疑是非常麻烦的，利用“与方向链接的自动对焦点”功能，可以实现在使用不同的拍摄方向拍摄时相机自动切换对焦点的目的。

- 水平/垂直方向相同：选择此选项，无论如何在横拍与竖拍之间进行切换，对焦点都不会发生变化。
- 不同的自动对焦点：区域+点：选择此选项，将允许针对3种情况来设置自动对焦区域选择模式以及对焦点/区域的位置，即水平、垂直（相机手柄朝上）、垂直（相机手柄朝下）。当改变相机方向时，相机会切换到为该方向设定的自动对焦区域选择模式和手动选择的自动对焦点（或区域）。
- 不同的自动对焦点：仅限点：选择此选项，即为水平、垂直（相机手柄朝上）、垂直（相机手柄朝下）分别设定自动对焦点。当改变相机方向时，相机会切换到设定好的自动对焦点。在拍摄期间，即使改为定点自动对焦、单点自动对焦、扩展自动对焦区域：十字或扩展自动对焦区域：周围等自动对焦区域选择模式，为各方向设定的自动对焦点也会被保留。如果选择区域自动对焦（手动区域选择）模式，会按相机方向自动切换区域位置。

▲ 水平握持时用中上方的对焦点对焦，以便于对焦到人物的眼睛位置，当选择“不同的自动对焦点：区域＋点”选项时，每次水平握持相机时，相机会自动切换到上次以此方向握持相机拍摄时使用的自动对焦点上

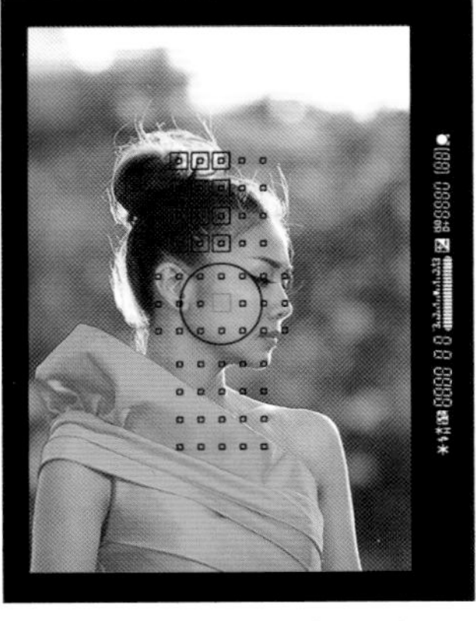

▲ 当选择“不同的自动对焦点：区域＋点”选项时，每次垂直（相机手柄朝上）握持相机时，相机会自动切换到上次以此方向握持相机拍摄时使用的自动对焦点上

操作步骤 设置与方向链接的自动对焦点

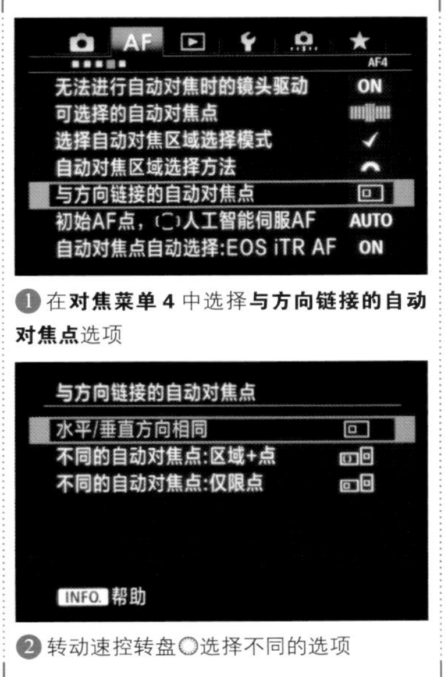

❶ 在**对焦菜单 4** 中选择**与方向链接的自动对焦点**选项

❷ 转动速控转盘◎选择不同的选项

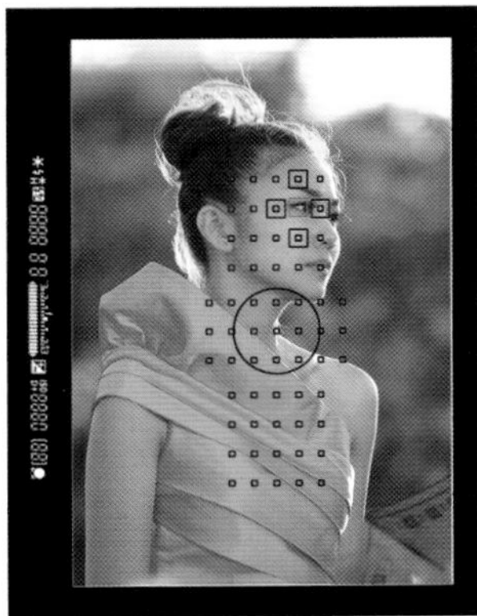

▲ 当选择“不同的自动对焦点：区域＋点”选项时，每次垂直（相机手柄朝下）握持相机时，相机也会自动切换到上次以此方向握持相机拍摄时使用的自动对焦点上

初始AF点，(〇)人工智能伺服AF

在人工智能伺服自动对焦模式下，当自动对焦区域模式设为“自动选择：61点自动对焦模式”时，可以通过此菜单来设定起始自动对焦点。

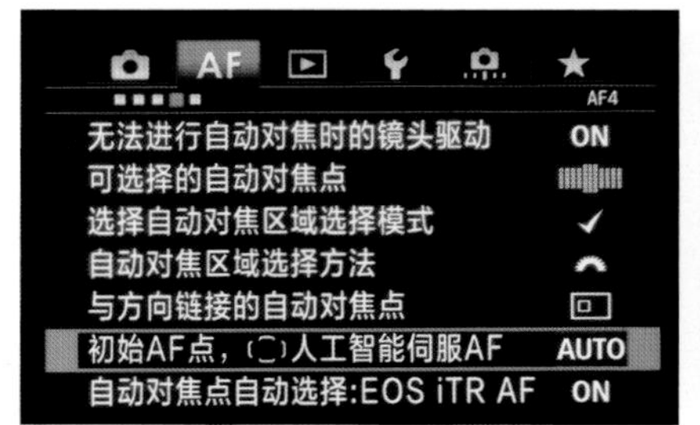

❶ 在**对焦菜单** 4 中选择**初始 AF 点，(〇)人工智能伺服** AF 选项

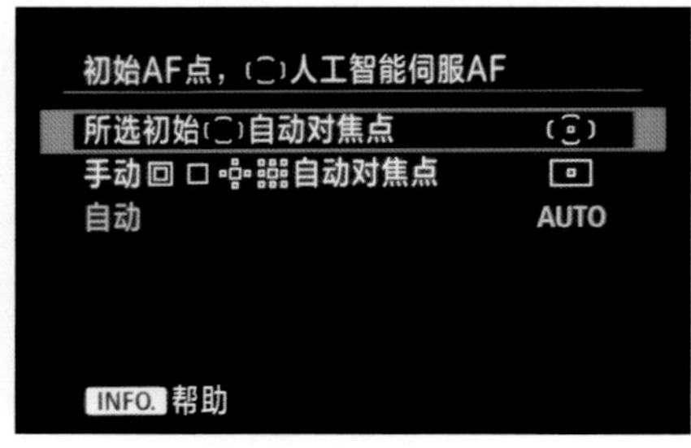

❷ 转动速控转盘◎选择所需的选项

> **提示**
>
> 根据前文对“自动选择：61 点自动对焦模式”所讲述的知识可知，选择这种对焦模式实际上就是希望由相机决定对哪些对象进行对焦，通常用于抓拍的情况。因此为了便于相机以更快的速度进行抓拍，建议选择“自动”选项。

- 所选初始(〇)自动对焦点：选择此选项，起始对焦点则为手动选择的自动对焦点。
- 手动自动对焦点：选择此选项，如果是从“手动选择：定点自动对焦、手动选择：单点自动对焦、扩展自动对焦区域：十字或扩展自动对焦区域：周围”这4个区域模式切换为“自动选择：61点自动对焦模式”时，起始对焦点则为之前区域模式所选择的自动对焦点。
- 自动：选择此选项，则起始对焦点会根据拍摄环境自动设定。

▼利用人工智能伺服模式拍摄儿童，可以更好地捕捉精彩瞬间「焦距：115mm｜光圈：F2.8｜快门速度：1/160s｜感光度：ISO200」

自动对焦点自动选择：EOS iTR AF

EOS iTR AF是一种较为先进的对焦功能，在此功能处于开启状态下时，如果相机以人工智能伺服自动对焦模式进行对焦，则相机能够记住开始对焦位置的被摄体颜色，然后通过切换自动对焦点追踪此颜色，以保持合焦状态；如果使用的是单次自动对焦模式，则相机能够更轻松地识别并对焦在人物的面部。

提示

此功能仅在相机处于“手动选择：区域自动对焦及自动选择：61 点自动对焦”两种自动对焦区域模式下可以开启并使用。

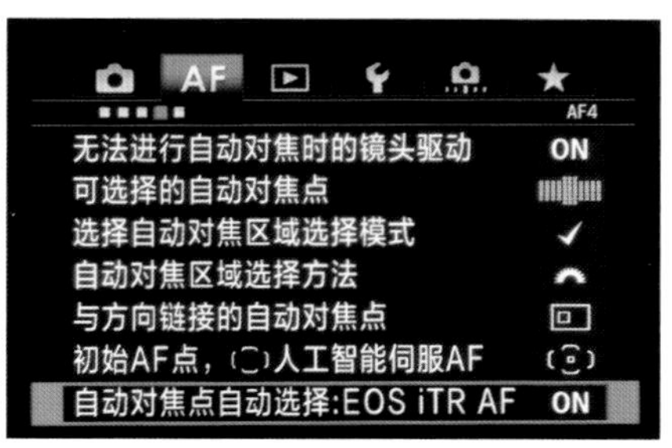

❶ 在**对焦菜单** 4 中选择**自动对焦点自动选择：** EOS iTR AF 选项

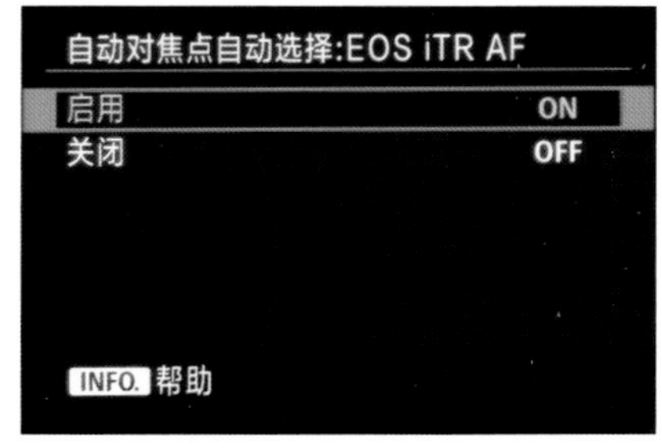

❷ 转动速控转盘◎选择所需的选项

- 启用：选择此选项，相机会根据脸部及其他细节自动选择自动对焦点。
- 关闭：选择此选项，则按常规方式进行自动对焦。

▼ 在拍摄运动场景时，建议启用此功能以保证拍摄成功率「焦距：280mm ｜光圈：F4｜ 快门速度：1/640s｜ 感光度：ISO1000」

所见即所得——活用实时显示拍摄方式

Chapter 17

实时取景显示拍摄优点

优点一：能够使用更大的屏幕进行观察

实时取景显示拍摄能够直接将液晶监视器作为取景器使用，由于液晶监视器的尺寸比光学取景器要大很多，所以能够显示视野率100%的清晰图像，从而更加方便地观察被摄景物的细节。拍摄时摄影师也不用再将眼睛紧贴着相机，构图也变得更加方便。

优点二：易于精确合焦以保证照片更清晰

由于实时取景显示拍摄可以将对焦点位置的图像放大，所以拍摄者在拍摄前就可以确定照片的对焦点是否准确，从而保证拍摄后的照片更加清晰。

优点三：具有实时面部优先拍摄模式的功能

实时取景显示拍摄具有实时面部优先拍摄模式的功能，当使用此模式拍摄时，相机能够自动检测画面中人物的面部，并且对人物的面部进行对焦。对焦时会显示对焦框，如果画面中的人物不止一个，就会出现多个对焦框，可以在这些对焦框中任意选择希望合焦的面部。

优点四：能够对拍摄图像进行曝光模拟

使用实时取景显示模式拍摄时，通过液晶监视器查看被摄景物的同时，液晶监视器上的画面会根据相机设定的参数自动调节明暗和色彩。例如，可以通过设置不同的白平衡模式并观察画面色彩的变化，以从中选出最合适的白平衡模式选项。

▲ 在使用实时取景显示模式拍摄人像时，可以采用实时面部优先模式，以保证人物对焦准确 「焦距：50mm ｜光圈：F3.2｜ 快门速度：1/500s｜ 感光度：ISO200」

▲ 以昆虫眼睛作为对焦点，对焦时放大观察人物眼部，发现了清晰的纹理，从而确定对焦成功了

▲ 使用实时面部优先模式，能够轻松地拍摄人像

▲ 在液晶监视器上进行白平衡的调节，照片的颜色会随之改变

设置实时显示拍摄的操作方法：将实时显示拍摄/短片拍摄开关拨至图标位置，然后按下按钮，反光镜被升起，液晶监视器中将开始显示图像，此时即可进行实时显示拍摄。

设置实时取景显示拍摄参数

显示网格线

操作步骤 设置显示网格线

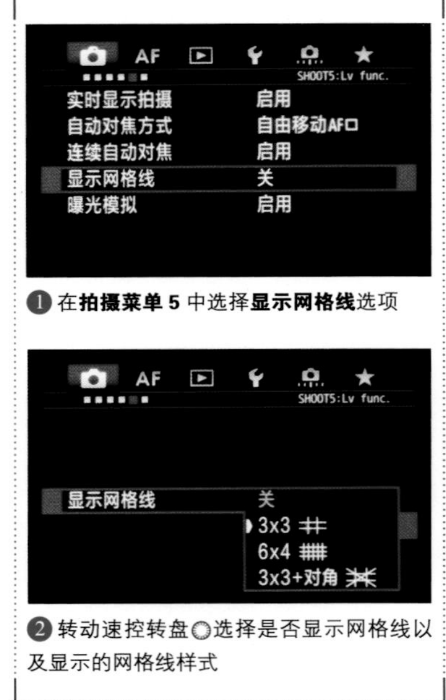

❶ 在**拍摄菜单 5** 中选择**显示网格线**选项

❷ 转动速控转盘◎选择是否显示网格线以及显示的网格线样式

提示

无论是拍摄照片还是拍摄视频，显示网格线都有助于拍摄操作，因此建议将其显示出来。

在实时取景显示模式下可以显示网格线，以便于摄影师在拍摄时进行构图。

利用“显示网格线”菜单，可以改变网格线的显示模式，在这里可以设置“关”“3×3”“6×4”或“3×3+对角”选项。

- 关：选择此选项，在拍摄时将不显示网格线。
- 3×3 ⧺：选择此选项，将显示3×3的网格线。
- 6×4 ⧻：选择此选项，将显示6×4的网格线。
- 3×3+对角 ⋇：选择此选项，在显示3×3网格线的同时，还会显示两条对角网格线。

▲ 在拍摄此风光照片时，利用了 3×3 的网格线辅助拍摄，使得水平线位于画面的上三分之一处，把画面重点放在海面与礁石的表现上，突出了画面的纵深感「焦距：20mm ｜光圈：F18｜ 快门速度：8s｜ 感光度：ISO100」

静音拍摄

在博物馆、音乐会等场合拍摄时，最好使用静音功能，以降低拍摄时发出来的声响对他人的影响，Canon EOS 5Ds/5DsR提供了“模式1”“模式2”和“关闭”3种静音拍摄模式。

- 模式1：选择此选项，拍摄时的噪音将小于通常拍摄，可以进行连拍。
- 模式2：选择此选项，拍摄时的噪音将减为最小，只能进行单拍。
- 关闭：如果使用TS-E镜头进行垂直方向移动或使用延伸管时，需选择该选项，否则会导致错误或曝光异常。

▲ 在音乐会现场拍摄照片时，为了不影响演员的表演以及其他观众欣赏音乐，采用了静音拍摄模式「焦距：200mm ｜光圈：F9｜ 快门速度：1/160s｜ 感光度：ISO640」

操作步骤 设置静音实时显示拍摄模式

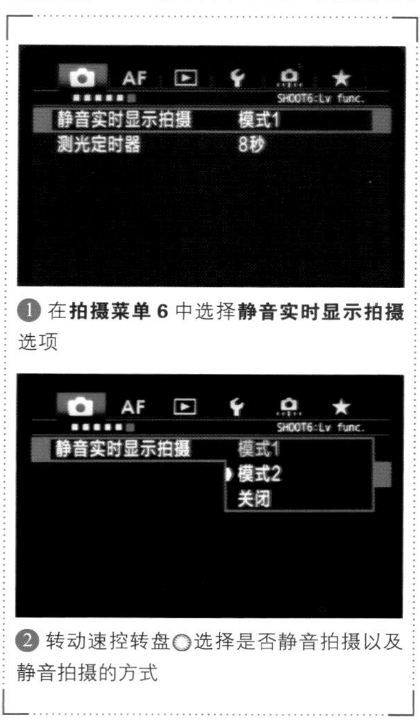

❶ 在**拍摄菜单 6** 中选择**静音实时显示拍摄**选项

❷ 转动速控转盘◎选择是否静音拍摄以及静音拍摄的方式

测光定时器

在实时取景显示模式下可以设置锁定曝光的时间长度，包括4秒、8秒、16秒、30秒、1分、10分和30分7个选项可供选择。

▲ 在实时取景显示模式下，利用测光定时器拍摄的照片「焦距：400mm ｜光圈：F11｜ 快门速度：1/500s｜ 感光度：ISO100」

操作步骤 设置测光定时器时间

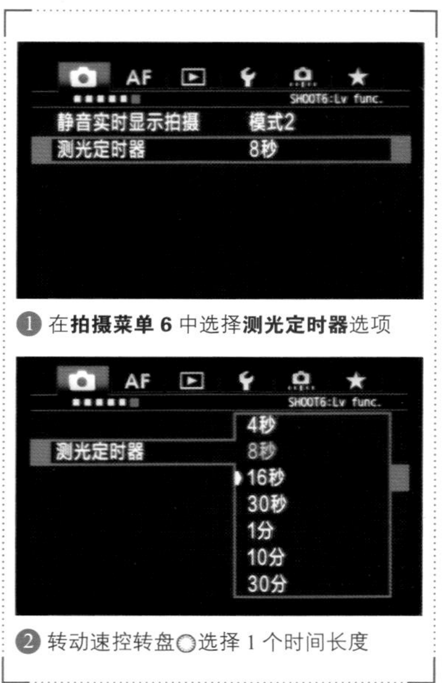

❶ 在**拍摄菜单 6** 中选择**测光定时器**选项

❷ 转动速控转盘◎选择 1 个时间长度

自动对焦方式

通过“自动对焦方式”菜单，可以选择最适合拍摄环境或者拍摄主体的对焦模式。

- ◌（面部）+追踪：相机检测并对人脸对焦。如果面部移动，自动对焦点也会移动以追踪面部。
- 自由移动1点：相机用1个自动对焦点对焦。想要对特定被摄体对焦时很有效。

操作步骤 设置自动对焦模式

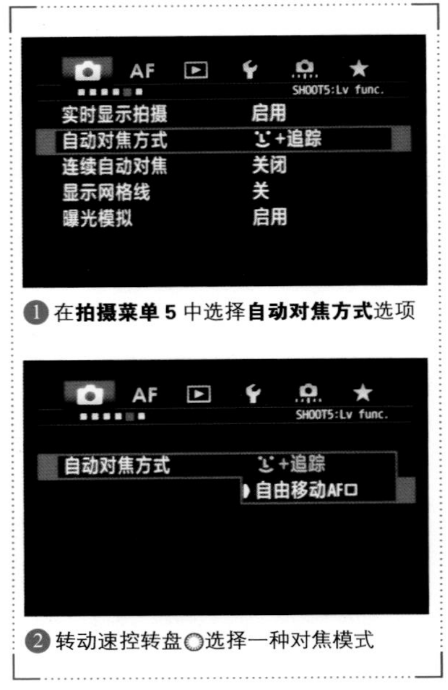

❶ 在**拍摄菜单5**中选择**自动对焦方式**选项

❷ 转动速控转盘◎选择一种对焦模式

摄影问答 实时显示拍摄能够代替取景器拍摄吗

答案显然是否定的，虽然使用液晶监视器进行实时显示拍摄具有诸多优点，但相对于取景器，仍有一些不足。

- 显示延迟：由于液晶监视器本身的特点，在取景时会有一定的延迟，因此对于抓拍、快速取景来说，性能还不能够满足需求。
- 耗电量大：采用实时取景显示拍摄时，液晶监视器需要不断接收并处理影像信息，因此会极大地消耗相机的电量。
- 对焦速度慢：使用液晶监视器进行实时显示拍摄时，采用的是相位对焦方式，有些类似摄影师手动对焦时转动对焦环，因此这个过程会比较慢。

➤ 采用自动对焦模式中的面部优先实时模式拍摄人物，可以使人脸获得准确的对焦「焦距：85mm | 光圈：F2 | 快门速度：1/640s | 感光度：ISO200」

那些年我们一起追过的“麻豆”——人像摄影理念与技巧

Chapter 18

人像摄影理念

一定要找到最美的角度

要让照片中的模特看上去比真人更美，需要摄影师用心观察模特的五官，并在拍摄时找到最好看的角度。

每一个模特的面部都可分为额骨、颞骨、颧骨、上颌骨、下颌骨。在拍摄前，化妆师必须要明白，面部的哪些不足可以被修饰、弥补，哪些不需要被修饰、弥补。常见的脸型修饰手法是，用刘海修饰额骨部分，如最常见的大额头；用两侧垂下的头发修饰下颌骨，如常见的宽脸盘。颧骨部分与鼻形、唇形、眼睛的大小，均可以通过化妆的手法进行美化。

完成化妆后，摄影师则必须依靠调整相机的角度、模特相对于光源的位置来使模特在画面中呈现最完美的一面。

例如，抬高相机拍摄能让鼻子在照片中看上去长一些，而下巴和下颌的线条更窄，前额更宽；降低相机拍摄会让鼻子在照片中看上去更短一些，并且不再强调前额，转而强调模特下颌的线条与下巴。又如，拍摄四分之三面部的肖像时，要让模特较小的眼睛（通常人的两只眼睛大小不同）靠近相机，这种姿势会使较远的眼睛看起来比较小，因为它到镜头的距离比另一只眼睛远，最终这种透视效果会让照片中的两只眼睛看起来一样大。

▲ 每个人都有适合自己的最美角度，拍摄人像时要选择能展现其美的一面，由于模特的下颌较方，不适合以仰视的角度进行拍摄，因此改为平视角度并且从侧面进行拍摄，获得了理想的画面效果「焦距：85mm ｜光圈：F2.8｜ 快门速度：1/160s｜ 感光度：ISO200」

学习技巧 利用微信公众号学习人像摄影的技巧

许多知名人像摄影工作室都开设了微信公众号，并定期发布自己的作品，通过随时随地欣赏这些微信公众号的人像作品，可以使自己的人像摄影审美水准在不知不觉中提高，并在第一时间接触到最前沿的摄影理念与作品风格。下面是笔者订阅的微信公众号知名婚纱摄影集团——V2 视觉其中的一期作品。

通过情景模拟重塑形体动作

除了专业模特外，大部分被拍摄的人在镜头前总是表现得很扭捏、拘谨，不知道应该摆哪种姿势，手应该放在哪里。虽然，许多摄影师会拿一些摆姿书给模特看，并要求模特按摆姿书中的姿势安排自己的肢体动作，但通过这种方法摆出的姿势难免有些呆板。而如果采用下面的情景模拟法，则能够帮助这类模特发挥潜在的表演天赋，展现更加富有魅力的动作与形体。

简单地说，就是让被摄者想象出来一个与自己工作或生活相关的场景，并以表演的方式将其表现出来。

例如，可以让模特想象自己正在进行激烈的排球比赛，这样模特就能够发挥自己的想象，做出一连串与其相关的动作，而摄影师则需要在这些动作中，选择最能够表现被摄者特质、性格的动作加以表现。

除了想象那些与自己工作、生活相关的场景外，也可以天马行空想象一些另类的场景，从而拍摄出事先根本无法预演、规划的另类肢体动作。

例如，可以让被摄者想象自己正走在一团蓬松的棉花上，或行走在泥泞的沼泽里，又或者行走在海水中。

如果模特有较好的想象力，就能够做出不同的，看上去很时尚、很酷、很有气势的动作，而这些动作几乎完全无法教授，更不可能在各类摆姿书中看见。

▲ 让三个女孩模拟打排球的场景，这样不仅可使女孩在拍摄时更加放松，最终拍出的画面也很有情景感
「焦距：35mm ｜光圈：F5.6｜ 快门速度：1/800s｜ 感光度：ISO200」

摄影问答 学习人像摄影应该从小景别开始，还是从大景别开始

小景别指的是近景、特写，最多到半身人像的景别类型，而大景别通常是指全景、远景景别。由于小景别的主体更容易突出，布局更容易安排，因此对于初学者而言，拍摄小景别的难度更低，更容易出好片。而大景别场景中的元素多样，需要较高的构图水准才能够使画面中的主体更突出。

由此，不难得知，如果从小景别入手，则遵循的是循序渐进的学习规律，学习难度由低到高，只要不是一直练习拍摄小景别，终究能够掌握大景别拍摄技巧。而如果直接从大景别入手，虽然，刚开始上手有一定难度，但只要掌握了大景别场景拍摄的技巧，就能够轻松驾驭小景别场景。

以小景别照片通常被称为“大头照”，即画面中模特的头、肩部突出。只要模特够靓丽、光圈较大、前景及背景虚化得当，这类照片通常都能够令人满意，但如果要拍摄出更出色的照片，就应该以大景别进行拍摄，让人与景物充分融合。

摄影问答 为什么拍摄业余模特时，有许多好照片反而是意外拍摄出来的

许多专业的人像摄影师会通过引导使模特进入专业表演状态，从而拍出好照片。但这种方法不适用于业余模特，因为，她们通常没有专业的表演才能，无法在眼神或肢体动作方面进入摄影师需要的状态。此时，摄影师会同样采取引导的方法使模特慢慢进入需要的状态，但拍摄的重点不在于模特最终进入的状态，反而是模特进入状态之前所表现出来的努力、尝试与思索，而这就是许多摄影师所指的“意外”。

例如，摄影师可能会要求模特表现一种心事重重的状态，模特可能经过种种尝试均无法完美地达到摄影师需要的效果，但这并不妨碍摄影师将模特的种种尝试状态都拍摄下来，并从中找到令人满意的佳片。

这种拍摄方法也被称为“摆中抓”，即在模特摆姿势的过程中进行抓拍。

让手为画面增色

当被摄者站立时，手的摆放是一件非常重要的事。

如果拍摄的是男人，可以让他的胳膊交叉在胸前，以塑造出一种给人感觉坚强、刚毅的姿势。交叉双臂时要让男性轻轻地抓住二头肌，手指稍稍分开一点，否则动作会显得僵硬、拘束。另外，双臂要稍离开身体一点，否则胳膊会由于紧贴着身体而被压平，此时双臂看上去会显得更粗大。如果希望塑造一个稍显轻松的姿势，可以将手放进裤兜中，或者把拇指放在外面钩住口袋。

如果拍摄的是女性，要让其一只手放在臀部，另一只手放在身体的一侧，稍稍侧身站立，以展示优美的身体曲线。如果要用手扶住面部或另一侧的胳臂，一定不能太用力，以防止面部或胳臂肌肉变形。

总而言之，女人的手应该含蓄、优美，而男人的手应该有力。

➤ 让身穿民族服饰的女孩双手轻握放在身前，含蓄的姿势与其温婉的气质很相符「焦距：50mm ｜光圈：F2.8｜ 快门速度：1/250s｜ 感光度：ISO100」

拍摄技巧 让女性的手看上去更纤细

在拍摄时不应该让手背正对着相机镜头，而应该通过调整手部的姿势，使手侧对着相机，减少手的可视面积，这样就能够使手看上去更纤细、玲珑。

拍摄技巧 使模特的皮肤看上去更白皙

在拍摄女性时，为了使模特的皮肤看上去更加白皙，通常要在拍摄时增加曝光补偿，以提高模特皮肤的亮度。

摄影问答 如何理解手在摆姿中的遮挡作用

虽然有许多女性保养得很好，单纯从其面部基本上看不出岁月的痕迹，但颈部、肘部等部位的细节却会暴露女人真实的年龄。在拍摄这类女性时，可以引导模特用手部的动作来遮挡颈部的细纹，从而使照片中的人像看上去青春靓丽、光彩动人。此外，如果面部有瑕疵，如小的粉刺、暗沉的色素块，也可以通过设计适当的动作，以手来进行遮挡，以省去后期修饰的麻烦。

摄影问答 什么是糖水片，如何拍好糖水片

糖水片是指画面影调明亮、色彩鲜艳、模特靓丽、焦点清晰、虚化得当的照片，这类照片会让绝大多数人感到愉悦。

虽然，许多专业的摄影师不屑于拍摄糖水片，但对于摄影爱好者而言，拍出漂亮的糖水片也并非易事。

首先要确保所选择的场景与模特具有一定的美观度，还要在拍摄时确保照片的画质精细、曝光准确、色彩搭配得当、模特神情到位，最后，要根据需要对照片进行修饰，如适当磨皮、增加眼神光、修饰身形等。

善用道具为照片增色

对普通人以及部分初入行的模特来说，手的摆放都是一个较难解决的问题。手足无措是她们此时最真实的写照，但如果能让模特手里拿一些道具，如一本书、一簇鲜花、一把吉他、一个玩具、一个足球或一把雨伞等，都可以帮助她们更好地表现拍摄主题，且能够更自然地摆出各种造型。道具有时也可以成为画面中人物情感的通道和构成画面情节的纽带，让人物的表现与画面主题更紧密地结合在一起，从而使作品更具有感染力。一些拟人化的小道具，如毛绒小猫、小狗、小熊还让模特感觉自己不再“孤单”，这有助于减轻模特的紧张感与焦虑感，从而使模特慢慢放松下来，进入摄影师需要的拍摄状态。

下表列出了一些常见的道具及其对画面表现的作用，供读者参考借鉴。

道具	作用
造型首饰、时装与高跟鞋等	拍摄时尚沙龙感觉的照片
各种乐器	拍摄强调音乐气质与格调的影像
古典或时尚的沙发椅、躺椅	拍摄摄影棚个人沙龙照、情侣婚纱照
中式古典乐器、刺绣织品、古玩与字画等	拍摄中式古典风格影像
小型茶几、圆桌及简易家居摆设	可强化主题、美感与情境效果，以陪衬人物主体
造型台灯、大型书籍、小摆饰、鹅毛笔等	小型辅助性道具，用于拍摄人像特写时强化美感
各种花卉的单枝、花束或捧花	常用于拍摄少女人像与婚纱主题
旧电影海报、早期杂货店用品及摆饰、砖墙及木质桌椅等	拍摄怀旧主题影像
日式头饰、扇子、纸伞、纸门窗等	拍摄日式气氛的主题
现代极简风格家具及艺术品	拍摄现代风格影像
皮箱、电风扇、打字机等	拍摄复古式影像
小猫、小狗或心爱的收藏品等	拍摄可爱、纯洁主题人像

毛茸茸的玩具熊不仅为冬季场景增添了温暖的气息，也将女孩俏皮、天真的感觉衬托得更突出「焦距：35mm | 光圈：F5 | 快门速度：1/320s | 感光度：ISO100」

重视眼神的力量

一位作家曾经说过："千万不要爱上戴面具的人，因为你永远不会知道背后的人是谁，是男人还是女人。"无论是看1000张面具狂欢节照片，还是看100张面具狂欢节照片，很少有人能记住他们。原因是在这样的照片中，看不到眼睛，只能看到一个简单的、空洞的、毫无生气的面具。然而，如果摄影师能够表现出面具背后的眼睛，则整张照片会因为眼神生动起来。因此，无论拍摄哪一类人像摄影作品，摄影师都必须想尽一切办法，将焦点与关注力放在被摄者的眼睛上，因为这是通往被摄者心灵的窗户。

调动情绪让眼睛焕发神采

让被摄者的眼睛保持活力、有生气的最好办法是与其交谈。与妈妈议论她的孩子，与年轻女模特谈论她的男友或闺密，与男模特谈论他的事业或理想，与小朋友讨论他（她）的"惊人发现"，与老人一齐回顾他（她）的峥嵘岁月，都能够引起他们兴趣，而摄影师要做的，则是伺机捕捉到他们"闪闪发光"的眼神。如果被摄者在说话时眼神暗淡、呆板、拘谨、闪躲，则表明他（她）对交谈的话题不感兴趣，这时应及时切换话题。

◀ 摄影师在传统装扮的新娘撩起串珠的瞬间，重点表现了其明亮的眼睛，专注、深情的大眼睛在画面中非常引人注目「焦距：85mm ｜ 光圈：F2.8 ｜ 快门速度：1/400s ｜ 感光度：ISO100」

摄影问答 拍摄模特的左侧脸与右侧脸一样吗

虽然人的脸是对称的，但并不代表左侧与右侧是完全相同的，几乎所有人都有一侧脸更"上相"一些。因此，在拍摄模特时，一定要先询问模特哪一侧面部更上相一些，如果模特自己也不清楚，可以分别以相同的角度拍摄出来比较一下。大部分专业模特都能够清楚地告诉摄影师自己哪一侧面部的线条更优美一些。

摄影问答 什么是视向空间构图法，在人像摄影中如何运用

视向空间指模特斜视时，面部距离照片画框边缘的空间距离。通常在构图时，应该在视线方向保留充足的视向空间，从而使画面有较好的延伸感与平衡感。

但需要指出的是，如果要表现压抑、闭塞、沮丧的感觉时，可以采取与上述理论完全相反的方法构图，即在视线方向不保留过多空间。

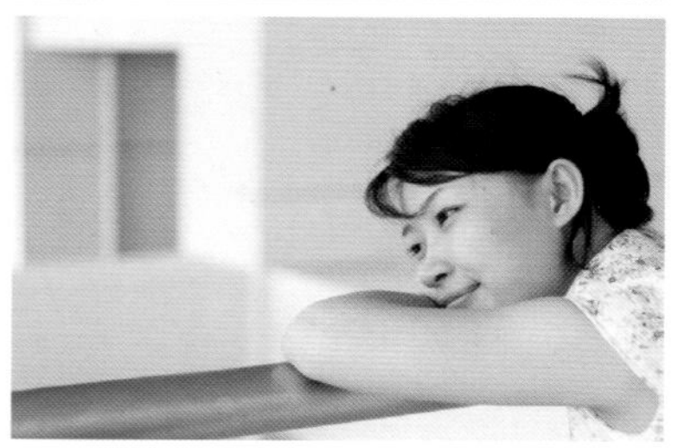

平和、自信的平视眼神

如果在拍摄时，让模特平视镜头，会给人率真、易沟通的感觉，但由于观者会与模特的眼神直接接触，因此照片显得不够含蓄，没有太多想象空间。

➤ 当模特平视望向镜头时，平静的眼神给人一种自信的感觉「焦距：85mm ｜光圈：F2..8｜ 快门速度：1/160s｜ 感光度：ISO100」

感伤、忧郁的俯视眼神

当模特的视线向下时，画面感觉含蓄、内敛，配合环境、光线与表情，能够表现出伤感、忧郁的感觉。在拍摄时，模特的目光可以停留在画面中注视某一个陪体，也可以将视线的落点放在画面外，使画面成为开放式结构。

➤ 低垂的眼帘给人一种回避的感觉，好似心中有许多说不出的伤感「焦距：50mm ｜光圈：F1.8｜ 快门速度：1/400s｜ 感光度：ISO320」

乐观、俏皮的仰视眼神

当模特仰视时，能够表现出浪漫、纯真的气质。配合环境、道具与表情，能够给观者或充满憧憬、或乐观、或俏皮的感觉。

➤ 女孩仰视的表情很引人注目，将其俏皮的性格表现得很好「焦距：85mm ｜光圈：F2.2 ｜快门速度：1/320s ｜感光度：ISO200」

利用眼神光增加神采

所谓眼神光，是指利用光的照射角度在模特的眼球上形成的光斑，有眼神光的眼球看上去犹如透明的晶体，人像也显得炯炯有神。

光源不同，眼睛里反光点的形状、大小和位置上也不同。例如，在室内拍照时，光线从远离被摄模特的窗户照射进来，在模特的眼睛里就会出现明亮的小窗影。而利用闪光灯进行补光时，会在眼睛中央造成细小的白点。使用反光板或反光伞进行补光时，会在模特的眼睛上形成一个较大的反射区。

为模特增加眼神光时，要注意使之保持平衡，不能出现一只眼睛有眼神光而另一只眼睛没有的情况。例如，制造眼神光的光源位置不宜过高，否则，当两只眼睛不在一条水平线上时，就有可能出现只有一只眼睛出现眼神光的情况。

➤ 拍摄时在模特前面放置一块反光板，使模特的眼睛中出现了两块高光点，使得水汪汪的眼睛看起来非常明亮、有神「焦距：50mm ｜ 光圈：F3.2 ｜ 快门速度：1/125s ｜ 感光度：ISO400」

摄影问答 眼神光的大小与什么有关

眼神光的大小与光源的面积大小相关。宽大的光源，如明亮的天空、窗口或反光的墙壁，它们形成的眼神光就会大而柔和；而太阳、闪光灯等点光源形成的眼神光会明亮而细小。眼神光的大小会表现出不同的情感特征，明亮、细小的光，可以表现出锐利、欢快的情感效果，面积较大的眼神光显得散漫而柔和，能够造就迷离、舒适的感情状态。

拍摄技巧 借助反光板营造漂亮眼神光的技巧

在拍摄人像时，为了使模特的眼睛看起来更加灵活、精神，可使用反光板组合进行反光，使被摄者眼睛中出现眼神光。在拍摄时，需要对反射光线的角度进行细致的调整，仔细确认反光板的位置，直到被摄者眼中出现满意的眼神光。通常，反光板要略高于模特的头部，以使眼神光点位于眼球偏上方，如果眼神光点靠下，人像会显得有点“走神”。

拍摄技巧 拍摄蓦然回首、嫣然一笑画面的技巧

要拍摄这种效果，摄影师一定要告诉模特要诀——向前走、大转身、找镜头。

按此方法拍摄时，一定要注意观察太阳的位置，模特转身后面对的方向绝不可以背光，否则会拍出“黑脸”的效果。另外，在拍摄前一定要练习转身后手臂的摆放位置，转身时一定要适当扭胯部，这样才能使模特的裙子飘扬起来，同时眼神要坚定地看向镜头。

必须掌握的构图技巧

对于人像摄影来说，人物是照片所要表达的主要对象，是画面的重要组成部分。它不仅是画面内容的中心，而且是画面结构的中心，其他景物都要围绕人物形成一个整体。所以说，构图的最根本原则就是突出人物。在人像摄影中，模特的形体动作虽然千变万化，但还是有一些规律可循，摄影师在长期拍摄实践中总结出来了如下一些人像摄影构图方式。

摄影问答 为什么高跟鞋对于突出女性的曲线很重要

许多摄影师认为如果拍摄的是特写或半身人像，穿不穿高跟鞋并不重要。其实这是一个认识上的误区，众所周知，高跟鞋能够让模特的身形显得更加挺拔，因此，即使拍摄的是看不见足部的人像，也应该让模特穿上高跟鞋，以避免其身体松懈、垮沉。

利用S 形构图展现女性婀娜曲线

S形构图在人像摄影中是常用的构图形式，可以很好地表现女性性感、优美的身体曲线。

要点 1：侧身站立扭转身体

在表现柔美的女性时，可让模特侧身站立并扭转身体，会表现出天然且自然的曲线线条，这样的画面最能表现出女性的妩媚多姿。

要点 2：善用手臂、腿部姿势

如果拍摄角度不利于表现女性的身体线条时，还可以通过轻微扭动身体并配合手臂、腿部的姿势形成S形曲线，得到柔美而富有动感的画面。

要点 3：利用地势形成曲线

如果拍摄的环境中有小矮凳、低台阶，可以让模特以一条腿为中心，另一条腿站在这些支撑物上，使腿部形成优美的线条。

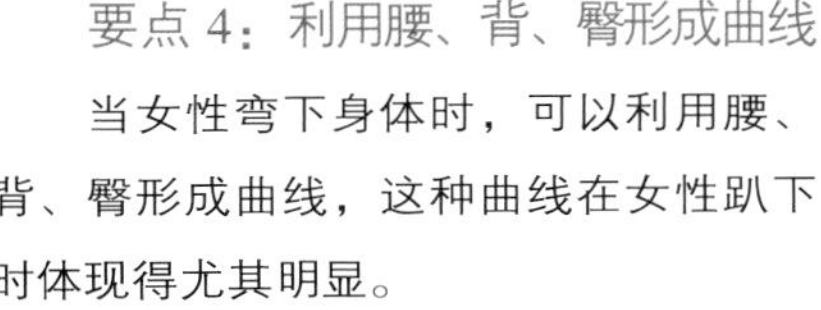

要点 4：利用腰、背、臀形成曲线

当女性弯下身体时，可以利用腰、背、臀形成曲线，这种曲线在女性趴下时体现得尤其明显。

利用斜线构图表现修长身材

斜线构图在人像摄影中经常被用到。当人物的身姿或肢体动作以斜线的方式出现在画面中，并占据画面足够的空间时，就形成了斜线构图方式。斜线构图所产生的拉伸效果，对于表现女性修长的身材或者对拍摄对象身材方面的缺陷进行美化具有非常不错的效果。

要点 1：斜线构图突出修长的腿

如果模特以坐姿拍摄，可借助于广角镜头的透视效果拉伸模特的双腿，使其看起来非常修长，从而使双腿与身体形成斜线。

以稍微仰视的角度拍摄的画面，斜线式构图突出了模特优美、修长的腿部，画面看起来也很活泼「焦距：16mm | 光圈：F4 | 快门速度：1/250s | 感光度：ISO320」

要点 2：斜线表现延伸感

拍摄躺姿人像时，可以将相机倾斜到一定角度进行拍摄，从而使模特的身体形成斜线，这样可以避免画面显得呆板，还可以增加画面的延伸感。

通过适当地旋转相机，将人物安排在画面的斜线上，使其身体在画面中形成一条斜线，这样看起来有种延伸感，也避免了画面呆板「焦距：50mm | 光圈：F3.2 | 快门速度：1/100s | 感光度：ISO100」

拍摄技巧 利用新摄姿拍摄出新画面的技巧

"摄姿"指的是摄影师在拍摄时采用的姿势，大部分摄影爱好者会采用端正站立的姿势拍摄人像，但这种常用的摄姿往往拍摄出来的是在视觉上较平淡的画面。因此，摄影师要因地制宜，采取新的摄姿进行拍摄，例如，可以站在椅子上、躺在地上、趴在沙发上、斜侧着身体进行拍摄，以通过改变摄姿来改变视角，拍摄出令人耳目一新的人像作品。

拍摄技巧 拍摄身材娇小模特的技巧

如果要拍摄的模特身材较为娇小，可以考虑在拍摄时使用下面的几个小技巧。

1. 使用广角拉伸。广角镜头具有拉伸线条的作用，在拍摄时可以用全景、以仰视角度拍摄模特，从而使模特的身材看上去更挺拔。注意拍摄时一定要靠近模特，并在拍摄时检查画面，确保画面中没有杂乱物品出现。

2. 变换摆姿。拍摄此类模特时，可以优先考虑采用蹲姿、坐姿进行拍摄，以营造小鸟依人、清纯可爱的感觉。

3. 避免出现参照物。人们总是通过参照物来判断模特身材的高矮，如果在画面中没有明显的参照物，则模特身材的劣势就不再明显。

拍摄技巧 让模特面部看上去更瘦的摆姿技巧

在拍摄时，让模特的头部向前伸出，可以达到瘦脸的效果。这个动作的好处是，一来可以延伸颈部的长度，二来可以拉伸面部的肌肉，让面部看上去更瘦，三来避免出现双下巴。这个姿势从侧面看很怪异，因此不适合从侧面进行拍摄，只适合从模特的正面进行拍摄。

利用画框式构图突出人像

画框式构图是指利用前景形成框架，将主体包围起来所形成的一种构图形式。在拍摄时为了突出表现人物主体，使其成为画面的视觉中心，常常使用画框式构图来引导观者的视线。画框式构图能够丰富画面的景物层次，强化画面的空间感，将观者的视线引向人物主体，使人物主体更加突出，同时还具有一定的装饰性，能够美化画面、增添画面的形式美感。此外，画框式构图也是排除杂乱背景的有效手段。

要点 1：利用门窗作框

如果在建筑物内进行拍摄，可以考虑用窗、门等来制作“画框”，拍摄后得到“犹抱琵琶半遮面”的意境。

▲ 利用窗户形成画框式构图，此时背景会变暗一些，从而将模特的皮肤衬托得更加白皙「焦距：50mm ｜光圈：F5｜ 快门速度：1/250s｜ 感光度：ISO400」

要点 2：利用双手作框

以手作框最为方便，且变化灵活，模特通过摆出圆形、方形的手势置于前景，可以轻易突出模特的面部或眼睛。

▲ 利用双手形成框式构图，不仅将观者的目光都吸引到模特身上，俏皮的动作也将其活泼、可爱的性格表现出来了「焦距：35mm ｜光圈：F1.4｜ 快门速度：1/160s｜ 感光度：ISO640」

要点 3：虚化前景植物作框

如果在公园或野外进行拍摄，可以考虑将虚化的绿植或花卉作为前景形成框架，不仅渲染了画面气氛，还可以起到突出主体的作用。

▲ 虚化前景中的黄花形成框式构图，明媚的颜色不仅将画面点缀得很美观，也衬托出了远处一对新人的幸福与甜蜜「焦距：85mm ｜光圈：F3.5｜ 快门速度：1/500s｜ 感光度：ISO100」

要点 4：用心发现不规则框架

在实际拍摄时只要用心发现，很多景物都可以用来作为框架，例如，人物的身体、建筑的缝隙、书架的间隙等。

但需要注意的是，这样的框架构图前景需要做虚化、剪影处理，同时前景色彩也不宜过亮或过多，以免干扰主体。

▲ 利用书架形成不规则的框式构图，不仅表明了拍摄环境，也很符合女孩知性的气质「焦距：35mm ｜光圈：F2.8｜ 快门速度：1/250s｜ 感光度：ISO160」

拍摄技巧 压低视角增加画面立体感

在拍摄人像时，取景拍摄的角度是决定画面立体感的关键因素之一。

通常，当模特端正站立时，如果以趴下的姿势拍摄，地面的消失线会位于模特的脚踝处；如果以蹲姿进行拍摄，地面的消失线会位于模特的膝盖或腿的上部；如果以站姿拍摄，则地面的消失线会继续升高而位于模特的腰部或臀部。

当地面的消失线越低时，模特在画面中显得越发突出、立体。因此，拍摄时取景的角度越低，画面的立体感就越强。许多专业的摄影师在拍摄时，往往采用常规角度拍摄后，会再趴在地上拍摄一组，就是因为这个原因。

下面的两张照片中，上方照片的立体感比下方的更强，也是因为压低了拍摄视角。

利用“点”进行布局

拍摄户外人像时，通常采用全景景别，此时，一个非常重要的问题是确定模特在画面中的位置。比较好的解决方法是利用“点”的概念进行布局，当模特被视作一个点后，可以全面观察点与背景或点与点之间的关系，以及点在画面中的轻重、大小、比例等。

只有将模特视作一个点，才能够使摄影师的关注点从模特的面部、肢体语言上脱开，从而用心处理模特与背景的关系，获得令人满意的布局效果。

▲由于背景处有两个被虚化的雕塔，以点布局来考虑整个画面的构图时，最佳位置就是模特所处的右下角，使得画面中两个雕塔与模特形成远近、虚实不同的点，画面看起来充满动感与节奏感。此外，在拍摄时刻意安排模特向右侧张望，形成模特似乎在观察右侧雕塔的错觉「焦距：135mm｜光圈：F2.8｜快门速度：1/2500s｜感光度：ISO100」

人像摄影影调

由于光线、人物服装以及背景颜色等不同因素的共同作用，人像照片会呈现出不同的影调与色调。

高调人像

高调人像的画面影调以亮调为主，暗调部分所占比例非常小，较常用于女性或儿童人像照片，且多用于偏向艺术化的视觉表现。

要点 1：利用浅色的环境

在拍摄高调人像时，模特应该穿白色或其他浅色的服装，背景也应该选择相匹配的浅色，例如，白墙、白床等，并在顺光的环境下进行拍摄，以利于画面的表现。

➤ 画面中的环境以浅色为主，在增加了 0.7 挡的曝光补偿后，形成高调的画面效果，看起来十分清新「焦距：35mm ｜光圈：F5｜ 快门速度：1/250s｜感光度：ISO100」

要点 2：选在光线不强的天气

阴天、雾天时的环境以散射光为主，此时先使用光圈优先模式（Av挡）对模特进行测光，然后再切换至手动模式（M挡）并降低快门速度以提高画面的曝光量，如果光线不充足，要使用闪光灯、反光板补光。

➤ 在室内拍摄时，从窗户透过来的光线比较柔和「焦距：43mm ｜光圈：F3.2｜ 快门速度：1/100s｜ 感光度：ISO100」

要点 3：适当增加曝光补偿

当然，也可以根据实际情况，在光圈优先模式（Av挡）下适当增加曝光补偿的数值，以提亮整个画面。

要点 4：纳入少量深色调点缀画面

为了避免高调画面有苍白无力的感觉，要在画面中适当保留少量有力度的深色、黑色或艳色，例如，少量的阴影或其他一些深色、艳色的物体，如鞋、包、花等。

➤ 素净的画面中女孩玫粉色的衣服和娇艳的花卉非常突出，避免高调画面给人单调的感觉，画面看起来非常清新、淡雅「焦距：55mm ｜光圈：F2.8｜快门速度：1/160s｜ 感光度：ISO100」

低调人像

低调人像的影调构成以较暗的颜色为主，基本由黑色及部分中间调颜色组成，亮部所占的比例较小。

要点1：选择深色的环境

在拍摄低调人像时，如以逆光的方式拍摄，应该对背景的高光位置进行测光；如果是以侧光或顺光方式拍摄，通常是以黑色或深色作为背景，然后对模特身体上的高光进行测光，该区域以中等亮度或者更暗的影调表现出来，而原来的中间调或阴影部分则再现为暗调。

要点2：室内布光灯光要少

在室内或影棚中拍摄低调人像时，根据要表现的内容，通常布置1~2盏灯光。比如正面光通常用于表现深沉、稳重的人像；侧光常用于突出人物的线条；而逆光则常用于表现人物的形体造型或头发（即发丝光），此时，模特宜穿着深色的服装，以与整体的影调相协调。

◀ 利用小面积的硬光打亮模特的面部，画面给人一种厚重感「焦距：28mm｜光圈：F2｜快门速度：1/60s｜感光度：ISO100」

要点3：减少曝光补偿压暗画面

可以根据实际情况，在光圈优先模式（Av挡）下适当减少曝光补偿的数值，以压暗整个画面。

◀ 低调人像颜色偏暗，注重表现神秘气氛，如果怕出现过亮的现象，可减少1挡左右的曝光补偿来压暗画面「焦距：35mm｜光圈：F4.5｜快门速度：1/60s｜感光度：ISO100」

要点4：纳入少量亮色调点缀画面

在拍摄时，还要注重运用局部高光，如照亮面部或身体局部的高光以及眼神光等，或在画面中加入少量浅色、艳色的陪体，如饰品、包、衣服、花等，使画面在总体的深暗色氛围下呈现生机，以免使低调画面灰暗无神。

◀ 昏黄的蜡烛打亮了模特一侧的面部和身体，在黑色背景的衬托下模特优美的身体曲线很突出「焦距：120mm｜光圈：F6.3｜快门速度：1/50s｜感光度：ISO200」

拍摄中灵活运用反光板

使用反光板为背光阴影区补光

在逆光条件下拍摄人像时，背景通常比较亮，此时，如果不采取补光措施直接拍摄，则人像的面部通常比较暗，会直接破坏照片的美感。常用的方法是在模特的前方使用反光板为其面部补光。

▲ 傍晚时分的逆光产生的金色光晕效果非常漂亮，同时，金色的逆光还为人物增加了漂亮的轮廓光效果，为了使模特的面部不会太暗，从下方对其面部进行了补光「焦距：135mm ｜光圈：F2｜ 快门速度：1/800s｜ 感光度：ISO200」

摄影问答 反光板的类型有哪些

反光板的类型较多，面积大的反光板其直径能超过 2 米，小的也有 1 米，可以将其折叠放在小包中，因此出行携带较为方便。

反光板有金、银、黑、白 4 种颜色的表面，因此可以反射出不同的光线，此外还有一个半透明的柔光板。

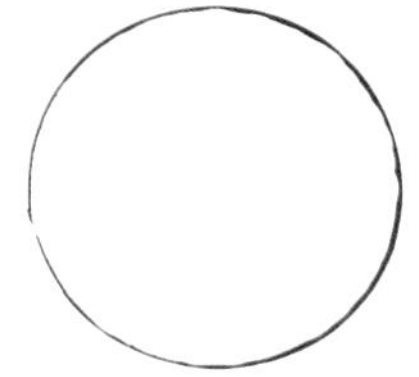

▲ 白色反光板

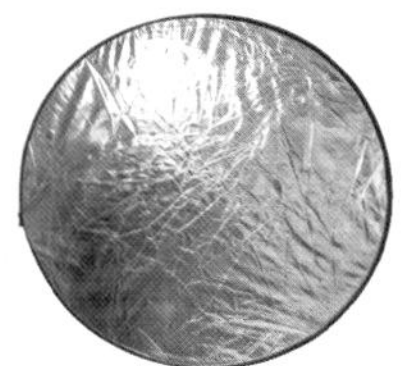

▲ 银色反光板

▲ 金色反光板

▲ 黑色吸光板

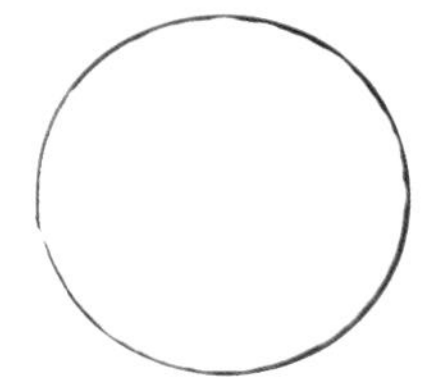

▲ 柔光板

拍摄技巧 **避免拍出“黑脸”模特的技巧**

要避免拍摄出“黑脸”模特，关键就是让模特的面部充分受到阳光照射，而要做到这一点，其实只需要摄影师给模特一个口令——看天空找太阳。这样即可使模特的面部朝向正确的方向，而摄影师需要在模特看向太阳的极短时间内进行抓拍。但这种方法不太适合阳光过于强烈的情况。

摄影问答 **如果用于补光，反光板放在什么位置比较好**

通常情况下，如果没有使用闪光板或其他补光用具，仅使用反光板进行补光，则反光板要尽量靠近相机的位置，以使反射出来的光线从接近相机的方向照亮模特的阴影区域，使眼窝等凹陷处得到充足补光。

摄影问答 **是否能够用反光板制造出逆光或侧逆光效果**

如果在拍摄时，将反光板安排在模特的侧后方，使反光板与相机的夹角在150° 左右，则可以使反光板反射出来的光线成为逆光或侧逆光，但此时使用的反光板面积应该较大，以确保反射出来的光线比较强。

摄影问答 **没有反光板如何补光**

虽然反光板是拍摄人像必备的工具之一，但并不是所有摄影爱好者都会购买，也并不是所有摄影师在外拍时都会携带，因此，有必要掌握没有反光板的情况下进行补光的技巧。

由于反光板的原理是通过反射光线来进行补光，因此，可以按此原理在拍摄场景周边寻找能够反光的景物，例如，白色的墙壁、浅色的窗帘、大面积的白色海报、白色的浴缸等都可以临时充当反光板来反射光线。

此外，如果摄影师自身穿的是白色或颜色较浅的衣服，也可以利用衣服进行补光。

用银面反光板补硬光

通常五合一反光板有五种颜色，其中最常用的是银面。由于银面反光板的反光度很高，因此，通常用于在光线较弱的环境中为人物补光。在拍摄时，可以通过改变银面反光板与被摄者的距离调整反光强度。当反光板距离补被摄者较远时，反射光线较弱，反之，当反光板距离被摄者较近时，反射光线较强，但也正因如此，需要注意调整反光板的角度，以避免被摄者由于强反射光无法睁开眼睛。

▲ 使用银面反光板为人物补光，并适当缩小光圈，保持对背景的曝光不变，在拍出来的画面中可看出经过补光，人物的面部得到提亮，而皮肤看起来也更细腻了「焦距：50mm ｜光圈：F2.8｜ 快门速度：1/100s｜ 感光度：ISO100」

改变反光板角度控制反光强度

这里所说的反光板角度是指反光板与镜头光轴之间的夹角，通常除了以顺光或前侧光进行拍摄外，无论光源在哪个方位，反光板都应该在镜头与模特的连线（即镜头光轴线）左右，反光板与这条连线的夹角越小，补光效果就越明显。这也就意味着，如果要控制反光板的反光强度，除了改变其与被摄者之间的距离外，还可以通过改变反光板的角度来实现。

▲ 由于环境中的光线比较充足，使用反光板在远处对模特的面部进行补光，得到曝光合适的画面「焦距：52mm ｜光圈：F4｜ 快门速度：1/100s｜ 感光度：ISO100」

用反光板纠正肤色

使用反光板可以纠正被摄者的肤色，其中效果最显著的是银面与金面反光板。通常银面反光板反射出来的光线色温较高，拍摄出来的画面偏冷一些，因此，如果被摄者的肤色偏黄，可以使用银面反光板在距离被摄者较近的位置进行补光，使其肤色看上去更白皙一些。金面反光板反射出来的光线色温较低，拍摄出来的画面偏暖一些，因此，如果被摄者的肤色白皙或血色不足，可以使用金面反光板进行近距离补光，使其肤色看上去更红润有光泽一些。

▲ 利用金色反光板可使模特白皙的皮肤稍稍显得红润，这样看起来模特的气色会显得更好「焦距：140mm ｜光圈：F4.5｜ 快门速度：1/160s｜ 感光度：ISO100」

拍摄技巧 **利用压光技巧逆光拍出天空与人像曝光均正常的照片**

逆光拍摄人像时，如果依据天空进行曝光，则人像就会成为剪影，而如果依据人像进行曝光，则天空处就会过曝，成为一片无细节的白色区域。如果希望拍摄出天空与人像曝光均正确的照片，就需要运用压光技巧。

压光是指压低、减少充足的自然光，使天空处曝光相对不足，而前景的人像通过闪光灯补光后得到正常曝光。

具体拍摄方法是，将光圈缩小至 F16 左右（此数值可灵活设置），但快门速度并不降低（或仅降低一点，此处也需要视拍摄环境的背景亮度灵活确定），ISO 数值也并不提高，因为如果在拍摄时完全按这样的曝光参数组合拍摄，得到的照片肯定会比较暗。因此，最重要的一个步骤就是，在拍摄时使用闪光灯对前景处的人像进行补光，使人像曝光正常。拍摄时要注意将闪光灯的同步模式设置为高速同步模式。

由于天空的曝光效果取决于光圈、快门速度、感光度这三个要素，因此天空部分会由于曝光相对不足而显得色彩浓郁、厚重。而前景处的人像由于有闪光灯补光，会获得正常曝光。

用黑面反光板防反光

如果拍摄的环境中有许多高反射率物体，如淡黄色的墙壁、五彩玻璃等，为了防止这些物体反射的具有一定色彩倾向的光线影响被摄者自身的色彩，可以用黑色反光板消除这些反射杂光。

▲ 在杂乱的户外拍摄时，使用黑面反光板来吸收周围的杂光，得到的画面中模特没有出现偏色的现象「焦距：24mm ｜光圈：F2.8｜ 快门速度：1/200s｜ 感光度：ISO200」

用透光板柔化光线

透光板透光但并不透明，不论是在阳光强烈的正午时分，还是在亮度较大的灯光下，只要在被摄体与光源之间使用透光板，就可以将原本生硬的直射光线变成柔和的散射光线，从而使拍摄的画面具有柔和的质感。

➤ 由于在女孩头上放置一块透光板来柔化正午强烈的光线，因此得到的画面中女孩脸上没有明显的阴影，画面效果很柔和「焦距：85mm ｜光圈：F2.5｜ 快门速度：1/400s｜ 感光度：ISO250」

人像摄影中光的美学

用逆光、侧逆光表现身体轮廓及通透发丝

在逆光或侧逆光下拍摄时，模特的受光面积比较小，画面整体偏暗，但能产生清晰的轮廓线，不仅将模特的曼妙身体线条勾勒出来，而且能够使其与背景分离开来，从而在画面中更好地被凸显出来。

尤其在户外拍摄人像时，当太阳离地面的位置比较低时，阳光会成为暖暖的金黄色，此时，模特的头发边缘会形成漂亮的金色轮廓。

要点 1：适当补光

因为模特的大部分会处在阴影之中，为了获得均匀、自然的曝光结果，最好能够使用反光板对被摄者的背光处进行补光。

要点 2：使用M挡拍摄

以逆光或侧逆光拍摄时，模特与背景的亮度反差很大，如果以Av挡或Tv挡进行拍摄，则会由于相机镜头大量进光而导致相机给出错误的曝光参数。因此，此时最好使用M挡进行拍摄，并将光圈调整到合适的大小（这取决于希望得到的照片背景的虚化程度）。

要点 3：选择点测光模式

将测光模式切换为点测光模式，使用相机中间位置的对焦点对准画面中较亮的部分进行测光（这是由于除EOS 1D系列相机外，佳能数码单反相机均使用中间位置的对焦点进行测光），通过调整快门速度，使曝光指示游标在中间或-1/3～-2/3挡的位置上，以避免由于高光处曝光过度而损失细节，借此保留更多层次，完成拍摄后可经过后期制作调整出想要的层次（如果以RAW格式保存照片，可使曝光指示游标在+1/3～+2/3挡的位置上，因为，使用RAW格式保存时，应该遵循右侧曝光的理论进行曝光）。

◀ 采用逆光拍摄时，金色的光线在模特的头发处形成了好看的光晕，此时，为了避免背光的模特面部太暗，可使用反光板为其进行补光，来提亮面部「焦距：85mm ｜光圈：F2.2｜ 快门速度：1/500s｜ 感光度：ISO320」

拍摄技巧 右侧曝光的拍摄技巧

由于数码相机的CCD和CMOS感光元件以线性的方式计算光量，比如，大部分数码单反相机记录14比特的影像，在6挡下能够记录4096种影调值。但这些影调值在这6挡曝光设置中并不是均匀分布的，而是以每一挡记录前一挡一半的光线为原则记录光线的。也就是说，一半影调值（2048）分给了最亮的一挡，余下影调值的一半（1024）分配给了下一挡，以此类推。这样，6挡中的最后一挡，也就是最暗一挡能够记录的影调值只有64种。因此，根据上述理论，最好的曝光策略应该是“右侧曝光”，即使曝光设置尽量接近曝光过度，而实际上又不消弱高光区域细节的表现。需要特别强调的是，这种曝光策略更适合使用RAW格式拍摄的照片。虽然，这样的照片看上去也许有些亮，但有利于在后期处理时通过调整其亮度和对比度加以修正。

用逆光、侧逆光拍摄出轮廓优美的人像

在逆光、侧逆光环境下拍摄，可创作出画面简洁、充满表现力的剪影照片。

要点 1：使用点测光模式

将测光模式切换为点测光模式，使用相机中间位置的对焦点对准画面中较亮的部分进行测光，从而使前景处的人像由于曝光不足形成黑色的剪影。

要点 2：降低曝光补偿

为了使画面的色彩更浓郁，剪影更深暗，在拍摄时要做-0.3～-1EV的曝光补偿。

要点 3：注重构图形式

要注意通过调整构图，使被摄主体避免与背景中的景物重合。如果背景中有无法避开的景物，可以尝试让模特站在较高的位置上或让模特跳起，摄影师以仰视角度进行拍摄。

▲ 利用剪影表现一对新人跃起的瞬间，这样的画面看起来既有趣，又很简洁、明了，拍摄时通过适当减少曝光补偿，不仅可使剪影的效果更明显，还可使背景天空的颜色更加浓郁「焦距：24mm ｜光圈：F10｜ 快门速度：1/800s｜ 感光度：ISO200」

拍摄技巧 利用遮挡技巧拍摄逆光人像

拍摄逆光的人像时，应先让模特挡住阳光，仅对其面部进行测光与对焦，此时按 * 键可锁定曝光参数，半按快门则可锁定对焦。然后，改变拍摄角度使太阳在画面中出现，再进行构图，按下快门完成拍摄。使用这种拍摄方法时，为了避免因模特面部光线不足而导致的对焦困难，可使用反光板对其进行补光。

佳片欣赏 逆光剪影人像佳片欣赏

用逆光、侧逆光产生的眩光为画面增添浪漫光影

以逆光、侧逆光拍摄时，即使在镜头前面安装遮光罩，也可能会由于光线直接射入镜头，而在照片中形成直线或圆形的光晕，这种现象被称为眩光现象。眩光有可能破坏照片的画面效果，但也不必一味避免镜头眩光，因为镜头眩光现象分为两种，一种是照片中出现耀斑，另一种是光线向镜头内扩散，使照片的画面形成雾化效果，也称为染色效果。前一种效果有可能导致照片的画面受到影响，而后一种效果则能够使照片更具有艺术气息。

要点 1：对背光的面部补光

因为是逆光角度拍摄，因此人物的大部分会处在阴影之中，为了获得均匀、自然的曝光结果，最好能够采用反光板对被摄者的背光处进行补光。

要点 2：避免背景中出现太阳

由于此时太阳的亮度还很高，被摄者与太阳的明暗差距非常大，为了避免亮部或暗部损失细节，拍摄时要通过构图使太阳或其他光源出现在画面外。

要点 3：选择浪漫的拍摄地点

选择能够营造浪漫气息的拍摄地点也很重要，可选择人烟较少的地方，如花丛、芦苇荡等处，使花朵与芦苇在逆光照射下在画面中形成漂亮的光斑。

◀ 摄影师利用逆光角度的金色眩光得到朦胧感的画面，营造出温馨的气氛「焦距：85mm | 光圈：F3.2 | 快门速度：1/100s | 感光度：ISO100」

摄影问答 画面为什么会雾化

在逆光拍摄时，如果光线以较低的角度照射到镜头上时，镜头表面会产生光线反射，而反射光会在图像中形成光雾效果。造成照片好像被蒙上了一层亮雾，明暗反差降低，没有明显的黑色影调。当代的镜头上都会有多层镀膜来减少镜头镜面的反光，增加透光率，从而降低光雾出现的可能性。但当大面积的直射光照进镜头时，这种光雾是无法避免的。

摄影问答 逆光下照片的雾化效果与什么有关

强光下照片的雾化与镜头有很大关系，因为雾化是光线进入镜头，在镜片之间折射的结果，因此，拍摄时所使用的镜头焦距越长，镜头的镜片越多，光线在镜头内折射的次数就越多，就越容易使照片产生雾化效果，照片的雾化效果也越明显。

轻松拍出小清新人像

小清新人像给人一种柔柔淡淡、清清爽爽的感觉，受到许多女孩的喜爱。

要点 1：选择合适的拍摄地点

适合于拍摄小清新感觉照片的地点多数是简单的自然景点，如公园的树下、花丛中、青草遍地的小山坡上等，也可以在木结构的建筑里、玻璃窗前进行拍摄，这些景点的共性是简洁。

要点 2：穿着合适的服装

通常，颜色淡雅、质地轻薄带点层次的服饰，较能展现出清新气息，此外，模特还应该注意鞋子、项链、帽子等的颜色不要过艳。

要点 3：在自然光下拍摄

如果在室内，可以借用窗口的光线进行拍摄；如果在室外拍摄，也尽量以自然光为主，最多使用反光板进行补光，避免使用闪光灯，以免破坏自然的感觉。

要点 4：利用留白构图

无论在哪里拍摄，构图时都要注意留白，以配合简洁的场景、淡雅的服装。

要点 5：表情是重点

既然拍摄的是小清新风格的画面，模特的表情就不能过于沉重或欢快，最好是淡淡的、若有所思的感觉。

▲ 以浅色的屋檐走廊为背景衬托身穿白纱裙的女孩，走廊简单的几何重复图形不仅使画面产生很好的纵深效果，而且其明亮的白色与女孩清新、自然的气质也很相符「焦距：45mm ｜光圈：F3.2｜ 快门速度：1/250s｜ 感光度：ISO100」

拍摄技巧 拍出轻松自在感觉的人像

要拍出轻松自在的人像，需要模特在表情与姿势上相互配合。一个非常实用的技巧是让模特做出伸懒腰的动作，同时以愉快的表情配合这个动作，就能够充分展现轻松自在的感觉。

拍摄技巧 将模特身形拍瘦的摆姿

前面介绍过将模特的面部拍瘦的技巧，但仅仅将面部拍瘦是不够的，使用下面的摆姿技巧，可以将模特的身形拍瘦一些。引导模特在站立时一只脚放在另一脚前侧，同时身体轻轻扭动偏向一侧；双肩轻向前或后探，同时双臂要稍稍离开身体的两侧。

另外，在拍摄时模特最好不要穿亮色服装，不要拿臃肿的包饰。

▲ 模特侧转身姿不仅很显瘦，也使其看起来很有女人味「焦距：200mm ｜光圈：F3.5 ｜快门速度：1/500s ｜感光度：ISO100」

小鬼当家——拍好小宝贝就这几招

Chapter 19

成功的儿童照片标准

成功的儿童照片标准只有一个字："真"，包括形"真"和神"真"。

形"真"

形"真"是指孩子的衣着、打扮和姿态要符合孩子的年龄和性别特征。有些父母习惯于将自己的审美意识强加在孩子身上，给女孩子烫发、描眉，戴项链、耳环、戒指，其本意是想让孩子显得更漂亮、可爱，但却因此失去了形"真"，使孩子的形象显得虚假、做作。

➤ 孩子平时的衣服和发型更有真实感「焦距：200mm｜光圈：F4.5｜快门速度：1/320s｜感光度：ISO100」

神"真"

神"真"即孩子的表情是否发自内心，是否符合孩子的个性特征。有些家长在给孩子拍照时，往往会用成人的标准要求孩子"眼睛要睁大些""酒窝要显出来""要笑不露齿"等，这样做的结果是，照片中的孩子虽然看上去很端正，但却失去了童真，照片的动人之处也丧失殆尽。

➤ 顽皮的孩子冲着镜头做鬼脸的样子更显其童真的本性「焦距：45mm｜光圈：F10｜快门速度：1/500s｜感光度：ISO100」

摄影问答 为什么拍摄出来的照片额头显得特别大

拍摄儿童脸部的特写照片时，不要让眼睛正好在画面中间，这样会让儿童的额头看起来很大，照片也显得不太生动。

摄影问答 为什么给0~3岁幼儿拍摄时不能使用闪光灯

因为0~3岁的幼儿视网膜还没有发育完全，使用闪光灯拍摄幼儿时，强光会灼伤他们还没有发育完全的视网膜。比较好的方法是在光线充足的室外拍摄，在室内拍摄时，应尽可能打开可用灯具，或选择在窗户附近光线较好的地方拍摄。

摄影问答 一定要拍摄孩子的正面吗

这个问题的答案显然是否定的。虽然，绝大多数情况下，我们拍摄的都是孩子的正面，但当他（她）离开父母探索未知的世界时，留下的都是背影，因此，有时拍摄孩子的背影反而会使照片显得更有内涵与想象空间。

拍摄儿童的常用角度

采用平视角度拍摄

如果希望拍摄出自然、真实的儿童照片，应该要采用平视的角度拍摄，此时摄影师应该采用蹲姿或俯卧姿势进行拍摄，相机应该与孩子的眼睛处于同一水平线。

➤ 拍摄比自己小很多的孩子时，应降低拍摄角度，这样拍摄时孩子不会有压迫感，而且还可以感受一下"以童眼看世界"「焦距：45mm ｜光圈：F5.6｜ 快门速度：1/400s｜感光度：ISO100」

采用仰视角度拍摄

在公园或有台阶的地方可以尝试采用仰视的角度进行拍摄。即让孩子站在较高的台阶上，摄影师以蹲姿或躺姿仰视拍摄。这种角度能够拍摄出"小大人"的感觉，画面新奇、有趣。而且同样能够避开杂乱的背景，使画面更纯净。

➤ 以仰视角度拍摄孩子，画面中"高大"的孩子有种小大人的感觉「焦距：30mm ｜光圈：F7.1｜ 快门速度：1/320s｜ 感光度：ISO100」

采用俯视角度拍摄

俯视角度是绝大多数摄影爱好者最常采用的拍摄角度。采用俯视角度拍摄时，照片中的儿童显得低矮，腿看起来很短，头部显得很大。因此，这种角度适合表现孩子的可爱或稚气，“小不点儿”的形象会油然而生。

特别是当孩子抬头望着相机或摄影师时，能更充分显露出孩子的天真、稚气、腼腆。此外，采用高角度俯拍有利于简化繁杂的背景，例如在大街、马路上或者公园里拍摄时，背景就是单色调的路面和草地。

▲ 俯视是我们常见的拍摄角度，因此得到的画面看起会有很亲切的感觉「焦距：26mm ｜光圈：F3.5｜快门速度：1/200s｜ 感光度：ISO400」

摄影问答 拍摄儿童一定要使用连拍吗

儿童摄影的难点在于多数儿童的动作与表情是不可预测的，因此，如果拍摄的儿童不属于安静的类型，其动作与表情多变，就应该使用连拍模式进行拍摄，以确保在拍摄的一系列照片中包含其有趣的表情、精彩的动作，从而提高拍摄的成功率，这种拍摄方法其实遵循的就是“多拍优选”的原则。

拍摄技巧 以俯视角度将儿童拍出神韵

要采用俯视角度将儿童拍出神韵，最重要的技巧是采用特写景别进行拍摄，对焦点要安排在儿童的眼睛上，拍摄时尽量使用广角镜头，以夸张表现大大的眼睛。此外，要通过调整拍摄位置或补光位置，使其眼睛上出现漂亮的眼神光。

拍摄儿童的常用方法

诱导法

孩子的年龄不同，对事物所作出的反应也不相同。对半岁至2岁的孩子而言，可以通过制造声响（如使用拨浪鼓、小喇叭或学小猫、小狗叫唤）来吸引其注意力，使孩子笑逐颜开。

2岁至4岁的孩子已不再对各种悦耳的声音产生强烈兴趣，能够吸引他们的是做各类游戏，让他们在放松状态下进行游戏，从而做出各种有趣的动作与表情，才有可能抓拍到生动有趣的镜头。

5岁至10岁的孩子主观意志坚决，在拍摄时只有与他们进行亲切、真挚的交谈，才有可能轻松地完成拍摄。可以尝试在谈话中不露声色地说一些有悖真情的“傻话”，使其觉得“傻”得可笑，当其发出善意的嘲讽微笑时进行抓拍。

摄影问答 怎样拍摄能够使孩子的皮肤看上去更白皙、柔嫩

除了要使用明亮的散射光进行拍摄外，还可以增加+0.3～+0.7EV曝光补偿，如果拍摄时孩子背光，应该使用白色反光板进行补光。

拍摄技巧 选择拍摄背景的技巧

在拍摄儿童照片时，背景首选简洁素雅的类型，例如，可以利用屋内的白墙作为背景，或以俯视或仰视角度拍摄，以整洁的地板或天空作为背景。

在公园或室外等环境较杂乱的场景拍摄时，一定要注意不能让背景喧宾夺主。例如，在公园拍摄时，许多摄影师会让孩子靠近花丛进行拍摄，如果花丛的面积控制不得当，拍摄后就会发现，照片中的花卉色彩缤纷，但真正的主体——孩子却黯然失色。在这种情况下，可以采用两个拍摄技巧。第一，增大孩子在画面中的比例；第二，用大光圈虚化背景。

拍摄技巧 让婴儿快乐起来的四个技巧

让婴儿快乐起来的技巧很多，但下面将讲述的四种技巧是被公认非常有用的。

第一种，模仿婴儿的声音。如果摄影师或引导员能够发出婴儿的声音，会让婴儿感觉到开心，因为他们认为这是一种亲密的交流。

第二种，制造微风。多数婴儿都喜欢微风，这让他们感觉到新鲜、有趣，因为他们的皮肤感觉更灵敏。摄影师可以让引导员在几十厘米外的地方，微微扇动，以制造出微风。

第三种，使用羽毛。将羽毛粘在小棍子的头部，并用羽毛轻轻挠婴儿的小脚或背部，会让他们乐不可支。

第四种，躲猫猫。摄影师将头部隐藏在相机的后面，在拍摄时不断隐藏并从不同方位伸出头来，会让婴儿感觉到有趣、开心。

◀ 将孩子的注意力引导到大树上，在其专注地看着大树时抓拍下孩子萌萌的模样「焦距：33mm ｜光圈：F4.5｜ 快门速度：1/200s｜ 感光度：ISO400」

远距离抓拍法

如果拥有长焦镜头，则可以充分利用这一装备的优势，对被摄儿童进行远距离跟踪拍摄。当孩子觉察不到正在为他（她）拍照时，神态就会显得松弛、自然，摄影师一旦从取景框中发现了值得拍摄的有趣情景，即可进行抓拍。

要注意的是长焦镜头通常较重，在拍摄儿童时往往采用手持方式，因此，如果采用较慢的快门速度，容易产生抖动现象。解决的方法是，通过提高ISO数值来获得较高的快门速度。

▲ 从远处拍摄孩子，不会使其有压迫感，可使孩子更加放松地呈现自己「焦距：135mm ｜光圈：F4.5｜ 快门速度：1/640s｜ 感光度：ISO400」

顺其自然法

如果拍摄的是特别胆怯的孩子，一旦引导不得法，就可能会号啕大哭。遇到这种情况，不应该鸣金收兵，将相机藏起不拍。反而应该干脆拍下他（她）的哭相或生气状，这种表情具有极强的真实感。因为摄影是门艺术，艺术讲究美，真、善就是美。只要真情流露，除了笑容，孩子的其他表情，如赌气、惊讶、好奇、吃惊、委屈甚至哭泣都具有拍摄价值。

▲ 画面中的孩子低垂的眉毛、不爽的眼神都透露出其很不耐烦的样子，这种真实流露的表情更具有感染力「焦距：100mm ｜光圈：F2.8｜ 快门速度：1/200s｜ 感光度：ISO100」

连续摄影法

在同一地点，通过拍摄时间的延续而拍摄一系列有联系的照片，可以称作连续摄影。在儿童摄影中，用连续摄影的方法可以形象系统地记录儿童活动的全过程。

循序渐进地表现儿童的感情变化，细致入微地刻画儿童的精神面貌，成功的连续照片所具有的表现力和强烈的感染力，是单幅照片无法比拟的。

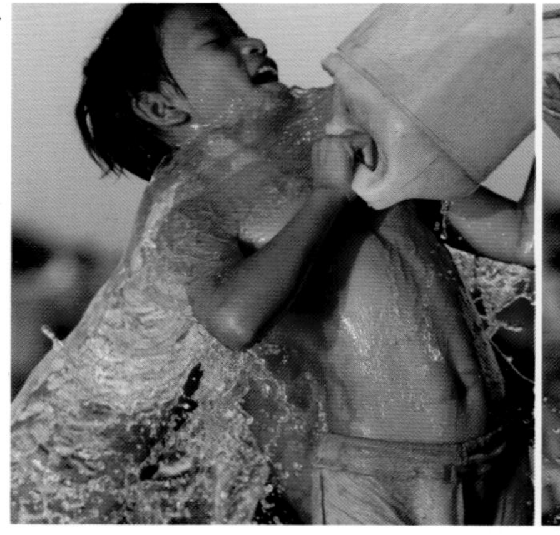

➤ 晒成古铜色的男孩将水泼到自己身上的洒脱动作和表情了充满生活气息「焦距：50mm ｜光圈：F3.5｜ 快门速度：1/500s｜ 感光度：ISO100」

游戏法

让孩子们利用玩具进入游戏状态，是拍摄儿童的重要技巧。拍摄时不妨准备一些有针对性的玩具，例如男孩子喜欢的枪、汽车、变形金刚等，以及女孩子喜欢的大熊、各种毛绒玩具等，还有孩子们都喜欢的肥皂泡泡枪。只要孩子们进入了游戏状态，摄影师就能够捕捉到不少精彩瞬间。

▲ 沉浸在游戏中的孩子总是充满了欢声笑语，放松的神情和动作很有感染力「焦距：85mm ｜光圈：F4｜ 快门速度：1/640s｜ 感光度：ISO100」

摄影问答 为什么拍摄出的孩子皮肤偏色

偏色的原因有多种，下面列出了几种常见的原因，未使用正确的白平衡模式，在有紫外线的环境中下拍摄，距离某些大面积纯色对象较近，在色温较低或较高的环境中拍摄等等。

摄影问答 不要照片中的“好孩子”是什么意思

有不少父母认为由于照片要长久保存，因此只有当孩子的姿势、表情端正才可以拍摄，这样的照片也才有资格被存入相册，因此相册中几乎尽是“好孩子”的形象。但实际上，这种做法并不可取，因为孩子听话、乖巧、安分守己是其性格的一部分，但并非全部。他（她）往往还有调皮捣蛋、自以为是、撒娇发嗲，甚至蛮横无理、气势汹汹的一面。所有这些不同性格组合在一起，才会形成一个孩子完整的个性。所以在拍摄孩子时，应从不同侧面、不同场合、不同角度、不同成长时期进行表现，这样的照片才会有血有肉、栩栩如生，能给人留下深刻、鲜明的印象。

学习技巧 快速与孩子交朋友的技巧

如果拍摄的是他人的孩子，为了更好地调动孩子的情绪，摄影师必须具有快速与孩子交朋友的技巧。常用的技巧有如下两种：第一个技巧是说悄悄话，绝大多数孩子都喜欢有人跟他（她）说悄悄话，至于所说的内容并不重要，重要的是说话的形式，一定要具有悄悄话的感觉，这样就能够轻易地形成一种亲密感；第二个技巧是请孩子帮助做一些事情，如将玩具放在指定的地方，并大声赞许他（她）的行为，这有助于帮助孩子克服其胆怯、羞涩的心理。

拍摄可爱的新生儿

摄影问答 拍摄新生儿最重要的技巧是什么

其实，拍摄新生儿时最重要的技巧并不是摄影本身的技巧，而是让他们进入熟睡状态，只有这样摄影师才能进行持续拍摄。例如，可以让妈妈在前往拍摄地点前给新生儿喂奶，这样到达地点后婴儿已经饱了，这时他们随时都可能睡很长时间。用毯子舒适地裹好婴儿，让他们的胳膊和腿都紧靠身体，这也是个让婴儿睡着的小技巧。当婴儿睡着后，就可以移动他们，将其放到合适的地方。

摄影问答 拍摄新生儿的关键点是什么

确保安全是拍摄新生儿的关键要点，不能将无法自己坐立的新生儿放在椅子上或其他道具中，而应该将其放在地板或桌子上，使用枕头或其他柔软的东西支撑他们的身体，并且要保证他们的头部得到坚实支撑。

新生儿柔软的面颊、皱皱的皮肤和小小的拳头都是上佳拍摄题材。新生儿不会说个不停或者跑开，因此拍摄他们的难度相对较低。他们的身体非常柔软，摄影师可以充分发挥创意，将他们的身体摆放成各种可爱的姿势，或安放在各种有趣的道具中。

在深色环境中拍摄

新生儿的皮肤通常较干净、红润，可以利用深色的毛毯、毛巾或木地板构建一个深色的场景，以衬托新生儿。同时由于画面的明暗对比较强烈，也更容易突出画面的视觉焦点，深色的环境还能够使新生儿看上去更纤细、娇小，有利于增加其可爱的感觉。在拍摄时，需根据深色区域的面积大小做负向曝光补偿。

➤ 放置在有质感毯子上的婴儿好似一颗光洁的珍珠

在浅色环境中拍摄

与营造深色环境类似，可以利用毛毯、毛巾甚至围巾构建一个浅色的场景，使拍摄出来的照片感觉更轻盈、纯洁，浅色的环境还能够使新生儿看上去更丰满、圆润一些。这样的场景尤其适合拍摄皮肤较黑的婴儿。在拍摄时，要视浅色区域面积的大小做正向曝光补偿。

▼ 干净、明亮的环境很适合表现纯真的孩子，其酣睡的样子看起来很安逸，画面给人一种安静、温馨的感觉

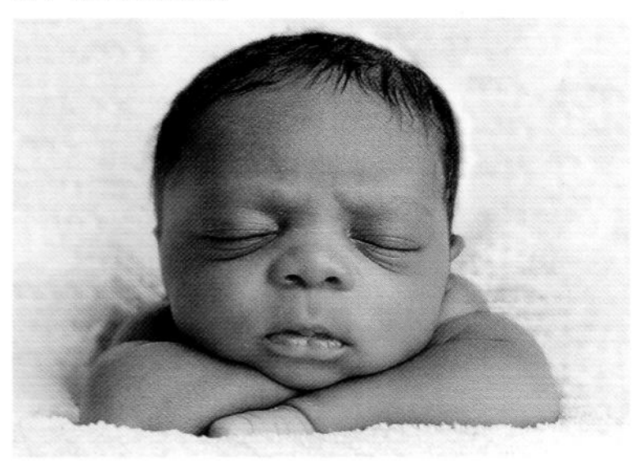

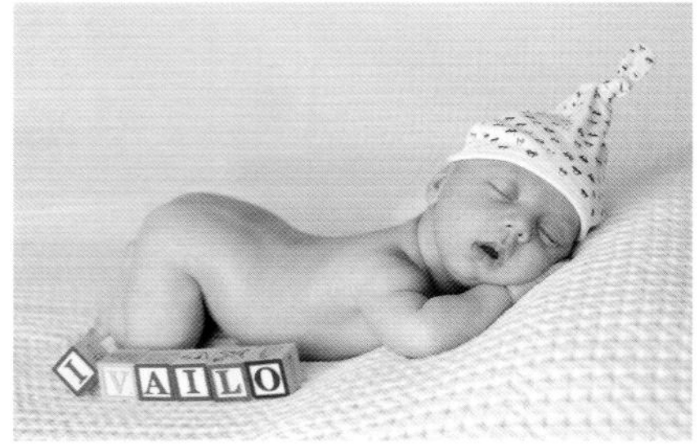

利用道具进行拍摄

可以利用有趣的道具构建出一个更有创意的拍摄环境，增加照片的趣味性。例如，可以将新生儿包裹在大号的被子里，或将新生儿放置在一个小小的收纳筐中，还可以将新生儿安放在小南瓜、小簸箕、小抽屉中，总之，只要所用的道具是安全、有趣的，就都值得尝试一下。

在故事性场景中拍摄

如果希望拍摄出更有创意的照片，可以考虑利用道具构建一个具有情节或容易引发联想的环境，例如下面照片中的新生儿或踩着红色滑板冲浪，或在花丛中跳跃，或驾驶着摩托车，每幅照片都做到了引发联想的同时，具有整体美感。

▼ 无论是追赶太阳的小勇士还是带着翅膀的天使，童真的世界总是那么富于幻想

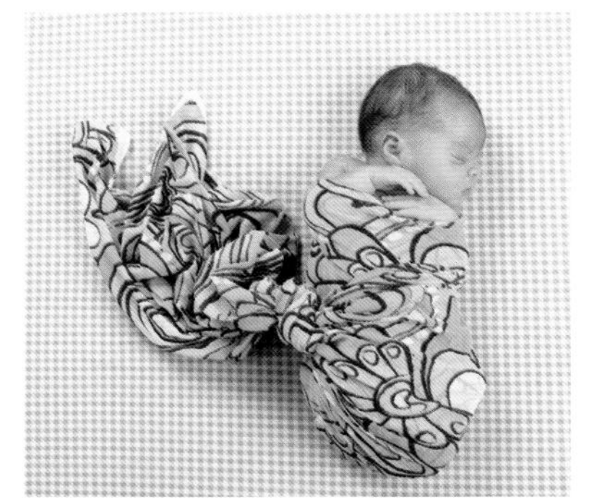

拍出成功的合影照

拍摄儿童时少不了要拍摄他们与父母的合影照片。拍摄这种合影照片时一定要避免一个问题，即兴趣分散。换言之，合影照片的画面兴趣中心只能有一个。此时应该将父母作为一种陪体来处理，以突出表现照片中的儿童。

利用着装突出儿童

在服装方面。父母的着装可以暗一些、淡一些，而儿童的着装可以亮一些、艳一些。以通过鲜艳与浅淡、明亮与深暗对比突出儿童。

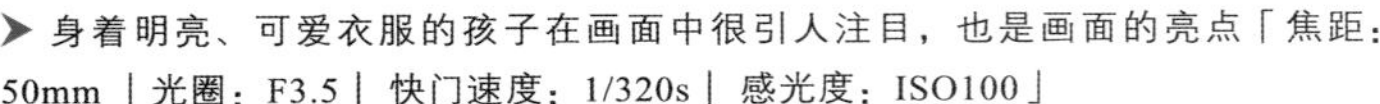

➤ 身着明亮、可爱衣服的孩子在画面中很引人注目，也是画面的亮点「焦距：50mm ｜光圈：F3.5｜ 快门速度：1/320s｜ 感光度：ISO100」

利用姿势突出儿童

在姿势方面，因为孩子的脸一般要比父母小很多，所以，如果是父母与儿童都正面朝向镜头，父母的脸肯定会大于孩子的脸。因此应该让父母围绕其旁，让父母侧对镜头，并将其视线投向儿童，而让孩子的脸则正面面向镜头，以改变这种大小差异，这样的姿势也会使整个画面感觉很温馨。

➤ 摄影师记录下了父母怜爱地望向孩子的瞬间，一家人其乐融融的画面自然又真实「焦距：45mm ｜光圈：F4.5｜ 快门速度：1/160s｜ 感光度：ISO200」

利用位置突出儿童

在拍摄父母与儿童的合影时，应该注意他们的前后位置，让孩子靠前，父母靠后，利用近大远小的透视关系改变两者的大小差异，使儿童更突出。

➤ 利用大光圈虚化远处望着孩子的父母，这样既不会喧宾夺主，又使画面很有内容「焦距：35mm ｜光圈：F3.2｜ 快门速度：1/500s｜ 感光度：ISO200」

拍出梦中的理想国度——风光摄影理念与技巧

Chapter 20

风光摄影理念

牛头不一定能拍出牛片

要拍出牛片是否一定要使用“牛头”，这个问题经常被“器材党”与“技法派”所争论。在风光摄影领域尤甚。现在看起来，大多数摄影爱好者都认为，要拍出牛片不一定要使用“牛头”，因为牛片与题材、思想内涵有关，也与构图、用光有关，而这些基本上都与镜头是否是牛头无关，因此，在摄影领域，镜头的优劣不是决定照片质量的第一要素。推而广之，牛片与摄影器材的关系并不是很紧密。

反过来看这个问题，则如影友所说，狗头给了你拍废片的借口，而牛头则剥夺了你拍废片的借口。

如果手持牛头仍然拍摄不出来比较优秀的照片，就只能从自身找原因了。

➤ 摄影师采用竖画幅拍摄这张风光照片，巧妙地利用被水冲击形成的沙滩纹理增加了画面的空间纵深感，并且将观者的视线引向远处的孤树，使画面产生动感效果。这些都是摄影师通过合理的构图与恰当的曝光得到的，与镜头的好坏基本无关，因此使用“狗头”也同样可以拍摄出具有震撼效果的画面「焦距：24mm ｜光圈：F8｜ 快门速度：1/8s｜ 感光度：ISO200」

摄影问答 什么是牛头、狗头、驴头、套头

首先，我们要理解的是，这些对镜头的称呼，是泛指某一类镜头，而并非某一支镜头，而且它们之间还有一定的重叠关系。比如套头大多属于狗头的范畴，且其中一些又可以称为驴头。下面来分别介绍一下它们的含义。

- 牛头：指价格昂贵、性能出众、画质较高的高级镜头。这些镜头多为恒定光圈，且配备了完善且强大的对焦马达、各种特殊镜片以及特殊涂层等。例如佳能 EF 70-200mm F2.8L IS Ⅱ USM 镜头，除了具有 F2.8 的恒定大光圈外，还搭载了高达 4 级的 IS 防抖系统，且配备了 1 片萤石镜片、5 片 UD 镜片以提高画质，支持内对焦、全时手动对焦，并具有极佳的防水、防尘功能，能够满足各种苛刻环境的拍摄需求。在众多的佳能镜头中，“红圈”镜头基本上都属于牛头。
- 狗头：相对“牛头”而言，“狗头”则在性能方面要差一些，属于中低端镜头产品。较常见的“狗头”都是非恒定光圈，其成像质量相对较差，畸变、色散及暗角等方面的控制也不是很好，但其价格相对“牛头”也要低很多，因此很适合摄影入门练习使用，即使在拍摄过程中偶有磕碰，也不会过于心痛。
- 驴头：指适合于旅游使用的镜头，其特点就是变焦范围较大，适合在旅游时拍摄大场面的风光、人文特写、花卉等，可以说是“万能”型的镜头。但大部分“驴头”由于变焦倍率较大，很难控制成像的品质，因此大多数均为中低端镜头，因此大部分“驴头”与“狗头”是重合的。
- 套头：在佳能相机中，除顶级的 1D 系列相机外，其他各型号的相机均有与相机配套出售的镜头，因此被称为“套头”。

弄清人眼与摄影眼的区别

俗话说“眼见为实”，在摄影师看来却不尽如此，这是因为人眼在看事物时，容易受到潜意识的作用与外界的影响，因此许多景物在人眼看起来是一种景象，拍摄出来可能是另一种景象。相信很多人都有这样的体会，有些并不是很美的景物，拍摄出来却很美；而一些看起来很美的景物，拍摄出来反而并不觉得怎么美。这说明从拍摄画面上看到的效果，与人眼直视景物的效果并非相同，即景物美≠影像美。

每一位摄友都必须明白，人眼的观看效果与摄影的最终成像效果是有区别的，必须了解拍摄得到的画面与人眼直视实物实景所得“像”的种种差异，以及其背后的原因，在拍摄时以心见代替眼见，预见最终的画面效果，才能更完美地表现被摄体。大体说来，人眼观察事物的方式与摄影镜头观察事物的方式，有以下三个明显区别。

第一，人眼只能看到光谱范围内的可见光，而相机的图像传感器既可“看”到可见光，又可“看”到人眼看不到的红外光。人眼看外部世界感受到的仅是通过可见光反映出的美，相机还记录了红外光影响的景物，拍出的画面可能更美，也可能变丑。

第二，当人的注意力高度集中于感兴趣的对象时，会对其前后或四周的景物视而不见，而相机则能如实地将处于景深范围之内的景物都清楚地表现出来。

第三，人眼看景物时，近处的景物看起来大，远处的景物看起来小（即为空间透视）；近处的景物看起来浓，远处的景物显得淡（即为空气透视）。用相机拍出的画面中，同样有空间透视和空气透视现象，但由于所使用的镜头不同，拍出画面的透视程度与人眼直视景物所感受到的透视强弱并不完全相同，比如，用长焦镜头拍出的画面，在空间透视方面就弱于人眼所看到的效果；用广角镜头拍出的画面，在空间透视方面就强于人眼所看到的效果。而且当使用广角镜头拍摄人体或景物时，人体与景物的线条会被明显地拉伸，因此从照片中看被拍摄的人像身材会显得更加修长、高大，景物的空间感也更强。

在理解了这些差异之后，有利于各位摄友在观察景物时，将人眼的观察方式转换成为“摄影眼”的观察方式，并最终养成“摄影眼”。“摄影眼”最大的特点在于，观察世界时是从摄影的角度出发的，例如，在观察流水时，普通的观赏者只能够看到飞溅的水花，但通过“摄影眼”能够看到丝绸般的水流（使用慢速快门拍摄的效果）。在海滩边游玩时，普通的游客看到的是比基尼，而通过“摄影眼”能够看到剪影形式的美妙人像（以点测光拍摄时的效果）。

由此可见，“摄影眼”在观察事物时是有目的、有选择的，只有在每一次取景时能够通过“摄影眼”观看，才会真正享受到摄影师观看世界的乐趣，才能够拍摄出与众不同的作品。

◀ 山上是星光点缀的城堡，山下是滚滚翻腾的云海，这两者结合起来本就让画面呈现出大气的效果，而天空中星轨的加入更让人觉得不可思议，似梦境一般。这样的画面需要通过长时间曝光才可得到，在拍摄之前就要预想到经过长时间曝光后，星星划过天空的轨迹，并根据轨迹安排地面景物的位置与比例「焦距：32mm ｜光圈：F5.6｜ 快门速度：1568s｜ 感光度：ISO1000」

佳片欣赏 优秀绘画作品欣赏

风光摄影与绘画的关系

摄影与绘画同属于二维空间的视觉平面造型艺术，摄影在发展过程中吸收了许多绘画的造型原理，使得摄影艺术从诞生开始，就具有与绘画类似的艺术特征。两者的显著特征都是通过光、影、色、点、线、面，在二维平面里塑造三维空间。

因此，绘画的很多基本功，如对明暗的把握、色彩的认识和运用、构图的选择等，对于摄影也是通用的。例如在构图方面同样讲究“密不透风，疏可走马”；在用色方面同样讲究“色不过三”。另外，无论是绘画所用的色彩，还是摄影所用的色彩对观者情绪的影响都是相同的。因此，如果有绘画基础，学习摄影就会事半功倍。

明白摄影与绘画的关系后，就能够更加有效地利用绘画方面的艺术资源进行学习。例如，可以通过欣赏名画，尤其是我国流传下来的许多风光名画，学习与摄影有关的构图理论。另外，可以通过阅读与绘画色彩理论有关的书籍，丰富自己在摄影时用色的技法。甚至可以通过学习素描，使自己在摄影时更好地把握明暗关系。

➤ 模仿国画黄山美景的构图拍摄的黄山照片，也似一幅水墨画般的轻盈飘逸、美轮美奂，将黄山的俊秀之美表现得很好「焦距：185mm ｜光圈：F9｜ 快门速度：1/200s｜ 感光度：ISO200」

不要陷入有技术没艺术的误区

要拍摄出漂亮的照片，是需要掌握一定摄影技术的，如灵活地运用光圈、焦距、白平衡、感光度、曝光、色彩、色温、饱和度、明暗、虚实、景深、层次、反差等等。

但必须要明确的是，在这个创作过程中，摄影师只是再现了“美”，所拍摄出来的“大片”仅仅是比绘画作品更真实而已。这种通过技术手段再现美的过程仍然没有脱离技术的范畴。这种情况在风光摄影领域尤其突出，因此美景当前，只要稍微会一点摄影技术，就不难拍出还不错的照片。

而摄影艺术的基本特征是“概括现实并超越现实”，这个特征可以从两个层面进行解读。

第一，拍摄的虽然是大众习以为常的场景，即题材很平凡，但通过创作技法得到的照片让大众看到了平凡场景的另一面，而这种场景是仅仅能够通过摄影的光影塑造技术来表现的，这就是通常所说的艺术创作。

第二，拍摄的仍然是常见的场景，画面的光影效果也为大众所熟悉，但摄影师通过选择不同的角度、对比物、衬托环境来表现出人生，这种创作被称为更高层次的艺术创作。

这两个层面的摄影创作，均需要摄影师不盲从、独立思考，并通过摄影技法主动地改造眼睛看到的客观世界，从而在照片中反映出摄影师的思想和感受，这样的照片更容易得到大众的认可。

▲ 对天空较亮处测光得到剪影效果的画面，而表现站在渔船上的渔民时，将捕鱼的网也纳入画面中，不仅交代了其劳作的环境，还起到平衡画面的作用，这幅作品既能体现摄影师卓越的拍摄技艺，又能体现画面的艺术美感「焦距：153mm ｜光圈：F16｜ 快门速度：1/160s｜ 感光度：ISO100」

名师指路 让视觉中的景物具有触觉的真实感

许多摄影大师更倾向于拍摄宏大的景观，从而在照片中构成一个令人震撼的视觉空间，如卡列顿·沃特金、埃德维德·麦布里奇以及安塞尔·亚当斯。而美国摄影家约翰·塞克斯通则是通过扭曲的枝条、小小的覆盖青苔的岩石，或者一个水坑，构成一个真实的空间，他更希望那些视觉中的景物，在画面中具有触觉一样的真实性。

这种真实的感觉让人感受到似乎被森林包围了，能够感受到阳光照耀下岩石的温度，溪流在迅疾流动中发出的欢快鸣响，脚下如同海绵般柔软的堆积落叶。

这样的照片将人类与自然之间的微妙关系呈现在一个平面上，让观众有种身临其境的感觉。

风光摄影的四要诀

守时

同一地点如九寨沟、黄山、长城等地的风光，四季四景，每一个季节都有不同的拍摄主题与侧重。因此为了拍摄具有典型性的风光照片，要详细分析每一个风光景地四季之景的特色，恰当地把握时机。

除了季节之分，一天之中的光线也会因为时间不同而塑造出不同的景色。找对了时间，也就找到了自己要拍摄的景物所需要的光线。要拍摄到优秀的风光作品，“起早贪黑”是最基本的前提条件，日出与日落时分正是拍摄的最佳时机。

▲ 夕阳的余晖铺满天空和大地，摄影师使用三分法构图表现这一场景，一棵枯树在水面上落下的影子，像是少女在水一方，画面很有意境美「焦距：18mm ｜光圈：F8｜ 快门速度：1/20s｜ 感光度：ISO100」

现势

势即指画面的气势和气质，在拍摄前不妨好好感受一下景物带给你的感觉，是温婉、宁静，或是汹涌、磅礴等，然后再通过综合运用构图、光线等手段，将这种感觉记录下来。正所谓“远取其势”，拍摄时可以多用全景、环境留白等景别及构图手法。

▲ 摄影师采用S形构图表现蜿蜒通向远方的马路，避免了画面单调，而初升的太阳照亮了绿色的原野，画面看起来清新、灵动、美感十足「焦距：22mm ｜光圈：F8｜ 快门速度：1/25s｜ 感光度：ISO200」

表质

所谓的“质”即指景物的质感和肌理。自然界中的每个景物都有其独特的质感，在拍摄风光时，很重要的一个标准就是要充分表现出景物的质感，正所谓“近取其质”，拍摄时可以多用特写、近景等景别。

▲ 采用仰视角度拍摄树木的枝干，其岁月留下的斑驳痕迹在蓝天背景的衬托之下显得特别突出，画面传达出一种百折不挠的力量感和张力「焦距：18mm ｜光圈：F11｜ 快门速度：1/125s｜ 感光度：ISO200」

塑形

“摄影是减法的艺术”这句话在风光摄影中显得更为重要。对于风光而言，面对的被摄对象是固定的，不能改变或移动，因此，摄影师必须通过尝试运用不同的视角、不同的景别、不同的焦距，结合多样的摄影技术来将被摄景物最美的形态呈现出来。

▲ 摄影师利用不同的表现形式拍摄故宫，每一张都彰显其不一样的美感

优秀的风光摄影师必备的四种能力

熟练运用摄影技术的能力

作为一名风光摄影师，首先，要掌握必要的摄影技能，否则面对大好山河，而拍出的照片却平淡无奇，会产生有心无力的挫败感，就更谈不上创作出佳片了。

另外，由于风光摄影涉及的题材非常广泛，面对不同的拍摄对象、不同的光线与机位，如果不能熟练地掌握各类摄影题材的拍摄技巧，即使“意境”再唯美，也很难将自己的创作意图完美地表现在画面中，因此掌握各类摄影题材的拍摄技巧很重要。

▲ 尚未落尽的晚霞照射在水面上，水面上结冰的石块由大到小、由远及近地把画面的空间感较好地表现出来，再加上采用逆光拍摄，使岸边的树木呈现出迷人的剪影效果，只有具备了精湛的技术才能拍出这样精彩的画面「焦距：19mm ｜光圈：F14｜ 快门速度：1.6s｜ 感光度：ISO100」

不畏艰险跋山涉水的能力

作为一名风光摄影师，还要有不怕吃苦、不畏艰辛的精神与强健的体魄。名山大川、名胜古迹、海洋、湖泊、浩瀚沙漠等常见风光摄影题材，往往远离城市，交通与生活都不便，要拍摄出别人没有拍到的风光佳作，一般都要艰苦跋涉以便寻找最佳的拍摄位置，甚至为了获得更好的机位，有时要身负重荷冒险攀登，而且为了等待最佳光线更要起早摸黑，因此，一名优秀的风光摄影师必须要能吃他人不能吃的苦。

▲ 登高望远，俯视河山，眼前的山峦被大雾淹没了，山峦在雾海里层层叠叠，姿态各异，它们正在享受着大自然的恩泽，并向人类展示着自身的魅力，要拍到这不常见的美景，自然少不了跋山涉水的辛苦了「焦距：17mm ｜光圈：F9｜ 快门速度：1/40s｜ 感光度：ISO200」

始终保持一丝不苟创作态度的能力

要想成为风光摄影大师，要有一丝不苟的创作态度，风光摄影不是游山玩水，更不是狂按快门，在进行风光摄影创作时要认真对待每一个场景，在任何时候，不经过深思熟虑决不轻易按下快门。只有抱着这种严肃的创作态度，才能拍摄出具有艺术水准的风光摄影作品，并且在不断思考中快速提高摄影水平。

◀ 夕阳西下，万物被霞光披上了一层红色的光芒，处处洋溢着热情，逆光下树木也被涂上了红妆，水里的鸭子缓缓游弋，好一派生动、迷人的景象，让人不得不钦佩摄影师捕捉自然之美的能力「焦距：24mm ｜光圈：F9｜ 快门速度：1/1250s｜ 感光度：ISO200」

独具慧眼的创作发现能力

每一种摄影创作都是寻找美的过程，风光摄影也不例外，有一些美是显而易见的，例如山的雄伟之美、海的辽阔之美、河的奔涌之美、湖的宁静之美、草原的宽广之美等。拍出这些题材固有的美感，是风光摄影师应掌握的基本功，但在他人习以为常之处发现美丽，却是一个优秀风光摄影师必备的能力，否则就无法拍摄出具有个人特点或异于常人的风光摄影作品。

这种能力不完全是天赋，更重要的是一种学习的能力、创作的思路。例如，可以寻找拍摄对象的整体之美，也可以寻找其局部之美，将关注点放在更小的景致上，如一片叶子的边缘曲线、表面对称的经络等。推而广之，每一处景物的线条、质感、色彩、对比、明暗、节奏等，都能够成为风光摄影寻找美的着眼点。

只有通过不断地练习、学习，总结自己的实战经验，才能够不断地提高自己的拍摄技能，并在别人看起来很平常的地方发现美的画面。

➤ 在逆光下，风中摇曳的树叶呈剪影状，似雄鹰在空中展翅飞翔。地平线上大大的太阳十分明亮、耀眼，而三个孩子不知道什么时候悄悄地走了进来，在太阳的前方展现出他们漂亮的身体轮廓。由于摄影师采用了独特的拍摄视角，因此这幅画面能给人留下十分深刻的印象「焦距：400mm ｜光圈：F9｜ 快门速度：1/1000s｜ 感光度：ISO200」

学习技巧 风光旅游类摄影APP介绍——摄影旅游

《摄影旅游》杂志倡导爱摄影、爱旅游的生活方式，将摄影大师、旅行玩家、户外探险、汽车旅行和拍摄之余的吃住玩进行跨界整合，融入实用攻略、一手实战指导和翔实的行摄地图，使其成为一本为热爱摄影和热爱旅游的人打造的专业行摄杂志。

现在通过下载其同名APP程序，就能够浏览其内容，以后只需要每月更新APP，则可以浏览其当月杂志内容。

PHOTOCLASS 行摄课堂

时机+焦段+渐变镜 3个小窍门 打造高山云海

针对云海选定焦段

牛背山行摄云海攻略

风光摄影中的四低原则

在拍摄风光题材时，一定要做到“四低”，即低饱和度、低对比度、低感光度和低曝光，这样能够使自己的作品水准更上一层楼。

低饱和度

低饱和度设定是为了获得更宽色域范围，使照片中的色彩层次更丰富。尤其是在用RAW格式拍摄时，虽然拍摄出来的照片感觉没有多少层次，但经过后期调整，就能够展现出丰富、厚重的色调，前后反差之大令人惊奇，而效果则令人非常满意。

在拍摄风光照片时采用较低的饱和度设置，有利于后期的调整，虽然拍摄的原片并不出色，但经过调整后的效果竟出乎意料「焦距：18mm ｜光圈：F10｜快门速度：5s｜感光度：ISO100」

低对比度（低反差）

照片的对比度越大，中间层次越少，照片的影调层次就越不丰富。采用低对比度的拍摄设定，是为了保证照片有丰富的中间过渡影调，使照片中的黑、白、灰层次丰富，为后期调整保留最大的余地。

低对比度的设置使得画面在后期调整后，获得了非常震撼的效果「焦距：17mm ｜光圈：F13｜快门速度：1/60s｜感光度：ISO200」

低感光度

虽然，类似于Canon EOS 5Ds/5DsR这样的高端相机，在使用高感光度时照片的画质仍然比较出色，但对于一名对照片画质要求苛刻的风光摄影师而言，这样的画质也仅仅是“比较出色”，距离“出色”仍有一定的距离。

因此，如果要获得最优秀的画质，要坚持使用最低的可用感光度。

▲ 在拍摄时，使用低感光度获得了细腻的画质，同时，优秀的画质也有利于画面景物质感的表现「焦距：55mm｜光圈：F9｜快门速度：1/100s｜感光度：ISO100」

低曝光

当使用JPEG格式拍摄风光作品时，一定要坚持宁欠勿曝的原则。因为，一旦画面“过曝”，过曝光的部分就会成为一片空白，在画面中没有任何像素点，因此，在后期处理时也不可能调整出任何色彩和影调层次。如若适当“减曝”（也不可减得过分），高亮的区域表现正常，暗调区域虽然看上去漆黑一片，但暗部影调层次都“隐藏其中”，这样的照片可以在后期处理时，通过调整得到一定的影调层次。

但如果使用的是RAW格式拍摄风光作品，则反而要坚持宁曝勿欠的原则，当然这里的“曝”与“欠”，都必须把握一定的度，不可“太过”。

▲ 拍摄此照片时遵循了宁欠勿曝的原则，使画面中的景物都保有层次，通过后期调整，获得了出色的画面效果「焦距：20mm｜光圈：F16｜快门速度：1/320s｜感光度：ISO100」

拍摄技巧 隔着玻璃拍摄风光的技巧

在旅行途中，经常能够透过汽车、火车的车窗或酒店的窗户看到漂亮的风光，此时要想隔着玻璃拍出没有反光影像的照片，可以尝试使用下面的技巧。

1. 如果在酒店内拍摄，可以试试先落下部分窗帘，因为室内的光线会在玻璃上造成反光。

2. 镜头最好贴在玻璃上，但注意不要让镜头的镜面与玻璃接触。

3. 不要用超广角或广角镜头，因为进入镜头的画面越多，意味着进入相机的反射光越多。

摄影问答 风光摄影中常讲的阳光十六法则是什么意思

阳光十六法则是几句确定曝光参数口诀的总称。

艳阳十六阴天八
多云十一日暮四
阴云压顶五点六
雨天落雪同日暮
室内球场二秒足
客厅戏台快门八

在拍摄处于明媚均匀感光度为阳光下的风景时，快门速度定为感光度的倒数，比如感光度为ISO50时就将快门速度设为1/60秒，感光度为ISO100时就将快门速度设为1/125秒左右，总之让快门速度尽可能接近感光度的倒数。

如果天气晴朗就把光圈设为F16，如果“稍有一点阴”就把光圈设为F11，如果“天阴”就把光圈设为F8，如果天气“非常阴沉”就把光圈设为F5.6。

如果物体有清晰阴影但边缘有些模糊，这样的天气就属于“稍有一点阴”；如果阴影不清楚但仍然可见，这样的天气就属于“天阴”；如果完全没有阴影，这样的天气就属于“非常阴沉”。

拍摄大海的技巧

拍摄海景时可纳入前景丰富画面元素

要点 1：利用前景为海面增添生机

单纯拍摄水面时，空洞的水面没有什么美感。因此在取景时，应该注意在画面的近景处安排水边的树木、花卉、岩石、桥梁、小舟、水鸟等，能够避免画面单调，为画面增添生机。

➤ 当面对一片平静的大海时，也许会觉得太过枯燥。但当前景处出现大量飞动的海鸟时，可为画面增添不少生机感，也会使人的内心澎湃起来，利用散点式构图表现成群的海鸟，画面会显得活泼、生动「焦距：70mm ｜光圈：F16｜ 快门速度：1/1000s｜ 感光度：ISO400」

要点 2：利用前景加强海面纵深感

在拍摄水面时，如果没有参照物，不容易体现水面的纵深空间感。可将前景中的景物也纳入画面中，通过近大远小的透视对比效果表现出水面的开阔感与纵深感。为了获得清晰的近景与远景，应该使用较小的光圈进行拍摄。在拍摄时应该利用镜头的广角端，这样能够使前景处的线条被夸张，从而使画面的透视感、空间感变强。

例如，在前景中安排长长的栈桥或长条形礁石，均能够增加画面的纵深感。

➤ 采用较低的拍摄视角以增强前景处岩石在画面中的视觉透视效果，在加强画面张力的同时，还使画面表现出了极强的纵深感「焦距：20mm ｜光圈：F16｜ 快门速度：5s｜ 感光度：ISO100」

寻找线条让画面有形式美感

要点 1：使用合理构图形式突出线条

在拍摄海水时应重点表现其流动感、蜿蜒感，常使用C形、S形曲线构图或斜线构图，这样的线条不但具有美感，同时还赋予画面一定的动感。另外，利用这些线条还可以起到视觉导向的作用，使画面看起来有向远处延伸的感觉。

例如，当海岸与海水交界时能够形成C形，当海水在礁石之间流动时能够形成S形，如果希望在画面中创造出斜线，可以通过倾斜相机来实现。

要点 2：运用长时间曝光塑造线条

在拍摄时还可以选择较慢的快门速度，以将水流的轨迹凝固成线条状，在拍摄时要注意使用三脚架，在确保在长时间曝光过程中，相机处于绝对稳定的状态。此外，要注意选择海面中有大量泡沫的位置进行拍摄，以使白色的泡沫通过长时间曝光形成运动轨迹。中等快门速度能够使水面呈现丝般的水流效果，如果曝光时间更长一些，就能够使水面产生雾化的效果，因此拍摄时曝光时间不宜过长。

要点 3：利用广角镜头俯视拍摄拉伸线条

利用广角镜头结合小光圈可得到大场景的画面效果，因此也可纳入更多的海岸线，在拍摄时应选择较高的拍摄地点，通过拍摄角度的调整将海岸线的走向很好地表现出来，以增加画面的空间感。

▲ 夕阳下海水的波纹呈现出弯曲不一的线条，无不透出一种灵动、婉约的美感 「焦距：35mm ｜光圈：F6.3｜ 快门速度：1/80s｜ 感光度：ISO400」

摄影问答 什么是风光摄影中常说的月亮法则

月亮法则是指月光 11、8 和 5.6 法则。即在拍摄月亮时，当快门速度为感光度的倒数时，拍摄满月时光圈为 F11，拍摄半月时光圈为 F8，拍摄 1/4 月时光圈为 F5.6。

拍摄技巧 让海面看上去更宽广

以横画幅进行取景并采用水平线构图，可以使画面中的大海看上去更宽广。因为水平线构图会使观者的视线在左右方向上产生视觉延伸感，当观者的目光随水平线左右移动时，自然能够增强画面自身的视觉张力，因此这种构图形式是表现宽阔水域的不二选择，不仅可以将被摄对象宽阔的气势表现出来，还可以给整个画面带来舒展、稳定的视觉感受。在拍摄时最好配合广角镜头，以最大程度上体现水面宽广的气势。

高、低海平线及无海平线构图

要点 1：利用高海平线表现前景

在拍摄海面时经常用到水平线构图，此时海平线则成为画面中非常重要的一条分割线。如果拍摄时前景处有漂亮的礁石、鹅卵石或小船，需要特意突出，可以将海平线安排在画面的上三分之一处，这种构图有利于突出画面的前景部分。

高水平线构图使天空的可视范围缩小，海面的可视范围增加，从而也增强了大海的纵深感 「焦距：16mm｜光圈：F8｜快门速度：1.6s｜感光度：ISO200」

要点 2：利用低海平线表现天空美景

如果天空中有漂亮的云霞、飞鸟、太阳，可以将海平线安排在画面的下三分之一处，使天空在画面中占大部分面积。通常不建议将海平线放在画面中间的位置，这种构图看上去略显呆板，而且画面有分裂的感觉。

几乎居于画面中间的海平线使天空与地面的景物都有所表现，画面给人很宁静的感觉 「焦距：18mm｜光圈：F7.1｜快门速度：1/13s｜感光度：ISO100」

要点 3：利用无海平线构图突出海上景象

除了上述安排海平线的方法外，也可以采取俯视角度拍摄使画面中完全不出现海平线，这样海面就成为纯粹的背景，从而突出表现海面上的视觉中心点。

表现飞溅的浪花

巨浪翻滚拍打岩石的画面有种惊心动魄的美感，要想完美地表现出这种惊涛拍岸卷起千堆雪的感觉，一定要注意几个拍摄要点。

要点 1：寻找合适的拍摄场景

在拍摄时要寻找有大块礁石而且海浪湍急的区域，否则浪花飞溅的力度感较弱，但在这样的区域拍摄时一定要注意自身安全。所选礁石的色彩最好黝黑、深暗一些，以便于与白色的浪花形成明暗对比。

要点 2：使用长焦镜头拍摄

为了更好地表现浪花，应该使用长焦镜头以特写或近景景别进行拍摄，并在拍摄时使用三脚架，以保证拍摄时相机保持稳定。

要点 3：控制快门速度

在拍摄时使用不同的快门速度，能够获得不同的画面效果。使用高速或超高速快门，能够将浪花冲击在礁石上四散开来的瞬间记录下来，使画面产生较大的张力。如果使用1/125s左右的中低快门速度，则可以将浪花散开后形成的轨迹线条表现出来，在拍摄时要注意控制礁石在画面中的比例，使画面有刚柔对比的效果。

▼ 使用长焦镜头结合高速快门拍摄，将海边飞溅起的浪花定格下来，画面极富动感，但在拍摄时需把握好浪花飞溅的节奏「焦距：200mm ｜光圈：F6.3 ｜ 快门速度：1/80s ｜感光度：ISO400」

拍摄技巧 用单色让照片更有情调

黑白照片是最经典的单色照片。虽然彩色照片是摄影创作的主流，但没有人怀疑黑白照片的魅力。无论是拍摄海面还是拍摄其他风光题材，在合适的光线与构图形式下，都能够使画面只有一种色彩，而这样的照片由于色彩纯粹，因此更容易打动观者，在实际拍摄中，可以利用天气、光线、白平衡来达到这一点。

例如，在日出、日落时分拍摄时，强烈的逆光能够使画面色彩更单调、纯粹。又如，在雾天拍摄时，可以利用白平衡使画面的色彩更纯粹。

学习技巧 最综合类摄影技法学习APP介绍——影像视觉

《影像视觉》是一本部分采用国外版权文章、部分采用国内原创文章的专业摄影杂志，与其他摄影类杂志不同之处在于，此杂志基本上专门讲解摄影技法与后期照片修饰处理技巧，因此，对于那些不喜欢阅读器材讲解、业界潮流信息的摄影爱好者而言，杂志的“水分”比较少，值得阅读、学习、借鉴的内容比较多。

现在通过下载其同名 APP 程序，就能够浏览其内容，以后只需要每月更新 APP，则可以浏览其当月杂志内容。

拍摄波光粼粼的海面

要点 1：寻找合适的天气

在逆光、微风的情况下，才能够拍摄到闪烁着粼粼波光的海面。

要点 2：寻找合适的时间段

不同时间段波光的颜色是不同的，如果拍摄时间接近中午，此时光线较强、色温较高，则粼粼波光的颜色偏向白色。如果是在清晨或黄昏拍摄，此时光线较弱、色温较低，则粼粼波光的颜色会偏向金黄色。

要点 3：使用小光圈

在拍摄时要使用小光圈，可使粼粼波光在画面中呈现为小小的星芒。

要点 4：设置曝光补偿

如果波光的面积较小，要做负向曝光补偿，因为此时大面积场景为暗色调；如果波光的面积较大，是画面的主体，要做正向曝光补偿，以弥补反光过强对曝光的影响。

➤ 在夕阳的照射下，环境呈现出暖调，利用高水平线构图很好地突出了波光粼粼的海面，而纳入前景中的人物剪影为画面增添了活力「焦距：300mm ｜光圈：F6.3｜ 快门速度：1/800s｜ 感光度：ISO400」

摄影问答 为什么在拍摄海面时，许多摄影师蹲下来拍摄

在拍摄大场景海面风景时，很多人认为以站姿拍摄还是以蹲姿拍摄好像没什么区别。但实际上，两者之间有较大差异，采用蹲姿拍摄的画面更有冲击力一些。

这是因为大场景风光之所以能够让人感觉到其气势，是由于整个场景给人一种由近到远的巨大空间冲击力，这种冲击来源于我们感受到的远景与近景的对比。

而当摄影师以站姿拍摄时，近景不再丰富，画面中缺少了远近对比元素，因此这样的画面冲击力就弱了。而以蹲姿拍摄时，近景丰富了起来，远近对比更加突出，因此画面就有了更强的视觉冲击力。

拍摄技巧 拍摄海岸风光的曝光技巧

在拍摄海岸风光时，水面上的高光、明亮的白色泡沫、巨大的黑色礁石都有可能使相机的自动测光系统发生误判，因此需注意场景中是否存在大片特别明亮或黑暗的区域，要根据这些区域的面积，给予相应的曝光补偿。每拍一张照片，就应该查看柱状图，如果有必要就重拍一张，或直接用包围曝光进行拍摄。

拍摄湖泊的技巧

拍摄水中倒影

在拍摄湖泊时，水中倒影在许多场景中常常被摄影者纳入镜头，如果利用得当，则能够创作出优美漂亮的画面。

要点 1：寻找合适的水域

选择理想的水域，是拍摄水面倒影的首要条件，很显然，只有借助干净的水面，才可以拍摄出细节清晰、色彩鲜明的倒影。

要点 2：选择色泽明快的表现对象

被摄实景对象最好是本身有一定的反差，外形又有分明的轮廓线条，这样水中的倒影就会格外明快、醒目。在选择被摄主体时，忌如下两种情况：一是选择色泽灰暗的被摄对象，如果原本色泽就灰暗的主体，倒影反映出来的影像会更加灰暗；二是景物重叠，如果景物之间相互重叠，外形没有明显的轮廓线条，形成的倒影会显得更加杂乱无章，画面也不可能明快。

要点 3：考虑光位对倒影的影响

顺光下景物受光均匀，采用这种光位拍摄，可以得到倒影清晰并且色彩饱和的画面，但缺少立体感。采用逆光拍摄的时候，景物面对镜头之面受光少，大部分处于阴影下，因而影像呈剪影状，不但倒影本身不鲜明，而且色彩效果比效差。相比而言，采用侧光拍摄的时候，景物具有较强的立体感和质感，同时也能够获得较为饱和的色彩。

摄影问答 为什么拍摄风景时最常用的曝光模式是光圈优先模式

衡量一张风景照片是否成功，一个很重要的标准是照片是否拥有最大景深，即整张照片从前到后都是清晰的。因此必须优先确定使用的是较小的光圈，而且当光线发生变化时，光圈不能发生改变，以避免整个场景的景深发生变化。要做到这一点，则必须使用光圈优先模式。

摄影问答 为什么在拍摄风景时，要特别考虑天空

通常天空的色彩及细节对彩色照片而言非常重要，这与黑白照片截然不同。如果拍摄的是黑白照片，发白的天空可能会让照片显得比较有趣味，但对于一张色彩丰富的照片而言，一片灰白的天空则会使整张照片成为废片。所以在拍摄风景时，要利用测光模式、曝光补偿、中灰渐变镜等不同摄影技法、器材，确保天空有丰富的色彩或细节。

利用水平线构图不仅可以将湖泊宽阔的气势呈现出来，还可使整个画面看起来舒展、稳定，给观者带来宽阔、安宁的感受「焦距：92mm ｜光圈：F11｜ 快门速度：1/2s｜ 感光度：ISO250」

要点4：控制曝光量

由于物体反射率的原因，水面反映的景物倒影总不如上面的实景明亮。实景与倒影上明下暗的亮度差异，对曝光的控制提出了较高要求。一般来说，倒影与实景相比，亮度差大约为1挡曝光量，也就是说倒影的亮度比实际景物低1级光圈。若以实际景物为主要表现对象，可以根据实景的亮度来确定曝光；如果觉得倒影更为重要，在曝光时可在对实际景物测光的基础上再增加0.5挡曝光补偿，使倒影曝光微欠0.5挡，而实景曝光略过0.5挡，二者得到兼顾。还可以使用中性渐变灰镜，能缩小甚至拉平实景与倒影曝光量的差异。

要点5：倒影扭曲程度影响水波

平静的水面能够如实地将景物反映出来，水面越是平静，所形成的倒影越清晰，有时候可以形成倒影与实际景物几乎毫无二致的画面。特别是一些环境幽静、人迹罕至的水域，倒影更是迷人。由于微风吹拂、水流潺动、鱼游鸟动、舟船等各种自然或人为因素的存在，多数情况下水面是不会如镜面一般风平浪静的。因此，只要有水波，倒影就会扭曲：水波的大小直接决定着影像的扭曲程度。这种流动感效果的倒影，无时无刻不在变幻，且没有固定的规律，只有适时抓取才能获得理想的影像。此外，如果流动的水波(如溪水有节律的波纹)和人为的搅动(如石子溅起的圈圈涟漪)交织在一起形成倒影，可以有着千变万化的复杂表现形式。这种莫测的变化之美，更有利于拍摄者主观能动性的发挥。不过，过度涌动的水波不利于倒影的拍摄，获得的影像有时过于抽象而无法让人辨认表现的内容。

▲ 选择夕阳时分表现湖泊，可将天空中美丽的云彩也纳入画面，与湖面的倒影构成一幅美轮美奂的画面「焦距：17mm｜光圈：F16｜快门速度：1/30s｜感光度：ISO100」

要点 6：决定物与影对称差异的因素

越是能够与实际景物产生对称式镜面反射倒影的场景，越是能够吸引拍摄者的兴趣。然而，实际景物与水面倒影是否接近对称，甚至能够完全对称，则取决于下面三个因素。

1.持机高度。相机越贴近水面，景与影就越对称。

2.水岸落差。坡岸越低，景物距水面越近，景与影就越对称。

3.拍摄距离。即持机者距被摄主体的距离，距离越远，景与影越接近对称。

要点 7：尝试另类的构图方式

拍摄倒影一般情况下会把实景包容到画面之中，不过有时不必墨守成规，比如，可以通过后期将画面上下颠倒过来，或有意识地将实景排除到画面以外，只留倒影。

◀ 要得到如左图所示效果的照片，其实并不是一件容易的事，首先要确保水面没有太大的波动；其次，要捕捉到桥上的模特状态生动、自然的时刻；最后，还要进行后期处理，以使天空部分色彩与亮度均合适，右边展示的同期拍摄的照片，均有不如意之处「焦距：200mm ｜光圈：F3.2｜ 快门速度：1/100s｜感光度：ISO100」

表现通透、清澈的水面

通过在镜头前方安装偏振镜，过滤水面反射的光线，将水面拍得很清澈透明，使水面下的石头、水草都清晰可见，也是拍摄溪流、湖景的常见手法，拍摄时必须寻找那种较浅的水域。清澈透明、可见水底的水面效果，很容易给人透彻心扉的清凉感觉，这种拍摄手法不仅能够带给观众触觉感受，还能够丰富画面的构图元素。

如果水面和岸边的景物，如山石、树木明暗反差太大而无法同时兼顾，可以分别以水面和岸边景物为测光对象拍摄两张照片，再通过后期合成处理得到最终所需要的照片，或者采取包围曝光的方法得到三张曝光级数不同的照片，最后合成为一张照片。

▲ 选择能见度比较高的天气，拍出的倒影才会比较清晰，拍摄时在镜头前安装偏振镜可以避免偏振光的干扰，水面的通透感会比较好「焦距：18mm ｜光圈：F8｜ 快门速度：1/200s｜ 感光度：ISO100」

摄影问答 运气对于风光摄影师来说有多重要

非常重要，但也并不是决定性因素。许多摄影师在谈到拍摄出优美风光摄影照片的要素时，都将运气放在首位，他们认为拍出好的风光照片，最重要的不是镜头也不是相机，而是运气。只要运气好，美景在眼前，即使是一个摄影新手，也能够拍出漂亮的风光大片。

然而，正如谚语所说，运气只青睐那些有准备的人。因此，把握运气其实也是有技巧的，例如，在什么时间拍摄，在什么地点拍摄，要等待多长时间可能会遇到理想的光线，等等，都需要事先了解相关情况，做出相应的规划。

因此，那些看上去运气好的风光摄影师，表面上看他们的运气似乎总比一般的摄影师要好，其实是事先搜集了丰富的资料，而且有深厚的技术功底做支撑。例如，在拍摄一个需要长时间曝光的题材时，没有携带三脚架怎么办？又如，在拍摄大光比场景时，没有中灰渐变镜也没有黑卡，又应该如何拍摄？类似这样的问题，可能出现在每一次外拍活动中，好的风光摄影师之所以出众，不仅是他们等到了漂亮的光线，遇到了难得一见的景观，更在于能够轻松解决上述问题，从而使他们能够灵活处理各种拍摄时遇到的问题，化平淡为神奇，从而拍出大片。

拍摄瀑布的技巧

避免在画面中纳入过多天空部分

在拍摄瀑布时，有时会采用仰视角度，此时注意不要在画面中纳入过多天空，因为拍摄瀑布时通常要进行长时间曝光，但这将导致画面的天空部分过曝，在画面中表现为白色或灰白色，影响画面的美观程度。

➤ 降低了拍摄瀑布的角度，因此避免了画面中出现过于明亮的天空，即使经过长时间曝光，画面中也没有出现过曝的现象「焦距：35mm 光圈：F11 快门速度：13s 感光度：ISO100 」

通过对比表现瀑布的体量

通过已认知事物的体量来判断未知事物的体量，是人类认识事物的一般规律。这种方法也可以运用在摄影中。拍摄瀑布时在画面中安排游人、游艇等物体，即可通过对比来表现瀑布的体量。

为了更好地表现瀑布的体量，在拍摄时应该使用广角镜头，采用远景的景别进行构图，从而在画面中充分体现瀑布的全貌，以与游人产生强烈的对比。

▲ 被青山绿树环绕的呈阶梯状的水流呼啸而下，最下方的水面上有船只缓缓游荡，通过船只和瀑布的对比，可判断出瀑布庞大的气势「焦距：18mm ｜ 光圈：F13 ｜ 快门速度：1/160s ｜ 感光度：ISO320 」

竖画幅表现瀑布的垂落感

通常落差越大的瀑布，其周边弥漫的水汽也越浓，这是由于瀑布上方的水流经过较大的落差垂落后，砸在下面的水面、岩石上形成的，因此在拍摄瀑布时，不仅要表现宽阔、壮观的瀑布，还要表现出其重逾千斤的垂落力度。

要表现瀑布的垂落感，竖画幅是最佳的选择，采用这种画面拍摄瀑布，可使瀑布水流看上去更有冲击力。

在构图取景时一定要将瀑布的源头纳入画面，否则就会给人无源之水的感觉，减弱了画面的整体感。

➤ 采用竖画幅构图表现了隐藏在山间的瀑布垂落的效果。大山深处，绿枝相扶，向远处望去，只见洁白如雪的瀑布飞泻而下「焦距：30mm ｜光圈：F16｜ 快门速度：1s｜ 感光度：ISO100」

利用宽画幅表现宽阔的瀑布

在干旱的北方，很少有大型瀑布，而在雨水充沛的南方，体量较大的瀑布却并不少见，如著名的黄果树瀑布、德天瀑布，尤其是德天瀑布，即使乘坐中型旅游观光船前去观赏，也仍然会感觉到人类在自然面前的渺小。而如果要拍摄尼亚加拉那样的超大型瀑布，使用超宽画幅是最好的选择。

要拍摄上述横向跨度较大的瀑布，应该充分利用广角镜头以宽画幅甚至超宽画幅，以便于表现宽大的瀑布或瀑布群，并使画面有开阔的视野，拍摄的同时还能够交代瀑布周边的环境。

▼ 利用横画幅表现了瀑布宽阔的气势「焦距：23mm ｜光圈：F16｜ 快门速度：6s｜ 感光度：ISO100」

使用高速快门拍出奔腾的瀑布

要点 1：选择合适的拍摄角度

采用广角镜头可以更好地突出表现瀑布景观整体的磅礴气势。另外，如果能够在较高的位置以俯视角度拍摄，则可以更好地表现瀑布的倾泻之势。

要点 2：选择合适的光线

最好采用侧光或侧逆光拍摄，这两种光线能够增强画面的立体感，尤其是能突出被凝固浪花的质感，使画面有“近取其质，远取其势”的效果。

要点 3：使用快门优先模式

在拍摄时最好用快门优先模式，以便根据水流的速度来控制快门速度。

要点 4：设置较高快门速度

要完美地表现出瀑布波涛汹涌的气势，在拍摄时要注意对快门速度的控制。使用高速快门才能够抓拍到瀑布飞奔而下的气势，如果使用的快门速度较低，水流会呈现出柔顺感，无法体现出桀骜不驯的奔腾气势。

要点 5：减少曝光补偿

适当做负向曝光补偿可使画面颜色更加浓郁。

▲ 面对汹涌澎湃的壶口瀑布，使用高速快门拍摄，可将瀑布浪花翻滚的瞬间准确记录下来，将黄河一泻千里的气势表现得很好「焦距：17mm ｜ 光圈：F8 ｜ 快门速度：1/640s ｜ 感光度：ISO200」

使用低速快门拍出丝绸般的瀑布

要点 1：安装中灰镜

在实际拍摄时，为了防止曝光过度，可以使用较小的光圈，以降低镜头的进光量。如果画面仍然过曝，要考虑在镜头前加装中灰滤镜，这样拍摄出来的瀑布是雪白且呈丝绸般质感效果。

要点 2：使用三脚架

由于快门速度很慢，所以一定要使用三脚架辅助拍摄。

要点 3：使用快门优先模式

在拍摄时要使用快门优先模式，以便根据水流的速度来控制快门速度。

要点 4：设置较低的快门速度

使用低速快门拍摄瀑布，可使水流呈现丝绸般的效果，为画面赋予特殊的视觉魅力。

要点 5：开启曝光降噪

由于需要长时间曝光，因此，在拍摄时应开启长时间曝光降噪功能，以减少画面中的噪点。

▲ 河床上的冰雪尚未完全融化，瀑布仍在流淌，利用岸边的地势架好三脚架，使用低速快门拍摄，得到呈现柔滑效果的瀑布画面「焦距：28mm ｜光圈：F22｜ 快门速度：6s｜ 感光度：ISO100」

拍摄溪流的技巧

不同角度拍出溪流不同的精彩

在拍摄溪流、瀑布时，不一定非要使用广角镜头，有时使用中长焦镜头，从溪流、瀑布中找出一些小的景致，也能够拍摄出别有一番风味的作品。特别是当溪流、瀑布的水流较小、体积不够大时，就可以尝试使用中长焦镜头，沿着溪流、瀑布前行，以便找到较为精彩的画面。

在构图时应该将重点放在造型或质感较为特殊的石头上，从而使坚硬的石头与柔软的流水形成鲜明的对比，如果能够在画面中加入苔藓或落叶，则更能够增强画面的生动感。

摄影问答 为什么拍摄溪流时要用偏振镜

因为水流与溪流中湿润的石头对光线的反射率很高，因此，为了避免将反光处拍摄成为无细节的白色区域，就需要使用偏振镜控制反射光。在拍摄时，可以通过旋转偏振镜，控制消除反射光的程度，以适当保留石头上的光泽。此外，偏振镜由于具有阻光作用，因此能够降低快门速度，以便拍摄出如丝般的瀑布水流。

拍摄技巧 用广角镜头拍摄溪流在取景时要注意的问题

由于广角镜头的视野很宽广，而溪流的旁边通常有杂草、枯枝、腐叶或其他垃圾，因此，通过取景器取景构图时，一定要注意观察画面的四周，确保没有这些会影响画面效果的元素。

◀ 山间的溪流向低洼处流淌，小溪周围的石块布满苔藓，画面清新自然，在拍摄时可以采用仰视角度，得到的画面层次感、空间感都比较细腻「焦距：18mm ｜光圈：F14｜ 快门速度：3s｜ 感光度：ISO100」

准确控制曝光量

在拍摄溪流时控制曝光量非常重要，因为在整个画面中既有反光率较高的流水，也有反光率较低的岸边植被、石块、树木，因此如果不能够很好地控制曝光量，很可能导致流水过曝或反光率较低的区域过于深暗。在拍摄时应考虑这两个部分在画面中的比例，以1/3级曝光量为调整步长，逐步调整曝光参数，通过反复尝试完成设置曝光参数的工作，直至拍摄出令人满意的作品。

▲ 通过较长时间的曝光得到的溪流呈白色丝绸的效果，在碧绿植物的衬托下画面非常清新「焦距：35mm | 光圈：F11 | 快门速度：5s | 感光度：ISO100」

通过动静对比拍摄溪流

要使拍出的溪流画面更耐看，必须处理好画面的动静对比关系，即画面中的溪流必须有流畅、飘逸的动感，而其他环境构成元素，如树干、石头必须在画面中有稳重、扎实的静止感，这样的画面才能在对比中给人沉稳、厚重的感觉，只有这样才能使画面如梦如幻、诗意盎然。如果画面上全是实景，会给人以憋闷、沉坠、呆板之感；反之，画面中的景物全虚，会令人感到空虚、轻浮。因此，只有在画面中处理好虚化的流水与实在的环境，并使两者在构图上互相补充、互相陪衬，才能使画面耐人寻味。

要使画面虚实得当，主要依靠控制相机的快门速度，为了显示溪流的动势，使流水看起来轻柔飘逸，感觉起来更虚化，必须使用慢速快门，快门速度越慢，溪流越有流动感，常用的快门速度为1/2秒至1秒，甚至可以长达几秒。

▲ 在表现溪流流动的感觉时，可通过纳入旁边的石块形成动静对比「焦距：55mm | 光圈：F13 | 快门速度：6s | 感光度：ISO100」

拍摄山景的技巧

利用大小对比突出山的体量感

古诗云“不识庐山真面目，只缘身在此山中”，因此要想拍好山的整体效果，就要在山的外围或其他山的山顶拍摄，这样才能以更全面的角度观察、拍摄山脉。

要点 1：寻找合适的陪体

想要表现山的雄伟气势及壮观效果，最好的方法就是在画面中加入人物、房屋、树木等对象作为参照物来衬托山川，从而通过以小衬大的对比手法，使观者能够准确地推测出山的体量。

要点 2：利用广角镜头拍摄

由于广角镜头视野宽广，可纳入较多的景物，因此通常应该使用广角镜头进行拍摄，以得到气势宏大的画面，并与纳入画面中的人、树、屋等小景形成明显的大小对比。

拍摄技巧 拍好山景的几个细节

1. 加入前景。无前景会使画面仅停留在山景本身，而有了前景，使画面从山景回归到地面，并且合而为一，成为一幅有较大空间感的画面。

2. 加入生命体。在拍摄风景时，时常会选择有生命的参照体，不仅可以衬托大自然的伟大，还可以增加画面的生命力。

3. 加入点缀。如果仅仅是拍摄山岳本身，那么照片整体看来难免会显得呆板，因此可以适当调整构图，为照片加入一些点缀，从而让照片显得更为生动。除了上面提到的生命体之外，也可以是其他对象，如山顶漂浮的云彩、山下的树木与花朵等。

4. 不要固守“黄金时间”。在包括山景在内的风光摄影中，最好的时间是日出后或日落前一小时之内，这就是“黄金时间”。此时的风景在多变的阳光照射下会非常迷人，而且充满变化。但如果在山中等待黄金时间的到来，却可能完全错过它，或者发现它的效果并没有想象中那么神奇。配合恰当的器材与技法，我们完全可以在其他时段也拍摄出出色的山景摄影作品。

5. 注意影子。在拍摄山景时，可能需要背对太阳，用顺光来消除面前山景的阴影。但结果可能会在地上产生树木或其他物体的影子。要避免这些不自然的影子并不容易，可以尝试将构图安排在湖水或溪流旁边。

◀ 大大小小的山峰散落在广阔的原野中，前景处的雪地上游人在享受着雪带给他们的快乐，采用广角镜头俯视拍摄，在画面中看起来特别渺小的游人将山峰的体量衬托得尤为宏大「焦距：24mm｜光圈：F11｜快门速度：1/640s｜感光度：ISO400」

超宽画幅全景式展现山体

超宽画幅是指画面的宽度与高度比大于2：1的一种画幅，画面的视角超过了90°，其长宽比可以达到5：1甚至更高，因此这种照片的视野更加开阔。超宽画幅常用于风光或建筑摄影中，以表现画面的整体场景，又被称为全景图。

要点 1：使用三脚架

需使用带有三维云台（球型云台亦可，但操作起来较麻烦）的三脚架，在保证相机稳定的同时，能够更灵活地在水平方向上进行移动。

要点 2：设定曝光组合

使用光圈优先模式，根据画面所需要的景深设置光圈的大小。半按快门对要取景的主体部分进行对焦及测光，记录下得到的曝光值。按照上述测光结果重新设定光圈、快门速度及ISO感光度的数值。

▲ 利用超宽画幅可将山脉壮阔的气势表现得淋漓尽致；斜线构图形式以及留白的天空则为画面增添了透气感

摄影问答 拍摄山景应携带哪个焦段的镜头

在拍摄山景时，由于需要攀登到较高的位置，因此应尽量精减所携带的物品，镜头也不例外。优先携带的应该是具有广角端的大倍率变焦镜头，如焦距为 18-200mm、28-300mm、24-105mm 的变焦镜头。如果没有此类镜头，可以携带两支镜头，一支为有广角端的镜头，如焦距为 24-70mm、24-105mm 的镜头；另一支为有长焦端的镜头，如焦距为 70-200mm、70-300mm 的镜头。这样既可以用广角端拍摄大场面风光，又能够用长焦端拍摄远不可及的高山风景。

摄影问答 寒冷环境中，使用高感光度拍摄的照片噪点更少

由于严寒的拍摄环境会使感光元件的温度更低，因此，不会像常温那样产生热噪，换言之，使用相同的高感光度进行拍摄时，在寒冷环境下拍摄的照片中的噪点比常温下拍摄的照片中的噪点要少。

拍摄提示 高山摄影注意防止镜头起雾

在海拔较高的山上摄影时，风往往比较大，此时一定要注意不能任由寒风直吹镜头，因为这样很容易导致镜头起雾。

要点 3：切换至手动对焦模式

为了保证画面的焦点一致，建议将对焦方式切换为手动对焦模式，并保持之前对焦的位置不变。完成这一系列的设置后，即可分别针对各分景图进行拍摄了。

要点 4：在同一水平高度拍摄

对数码单反相机而言，超宽画幅的照片是无法直接拍摄完成的，通常都是在保持相同高度的视角和相同曝光参数的情况下，在水平方向上移动相机的视角，连续拍摄多张照片，最后通过后期处理软件进行合成获得的。

要点 5：留出重复区域

在拍摄时要注意两张照片之间要有一定的重复区域，以便于后期拼接。

表现山景时将云雾也纳入画面中

要点 1：利用云雾增加灵气

水因山而显得更为灵秀，山也可以因为水的映衬而更显雄奇，这就是陪体的作用。在拍摄山峦的时候，可以借助云、雾等陪体来使山峦看上去更具有灵动、缥缈的效果。

云雾是展现山峦的重要因素，它千姿百态，单纯中隐藏着丰富，平凡中蕴涵着奇美。薄雾掩盖了杂乱的背景，简单地勾勒出画面中山峦的形象，清新俊美的山峰在雾里若隐若现，清新淡雅的色彩仿佛一幅水墨画，画面别有一番情趣。

采用小光圈和广角镜头拍摄山峰及云雾，画面虚实相间，山峰在云雾的衬托之下看起来更灵动、缥缈，让人产生一种想亲临其境的冲动「焦距：18mm｜光圈：F16｜快门速度：1/250s｜感光度：ISO400」

要点 2：利用云雾表现意境

在拍摄黄山等常见云海的山景时，需要特别注意在画面中加入云雾元素。拍摄有云雾衬托的山景照片，在构图时应注意适当留白。

在选择光线时可以考虑顺光或前侧光，使画面形成空灵的高调效果，逆光不利于突出云雾的质感。

过淡及过于稀薄的云雾会使光线直射下的山景一览无余，让人感觉像白开水一样淡而无味。云层过于浓密也不是一件好事，它会使画面失去该有的层次。最漂亮的山景照片大都有浓度适中的云雾缭绕，观者能够在画面中充分感受到“山在虚无缥缈间”的意境。

层层叠嶂的山峦仿佛一幅浓淡相宜的中国水墨画「焦距：28mm｜光圈：F8｜快门速度：1/25s｜感光度：ISO100」

拍摄技巧 山景的基本拍摄步骤

1. 将镜头更换为与拍摄题材相对应的镜头，如要拍摄大场景应该更换为广角镜头（17~40mm），要拍摄远景或不易接近的地方应更换标准变焦镜头（24~105mm）或远摄变焦镜头（70~200mm）。

2. 如果方便架设三脚架，应该使用三脚架以增加拍摄的稳定性，否则应该以正确的姿势持机，以避免由于手部动作导致照片发虚。

3. 设置拍摄模式为光圈优先模式，并设置光圈值为 F8~F16，以保证足够的景深。

4. 在光线充足的情况下，可以将感光度设置成为 ISO100，以获得较高的画质。在弱光情况下，可以适当提高 ISO 数值，只要不超过 ISO1600 基本无需开启“高 ISO 感光度降噪功能”，如果照片的存储格式为 RAW 格式，也无需开启此功能。

5. 如果光线均匀、明亮，可以将测光模式设置为“评价 / 矩阵测光”；如果希望拍摄逆光剪影效果，可以将测光模式设置为“点测光”，并对山体上较亮的区域进行测光并拍摄。

6. 如果拍摄的是雪山，可适当增加 1/3~2/3 挡的曝光补偿。

7. 半按快门进行测光，然后按下自动曝光锁以锁定曝光。半按快门对拍摄对象进行对焦，对焦成功后，保持半按快门状态移动相机重新构图。

8. 完全按下快门即可完成拍摄。

摄影问答 风光摄影中提到的“KISS 法则”是什么意思

KISS 是英文 Keep It Simple Stupid 缩写，意思是务求简单，简单到不用思考的地步。具体到摄影中，是指拍摄时一定要记住，让照片承载的信息越少越好。一个简单的方法是，使用镜头实现简洁构图，即使用长焦镜头或者长变焦镜头放大选定的区域，从而将其他元素排除在画面之外。在拍摄时使用的镜头焦距越长，视角越窄，可视画面范围就越小，画面也就会越简洁。

利用不同的光线来表现山脉

要点 1：逆光突出山的线条感

采用逆光拍摄山脉，由于山的主体隐藏在阴影中而使其体积感变弱，在画面中只显示出山脉起伏的形体轮廓。拍摄这样的照片时，应对天空较亮的区域进行测光，以便最大限度地保留天空的细节，压暗地面景物的亮度，使它更接近于剪影的效果，在层次丰富的天空衬托下，山的轮廓显得更清晰、鲜明。

在拍摄时应注意选择轮廓线条有特点的山脉或山体的局部进行表现，如果此时天空中有漂亮的云彩，则能够使画面更丰富、漂亮。

▲ 采用逆光拍摄巨大的山体，在天空的映衬下山峰呈现为黑色的剪影，天边的一束光芒照亮了湖岸边的小树林，使画面犹如开启了一扇窗口，有种豁然开朗的感觉「焦距：40mm ｜光圈：F22｜ 快门速度：1/30s｜ 感光度：ISO100」

要点 2：侧逆光表现层次感

在侧逆光的照射下，山体往往有一部分处于光照之中，因此不仅能够表现出明显的轮廓线条，还能显现山体的少部分细节，并能够在画面中形成漂亮的光线效果，会将山峦表现得很有层次感，因此是比逆光更容易出效果的光位。

▲ 在侧逆光的照射下，山峦呈现出深浅不一的颜色，虽然是剪影形式的画面，但仍不缺乏层次感「焦距：100mm ｜光圈：F16｜ 快门速度：1/400s｜ 感光度：ISO100」

要点 3：侧光拍摄日照金山的效果

如果要拍摄日照金山的效果，应该在日出时分以侧光光位进行拍摄。此时，金色的阳光会将雪山顶渲染成金黄色，但由于阳光没有照射到的地方还是很暗的，因此，如果按相机内置侧光表测量的曝光参数进行拍摄，由于画面的阴影部分面积较大，相机会将画面拍得比较亮，造成曝光过度，使山头的金色变淡。

要拍出金色的效果，就应该根据白加黑减的曝光补偿原理，减少曝光量，即向负的方向做0.5~1 挡曝光补偿。

如果希望在突出山体轮廓感的同时展现其局部细节，可以选择侧逆光拍摄，此时山体面向相机的一侧几乎处于阴影之中，只有一小部分受光，并形成漂亮的轮廓光，从而突出画面的空间感和立体感。

▼ 山脉和天空同处在一片蓝色之中，十分沉闷，忽然间大山的一侧被阳光照亮，呈现出金黄的色泽，画面顿时增添了一丝神秘的色彩「焦距：280mm ｜光圈：F8｜ 快门速度：1/1000s｜ 感光度：ISO1600」

利用局域光拍摄山谷

在阴云密布的天气中，阳光透过云层的某一处缝隙照射到大地上，形成被照射处较亮，而其他区域均处于较暗淡阴影中的画面效果，这种光线被称为局域光，其形成带有很大的偶然性。如果在拍摄时碰到了可遇而不可求的局域光，则应该抓住这样的时机使用局域光来改善画面的影调。

要点 1：设置曝光补偿

在局域光照明下，画面反差比较大，容易形成对比强烈的阴阳面，尤其是在夏季光照比较强烈的条件下拍摄时，应根据画面中实际亮度和影调情况进行适当的曝光补偿，才能获得比较准确的曝光。

要点 2：使用点测光模式

在拍摄光照不均的局域光场景时，应该用点测光模式对受光区域的主体高光部分进行测光，以便在突出表现主体的同时，兼顾阴影的亮度及层次。在确定曝光参数时，可针对被摄场景及阴影部分的多个区域进行测定，对获得的曝光参数进行加权平均后即可确定最终应该采用的曝光参数，从而使各部分的影像获得较为均衡的曝光。

要点 3：设置白平衡

利用局域光拍摄时，光照区的主体通常能够得到正确的色彩还原，而阴暗部分则可能出现偏色，此时除了选择自动白平衡模式以外，还可以尝试使用阴影白平衡或日光白平衡模式，从而获得色彩不同的画面效果。

▼天空中一缕阳光透过云层直射在绿幽幽的山谷之中，被照亮的部分色彩明快，与天空、流水和周围山脉形成了强烈的明暗对比，作品看上去大气且不失灵动之美，这和摄影师的独具慧眼以及把握时机的能力是分不开的「焦距：20mm ｜光圈：F5｜ 快门速度：1/100s｜ 感光度：ISO250」

拍摄日出日落的技巧

正确的曝光是成功的开始

要点 1：使用点测光模式

在拍摄日出日落时，较难掌握的是曝光控制，此时天空和地面的亮度反差较大，如果对准太阳测光，太阳的层次和色彩会有较好的表现，但会导致云彩、天空和地面景物曝光不足，呈现出一片漆黑的景象；而对准地面景物测光，会导致太阳和周围的天空曝光过度，从而失去色彩和层次。正确的测光方法是使用点测光模式，对准太阳附近的天空进行测光，这样不会导致太阳曝光过度，而天空中的云彩也有较好的表现。

要点 2：设置曝光补偿

为了保险，可以在标准曝光数值的基础上，增加或减少一挡或半挡曝光补偿，再拍摄几张照片，以增加挑选的余地。如无把握，不妨使用包围曝光，以避免错过最佳拍摄时机。

要点 3：使用三脚架

一旦太阳开始下落，光线的亮度将明显下降，很快就需要使用慢速快门进行拍摄，这时若用手托举着长焦镜头会很不稳定。因此，拍摄时一定要使用三脚架。

要点 4：灵活调整曝光参数

在拍摄日出时，随着时间的推移，所需要的曝光数值会越来越小；而拍摄日落则恰恰相反，所需要的曝光数值会越来越大，因此在拍摄时应该注意随时调整曝光参数。

➤ 霞光倒映在湖面上，金光闪闪；太阳挂上树梢，把背景照得极度明亮。减少一挡曝光补偿后，画面中的天空看起来十分绚丽，地面景物则呈现为漂亮的剪影效果「焦距：270mm ｜光圈：F9｜ 快门速度：1/1600s｜感光度：ISO200」

利用陪体为画面增添生机

要点 1：寻找合适的陪体

从画面构成来讲，在拍摄日出日落时，不要直接将镜头对着天空，这样拍摄出来的照片显得单调。可选择树木、山峰、草原、大海、河流等景物作为前景，以衬托日出与日落时特殊的氛围。尤其是以树木、船只、游人等作为前景时，可以使画面显得更有生机与活力。

要点 2：选择合适的视角

由于在日出或日落时拍摄，大部分景物会被表现成为剪影，因此一定要选择合适的视角进行拍摄，以避免所选择的陪体与背景的剪影相互重叠，使观者无法清晰地分辨出不同景物的轮廓。

例如，在下面展示的照片中，摄影师拍摄时均采用了俯视角度，从而使小船映衬在水面上。

▲ 城市深处，建筑林立，夕阳西下，以逆光拍摄，把前景处湖面上的游船也纳入画面，使其呈现为剪影，为画面增添了活力「焦距：300mm ｜光圈：F8｜ 快门速度：1/1000s｜ 感光度：ISO100」

拍摄技巧 拍出大太阳的技巧

如果希望在照片中呈现出体积较大的太阳，要尽可能使用长焦镜头。通常在标准的画面中，太阳的直径只是焦距的 1/100。因此，如果用 50mm 标准镜头拍摄，太阳的直径为 0.5mm；如果使用 200mm 的镜头拍摄，则太阳的直径为 2mm；如果使用 400mm 长焦镜头拍摄，太阳的直径就能够达到 4mm。

拍摄技巧 拍出太阳光芒的技巧

要拍出太阳光芒，应该使用以下两个操作技巧。

首先，要使用小光圈，光圈越小，太阳光芒的效果就越明显，但也不能使用过小的光圈，以避免由于光线的衍射效应而导致照片画质下降。

其次，太阳在画面中应该以点光源形式出现，以从取景器中观察整个画面时，不直视太阳最亮处，感觉不很刺眼为原则。太阳在画面中越小，光芒的效果就越明显，但也不能过小，以避免光芒过短。

拍摄日出日落时的云彩

在拍摄日出日落时，云彩有时是很重要的表现对象，无论是日在云中还是云在日旁，在太阳的照射下，云彩都会表现出异乎寻常的美丽，云彩中间或旁边透射出的光线更应该是摄影的主角。

要点 1：使用点测光模式

镶有金边的云彩是大多数摄影师的最爱，当太阳接近云彩的边缘时，云彩由于受到阳光的直射会出现金色的边缘，只要抓住有利时机抓拍这样的景色，就能提高出好片的概率。在拍摄时，可使用点测光对云彩的亮处进行测光以突出云彩的金边效果。

要点 2：拍摄日出时的云彩

清晨的阳光色温较低，云彩呈灰白色，受阳光直射部分常常呈现为橘红色的暖调，未被阳光照射的部分由于色温较高，所以阴影部分呈现为偏蓝紫色的冷调。

要点 3：拍摄日落时的云彩

黄昏时云彩均呈现出耀目的黄色、红色，能够拍摄到漂亮的火烧云景观。拍摄时可针对云海阴影部分测光以得到正确的曝光数据，使阳光照射下的云彩成为画面中的高光部分，同时兼顾了亮部的景物，使画面整体层次丰富、透视感强。

▲ 满天飞舞的云彩让人惊叹不已，已十分罕见，拍到更是幸运之极，采用低水平线构图，给人带来强烈的视觉效果「焦距：17mm ｜光圈：F9｜ 快门速度：1/50s｜ 感光度：ISO100」

拍出光芒万丈的太阳

“光芒万丈”是形容太阳光芒的常用词语，要拍出这种意境的太阳，可以选择在多云的天气进行拍摄，此时太阳在云层中半隐半现，光线则会穿过云层，在天空中呈现出光芒万丈的效果。

要点 1：选择合适的季节

由于春、秋两季的云彩较多、云层较厚，因此相对而言更适合拍摄这种效果的画面。

要点 2：使用放射线构图

拍摄这种效果的画面，需要在构图时强调放射状的光线效果，即利用太阳的光线构成放射线构图，从而使画面看起来有发散感和视觉冲击力。由于重点表现太阳的光芒线，因此太阳在画面中不应该占据太大的面积，可以用广角镜头拍摄，并将太阳安排在画面的黄金分割点位置上。

要点 3：设置曝光参数

将相机设为光圈优先模式，并将光圈设为F4~F10，避免使用较大的光圈导致光芒模糊。为了获得较高的画质可使用较低的感光度，由于是面对太阳拍摄，所以不会因此导致快门速度过慢。

要点 4：减少曝光补偿

为了使暗部更暗来衬托光线，可适当减少曝光补偿。

要点 5：使用点测光拍摄

为凸显出太阳的光线效果，应使用点测光对天空中的亮处进行测光，锁定曝光后，重新构图再进行拍摄。

▼ 使用较小光圈拍摄，并对天空亮度均匀区域测光，可使太阳及穿破云层的光线略微过曝，从而获得光线四溢且极为耀眼的视觉效果。另外，在拍摄时将白平衡设置为阴天模式，使太阳的金色光芒更加浓郁，因此画面更有艺术感染力「焦距：80mm ｜光圈：F10｜ 快门速度：1/640s｜ 感光度：ISO100」

拍摄云彩的技巧

降低曝光补偿让云彩显得厚重

在拍摄云彩时，适当地降低一些曝光补偿，可以让天空及云彩亮度降低，不仅能够使云彩显得更加厚重，而且还能获得相当不错的层次感，在拍摄火烧云、阴天密布的天空时，使用这一拍摄技巧的效果尤其明显。

▲ 傍晚时分，云彩铺满天空，上半部分是深紫色的，下半部分是血红色的，十分燥热，感觉天空要着火一样，降低一挡曝光补偿进行拍摄，云彩的颜色、质感都得到了很好的表现「焦距：18mm ｜光圈：F5.6｜ 快门速度：1/320s｜感光度：ISO400」

名师指路 从布列松的作品中学习构图

法国纪实摄影大师亨利•卡蒂埃•布列松（Henri•Cartier•Bresson）在构图时非常注重等待好的时机，也就是指“决定性瞬间”，并会把所有对画面表现有利的东西都考虑进去，包括主体、背景、光影等，常以"几何图形"的形式去构成他大部分的重要作品。

低速快门下的流云画面

要点 1：低速快门记录流云轨迹

除了常见的静止云彩画面，还可以借助于动感效果来表现云彩，因为天空中的云彩是一直移动着的，只是由于距离地面较远，而移动的位置又不大，有时是感觉不到移动的。若要得到动感效果的云彩画面，需使用低速快门来拍摄。

在保证不会曝光过度的前提下，长时间的曝光可使云彩在画面中形成运动模糊的效果。如果拍摄时的环境较亮，可以考虑使用中灰镜来阻光，以降低快门速度。

实际上，可以通过Photoshop等后期处理软件轻松得到这种效果。

▲ 为了表现出流云的气势，可降低快门速度，并使用低水平线构图，使其在画面中看起来很有张力「焦距：18mm ｜光圈：F8｜ 快门速度：22s｜ 感光度：ISO100」

要点 2：利用云彩形成有张力的放射线构图

在表现流云效果的画面时，为了增加画面的张力，可借助于广角镜头的透视特性，这样可夸张表现近大远小的视觉效果。在构图时，将地平线置于画面的下三分之一处可更好地突出流云。

需要注意的是，为了使流云的动感效果更明显，应选择迎风的位置进行拍摄。

▲ 平静的湖面上空，蓝紫色的云彩在缓缓流动，以低水平线构图拍摄，大面积的云彩成为主要表现对象，使用低速快门可使云彩的流动感得到加强，画面最终给人以一种新鲜、瑰丽的感觉「焦距：20mm ｜光圈：F9｜ 快门速度：26s｜ 感光度：ISO100」

拍摄气势磅礴的云海

要点 1：选择云海较多的秋季

拍摄云海时一定要注意季节、天气的选择，云海经常出现在昼夜温差较大的秋天，特别是下雨后的第二天为晴天时，因此应事先关注天气预报，在可能出现云海的天气前往拍摄地点，就能提高遇到云海的可能性。

要点 2：选择较高的拍摄地点

如果想拍出气势磅礴的云海，拍摄地点的选择也很重要，有时在山下看起来天空阴云密布，如果攀登到顶峰，可能就会看到蓝天当空、红日当头，茫茫云海漫无边际地铺在脚下，层层云涛一浪高过一浪，因此只有到达一定的高度，才有可能拍摄到漂亮的云海。

▲ 清晨是拍云海的好时候，因此需要早早起床，爬到一个制高点，待云海出现了，使用广角镜头拍摄，这样便可轻松地拍到云海的磅礴之势「焦距：28mm ｜光圈：F8｜ 快门速度：1/200s｜ 感光度：ISO200」

摄影问答 在什么季节及气象条件下容易出现云海景观

秋、冬、春季节交替之际，水汽充沛，是拍摄云海的上佳时间。此外，气象条件还应该符合以下条件。

- 湿度：雨后的清晨或黄昏，由于空气的湿度较高，出现云海的概率较大。
- 温度：当温度在 10~20°C 之间。
- 风速：如果风速过大，会吹散水汽，因此出现云海的地方，风速通常不大。

拍摄技巧 拍摄云海时调整曝光补偿的技巧

由于以云海为主的照片色调通常以浅色、亮色为主，因此准确曝光非常重要。而曝光补偿则是调节画面整体亮度的重要参数。

通常在拍摄云海时要增加曝光补偿值，但必须以整个画面的高光部分不过曝为原则。另外，还要考虑云海所占整个画面的比例，面积越小，曝光补偿值应该越低，反之，则应该越高。

要点 3：避免利用顺光拍摄

在顺光照射下，云海表面会产生强烈的反射现象，云海的波峰和波谷受光、反光均匀，因此云海看上去色泽相差不大、影调又基本一致，这样拍摄出来的画面明暗对比不明显、层次不分明，很难出佳作。

要点 4：利用逆光或侧逆光拍摄

在逆光或侧逆光照射下，云海的波峰、波谷有明显的明暗区分，两者反差较大，云海的细节被很好地勾勒了出来，有较强的空间感、透视感、层次感。由于低角度逆光或侧逆光只出现在清晨和傍晚，因此，采用逆光拍摄云海的时机通常是在一天中的清晨与傍晚。

要点 5：按云海的亮度进行曝光

在拍摄云海时，最好按照云海的平均亮度作为曝光基准，这样才能较好地表现出云海细部，此时云海周围景物因曝光不足呈深灰色调或者呈剪影状态(逆光下)，正好同明亮的云海形成鲜明的明暗对比和色调对比。

▼ 利用小光圈和长焦镜头拍摄山间迷雾，浓浓大雾在山体的衬托之下显得十分磅礴、大气「焦距：200mm ｜光圈：F10｜ 快门速度：1/40s｜ 感光度：ISO400」

拍摄雪景的技巧

通过明暗对比使画面层次更丰富

拍摄雪景时要选择和安排好画面中的景物，通过明暗对比使画面的层次更丰富。由于积雪常常淹没或者部分淹没地面上的一些物体，因此在画面中雪地所占的比例通常要大于其他物体，在色调上表现为浅颜色所占的比例大于其他颜色。因此，如果不注重雪中景物的选择和安排，拍摄出来的画面就会显得平淡，缺乏层次和深度感。

在拍摄大面积雪景时，在构图时必须在画面中安排色调偏深的建筑物、树木、山石、人、鸟、船等元素来活跃画面，使画面浅中有深，显得有变化与层次。另外，如果拍摄的场景中有人或动物活动的痕迹，在不显得零乱的前提下，应该安排在画面中，以增加画面的层次、色调对比和线条结构，使画面显得更加丰富、生动、活泼。

▲ 当大雪覆盖天地间的万物时，整个世界好像披上了洁白的外衣，如童话世界一般，让人心生向往。在拍摄时将深色的房屋安排在前景处，通过浅色和深色的对比，画面的空间感得到了加强，层次也丰富了起来「焦距：35mm ｜光圈：F8｜ 快门速度：1/800s｜ 感光度：ISO200」

学习技巧 从古诗中寻找雪景拍摄题材的技巧

许多摄影师曾苦恼于雪景拍摄题材，因为茫茫雪原与积雪小屋等常见题材，已经被许多优秀摄影师的精美照片成功地演绎过了。

实际上，如果将拍摄的思路放宽一些，就能够在古诗中找到要拍摄的题材，如“岁寒三友”“雪映寒梅花更俏”“ 窗含西岭千秋雪，门泊东吴万里船”“孤舟蓑笠翁，独钓寒江雪”等都是很有意境的诗句，因此摄影师不妨从成百上千描写雪韵、雪趣的古诗中寻找拍摄题材。

拍摄提示 在低温环境中拍摄时人体保暖的技巧

在 -20℃的环境中待四五分钟和待四五个小时的感觉是完全不同的。长时间待在野外低温环境中，摄影师要特别重视自身保暖的问题。

首先，要选择轻巧、保暖性能好、防水、透气、防风的羽绒服；保暖性能好且便于工作的手套；尤其重要的是要选择防水且保暖的棉鞋、户外运动鞋或雪地靴。

其次，在极寒的环境中拍摄时，推荐使用保暖贴，使用时只需要贴在要重点保暖的地方即可，如膝关节、鞋内、腰后都可以。保暖贴采用的是铁粉氧化产生热量的原理，使用时只需打开隔氧包装袋，让其接触到空气，即可发生氧化反应并产生热量。

最后，如果条件允许，应尽量选择车内拍摄的方式。

逆光突出雪的颗粒感

在拍摄雪景时，除了要保证准确曝光外，光线的选择也十分重要，理想的光线是早、晚的斜射阳光，侧光或逆光均有助于表现出白雪晶莹透亮的质感和立体感。

如果拍摄的是挂在树枝或茅草上的小块积雪，在逆光的照射下，雪的周围就好像被镶上了一圈闪亮的轮廓线一样，显得晶莹剔透，此时应选用暗色背景以增强明暗对比效果。

▲ 高山上的冬日，寒风刺骨，白皑皑的大雪覆盖了整个大山，而俏皮的树木只露出了身体的一部分。采用逆光拍摄，蓝色的雪粒染上了一些暖光，颗粒感被凸显了出来，整个画面似童话世界一般美丽「焦距：18mm ｜光圈：F8｜ 快门速度：1/320s｜ 感光度：ISO400」

摄影问答 如何防止静电损伤相机

冬季的温度低造成水汽凝结，空气干燥，很容易产生静电。数码相机内部有许多复杂的电路，当静电与电路接触时，就有可能对数码相机造成毁灭性的破坏。

可以使用防静电拍摄手套，或穿纯棉质的衣服。也可以在接触相机之前先洗手去除静电，或先接触一些小的金属物体，如钥匙等去除静电。

摄影问答 冬季摄影如何防止相机结露

戴眼镜的摄友通常都有这样的体会，从寒冷的室外进入温暖的室内后，眼镜片上会凝结一层水雾，这种现象被称为结露。

如果将相机从寒冷的室外带入温暖的室内后，也会出现结露，这对于相机这种电路密集型物品是有害无益的。

避免相机结露的方法之一是将相机放入羽绒服或其他保暖罩内，让相机的温度缓慢升高;另外一种是方法进入室内前，把相机用塑料袋密封包裹起来，这样湿气就会凝结在塑料袋上，而不是在相机上。

拍摄高调雪景风光照片

高调照片中的影调绝大部分为浅色，适合表现雪景等以白色为基调的题材。高调照片虽以浅色调为主，但仍要求有丰富的层次。

要点 1：选择顺光或漫反射光

用顺光或漫射光拍摄。这样的光照效果可使画面的影像较柔和、反差较小，画面中没有明显的阴影部分。

要点 2：增加曝光补偿提亮画面

为还原雪景洁白效果应增加曝光量。在正常测光值的基础上，视具体情况增加0.3～1挡曝光补偿，使画面整体明亮一些。

要点 3：控制光比得到细节丰富的高调画面

为了避免细节损失过多，还应控制画面的光比。光比控制在1：2以内为宜，光比过大会使画面的高光部分层次损失殆尽，从而使高调照片看上去惨白一片。

要点 4：利用重色调点缀画面

在画面中一定要出现颜色较鲜艳或色调较暗的影像。这一部分影像在画面中起着“骨架”的作用，是画面的视觉焦点，是画面飘而不浮的关键。

▼ 在拍摄时选择了有大面积白雪覆盖的白塔和树木，加上亮色天空的衬托及适当地增加曝光补偿，得到了不错的高调画面「焦距：22mm ｜光圈：F7.1｜ 快门速度：1/160s｜ 感光度：ISO100」

拍摄提示 **在低温环境中拍摄时相机的使用技巧**

戴口罩拍摄时，尽量向下呼气，以免热气向上使目镜和数码相机后背的LCD屏幕起雾。

在低温环境中拍摄，电池会消耗得非常快，所以，为了确保拍摄不中断，应多准备几块备用电池，并且把它们保存在暖和的地方，如贴身保存，也可以将保暖贴贴在电池上进行保温。

如果长时间拍摄，建议使用保暖机罩。保暖机罩通常可以将相机整个包裹起来，机背部分留有透明的观察窗口，便于观察液晶监视器。

拍摄雾景的技巧

根据雾气的浓淡程度确定拍摄题材

雾气不仅增强了画面的透视感，还赋予了照片朦胧的气氛，使照片具有别样的诗情画意。根据雾气的浓淡程度，可以将雾分为浓雾、中雾、轻雾。

浓雾的可见度较低，不太适合大场面的表达，拍摄时中远景物也由于雾的影响而导致清晰度下降，色彩暗淡，因此浓雾环境适合拍摄以近景为主的风光片和一些小品题材。

轻雾或流动的条带状雾气适合表现山水等大场景的风光题材。由于远景、中景细节不清，因此近景通常是画面的视觉中心点。拍摄时可选取暗色调的事物为前景，使其有别于背景，从而赋予画面层次。例如，可以选择造型优美的树、色彩艳丽且富有细节的建筑，以及形成深色剪影的小舟、飞鸟、芦苇、栏杆、人物等作为前景，均可以得到较好的视觉效果。

◀ 画面中云雾缭绕于山石树丛间，由于其对景象的部分遮挡使得画面形成了虚实有度、明暗影调曼妙的视觉效果，如同中国水墨画一般「焦距：120mm｜光圈：F5.6｜快门速度：1/50s｜感光度：ISO200」

知识链接 最佳雾景拍摄地

- 小东江：位于湖南郴州市，每年的4~10月，日出前、日落后从东江湖风景区门楼至东江大坝12千米的小东江狭长平湖上，云蒸霞蔚，堪称雾景奇观。
- 黄山：黄山的冬天云雾氤氲，气势万千，是拍山景雾气的最佳地点之一。
- 庐山：拍摄庐山雾景一年四季均可，每年200天左右有雾，5月是雾最多的月份，有时可持续半个多月。自古就有“不识庐山真面目，只缘身在此山中”的诗句，由此不难想象其山体的雾气之大。
- 坝上：坝上位于华北平原和内蒙古高原交接的地方，这里的风景美得让人流连忘返。在夏季，这里天蓝欲滴，碧草如翠，云花清秀，野芳琼香；金秋时节，万山红遍，野果飘香；冬季白雪皑皑，玉树琼花。这里就如一首首优美的诗，一幅幅优美的画。
- 石潭：皖南歙县的石潭是江南最重要的拍摄雾景的地区之一，境内群山起伏，河流宛转，十几个自然村散落在方圆十几里的河谷、山腰。这里既有明清古民居，又有皖南特有的山村自然风光，近年来已成为皖南的摄影创作基地。日出或晚霞时分，云雾、花海、山庄构成了一幅天上人间美图。
- 新安江：雾中的新安江江南味十分浓郁，重重叠叠的山、错错落落的屋、远远近近的树，再加上摇摇摆摆的舟和缥缈的雾，好似一幅水墨画卷徐徐展开，因此是拍摄雾景的上佳景点。

留白让云雾画面更有意境

留白是拍摄雾景画面的常用构图方式，即通过构图使画面的大部分为云雾或天空，而画面的主体，如树、石、人、建筑、山等，仅在画面中占据相对较小的面积。

在构图时要注意所选择的画面主体应该是深色或其他相对色彩亮丽的景物，此时雾气中的景物虚实相间，拍摄出来的照片很有水墨画的感觉。

在拍摄有云海的名山，如黄山、泰山、庐山时，这种拍摄手法基本上可以算是必用的技法之一，事实证明，的确有很多摄影师利用这种方法拍摄出了漂亮的有水墨画效果的作品。

以蓝天为背景，山体为中景，大面积的白雾为前景，这种大面积留白的画面，使云雾显得十分壮美而又不失空灵的韵味「焦距：120mm｜光圈：F11｜快门速度：1/1000s｜感光度：ISO200」

选择合适的光线拍摄雾景

要点 1：顺光雾景色调平淡

顺光下拍摄薄雾中的景物时，强烈的散射光会使空气的透视效应减弱，景物的影调对比和层次感不强，色调也显得平淡，景物缺乏视觉趣味。

要点 2：选择逆光或侧逆光

拍摄雾景最合适的光线是逆光或侧逆光，在这两种光线照射下，薄雾中除了散射光外，还有部分直射光，雾中的物体虽然呈剪影状态，但这种剪影是受到雾层中散射光柔化了的，已由深浓变得浅淡，由生硬变得柔和。

随着景物在画面中的远近不同，其形体的大小也呈现出近大远小的透视感，色调同时产生近实远虚、近深远浅的变化，从而在雾的衬托下形成浓淡互衬、虚实相生的画面效果，因此最好在逆光或者侧光下拍摄雾中的景物，这样整个画面才会显得生机盎然、韵味横生、富有表现力和艺术感染力。

在夕阳的笼罩下，弥漫着雾气的水面呈现出金黄色的效果。画面中最清晰的就是天空中的太阳，给人一种神秘的气氛「焦距：110mm ｜光圈：F8｜ 快门速度：1/100s｜ 感光度：ISO400」

利用明暗对比表现雾景

摄影问答 拍摄雾景时，如何得知画面是否过曝

在拍摄雾景时往往需要增加曝光补偿，但如果所设置的曝光补偿值不合理，则有可能导致所拍摄出来的照片过曝。

要避免这一情况，可以开启“高光警告”功能。这样，在回放照片时，就能够及时发现过曝的区域，然后通过调整曝光补偿数值来获得曝光更加恰当的照片。

要点1：利用明暗对比增强画面纵深感

由于雾对光线的折射、散射作用，通常会使雾气中景物的清晰度大大降低。此时雾中的景物多呈灰暗色调，虽然画面中没有了杂乱的背景，但整个画面也会因此显得沉闷。因此在拍摄时，一定要注意景物之间的虚实、明暗关系，雾气的颜色都较浅，而景物的色彩都较暗，因此在拍摄时最好选择暗调的建筑、树木、岩石、河流等景物加以衬托，或者寻找某个鲜艳的色彩加以点缀。这样的画面看上去才不会显得单调，并且有能够引起观众兴趣的视觉重点。

此外，这种明暗对比的方法还可以增强画面的纵深感，使雾景更富于变化。

要点2：利用明暗对比营造梦幻画面

在光线很弱的情况下，光源处的雾会显得更加朦胧。恰当的曝光并配合暗色环境下的对比反差，甚至可以拍出如梦如幻的效果。

在拍摄时建议不要使用过小的光圈，光圈在F4～F11之间即可，否则光源处可能会形成非常锐利的光芒，影响整体柔和效果的表现。

▼ 雾气弥漫着整个山脉，层层叠叠，利用广角镜头拍摄可纳入更多的雾，树木与迷雾形成了一定的明暗对比，画面看上去虚幻缥缈，如仙境一般美丽「焦距：24mm ｜光圈：F9｜ 快门速度：1/250s｜ 感光度：ISO200」

拍摄闪电的技巧

由于闪电的停留时间极短，当人眼看到闪电并产生反应按下快门时，闪电早已一闪而过，即使是以最敏捷的动作也无法捕捉到闪电，因此，拍摄闪电不能用“抓拍”的方法，而应打开快门“等拍”闪电。

闪电没有固定的出现位置，通常一次闪电出现后，再在同一位置出现的概率非常小，因此，闪电的位置是不断变动的，取景时不可能根据上一次闪电出现的位置估计出下一次闪电会出现在哪个位置，因此拍摄闪电的成功率不高，要有拍摄失败的思想准备。

要点 1：选择合适的时间

拍摄闪电也有“天时”“地利”的问题。夏季是拍摄闪电的黄金季节，夏季的闪电或以水平方向扩张，或从高空向地面打下来，此时的闪电力度大、频率高，因此是拍摄闪电的首选季节。

要点 2：选择合适的位置

而“地利”则更为重要，因为这关系到拍摄者自身的安危。拍摄的地点不能够过于靠近易于导电的物体，如树、铁杆等，另外要为相机罩上防雨套子或袋子。

要点 3：设置B门模式

在拍摄闪电时应该选择B门模式，并设置光圈数值为F8~F13，但光圈不能太小，否则画面中闪电的线条会过细。

▲ 将流云和闪电纳入同一个画面，构成了一幅视角新颖的闪电画面「焦距：20mm｜光圈：F4｜快门速度：20s｜感光度：ISO100」

拍摄技巧 拍摄闪电的操作技巧

拍摄前确定闪电即将出现的大概位置，将镜头对准闪电的方向，整体需曝光几十秒到几分钟不等。

按下快门开始曝光后，应用手或其他物体遮挡住镜头。根据闪电的强弱与打雷的时间间隔，待雷声过后，猜测下一次闪电即将到来之前适时移开手进行曝光，闪电一过立刻挡住镜头。如此反复若干次，即可拍摄到漂亮的闪电。

但要注意整体曝光时间的长度，否则可能会导致天空过曝。

拍摄提示 拍摄闪电的注意事项

拍摄闪电时一定要注意自身的安全，因为强大的电流能够在瞬间对人体造成致命伤害。以下是拍摄闪电时需要注意的一些事项。

1. 最好在车内或建筑物内进行拍摄。
2. 如果在较空旷的地方拍摄，不要站在高耸的物体下面，如大树、旗杆等。
3. 身体上尽量不要携带金属配饰。
4. 尽量不要拨打、接听手机。
5. 远离建筑物外露的水管、煤气管等金属物体及电力设备。
6. 如果头、颈、手处有蚂蚁爬过的感觉，头发竖起，说明将发生雷击，应马上趴在地上，减少遭雷击的危险。
7. 如果在户外看到高压线遭雷击断裂，此时千万不要跑动，而应双脚并拢，跳离现场。因为高压线断点附近存在跨步电压，非常危险。

拍摄技巧 雨天选择拍摄题材的技巧

在下雨天除了拍摄闪电之外，还有许多值得拍摄的题材。例如，湿润的街道反射的倒影、屋檐下滴落的雨珠、雨滴拍打树叶的瞬间、窗户玻璃上滑落的水滴、雨中艳丽的小红伞等，均可以作为拍摄题材。

要点 4：利用构图来凸显闪电的气势

在构图时要注意闪电主体和地面景物的搭配，压低的地平线、竖起的路标、紫色的闪电都被摄影师有“预谋”地定格在镜头中，冷暖调的对比使画面看起来好似一幅美丽的油画。

为了凸显空中闪电的美丽与气势，可以用地面的局部景物来衬托，使画面看起来更加平衡。此外，还要注意空中云彩对画面的影响，要注意避开近景处较强的灯光射入镜头而造成眩光，有必要的话，还应该在镜头前加装遮光罩。

▲ 利用留白的形式表现闪电，地面景物和大面积的天空很好地表现了闪电的庞大体积「焦距：16mm | 光圈：F5.6 | 快门速度：8s | 感光度：ISO00」

摄影问答 拍摄闪电时，如何控制画面中闪电线条的粗细

可以通过控制光圈大小来控制画面中闪电线条的粗细。通常光圈较大时，线条较粗；光圈较小时，线条较细。

摄影问答 怎样让画面中的闪电看上去更诡异，更有科幻感觉

可以考虑使用不同白平衡模式或手调色温，改变图像的整体色调。例如，可以将色温调整为3000K左右，这样画面的整体色调会偏向蓝色，白色或暖色的闪电与蓝色的天空相互衬托，就能够让画面看上去更有张力，更具有科幻感。

要点 5：利用黑卡的遮挡进行多次曝光

如果要在照片中合成多次拍摄的闪电，在闪电出现后用黑卡纸遮挡镜头，重复操作几次即可。

要点 6：使用三脚架固定相机

拍摄闪电是一个挑战与机遇并存的拍摄活动，因为闪电不总会如期而至，因此与其说是抓拍闪电，还不如说是等拍闪电，摄影师应该先将相机固定在三脚架上，确定闪电可能出现的方位后，将镜头对准闪电出现最频繁的方向，切换为B门模式，使用线控开关按下快门按钮即可准备“等拍”闪电，待闪电过后，释放快门按钮即完成一次拍摄。

摄影问答 使用黑卡拍摄闪电时要注意什么问题

要注意避免在画面同一位置出现多次闪电，否则，这一区域就可能过曝，导致闪电在画面中看上去十分不清楚。

➤ 经过多次曝光将几组闪电曝光在同一个画面中的效果

生态自然摄影理念与技巧

Chapter 21

拍摄动物园中动物的技巧

灵活改变视角

相机与被摄对象处于同等高度所获得的视角最符合人的视觉习惯，因而适用于表现观者与被摄对象间的感情交流和内心活动，也容易使观者在心理上有一种认同感和亲切感。

但动物是不会像人一样配合拍摄的，为了更好地表现动物的动作、表情，在拍摄时要尽可能灵活改变视角。

有时可能需要采用蹲姿或趴在地上才能拍出动物生动、有趣的神态，而对于拍摄那些喜欢在高处攀爬的灵长类动物时，可能需要以较大仰视角度进行拍摄才可以抓拍到令人满意的画面。

➤ 为了更好表现小鹿很萌的大眼睛，可以稍微降低一下拍摄角度，使其在画面中显得很突出「焦距：200mm ｜光圈：F4｜ 快门速度：1/640s｜ 感光度：ISO200」

照片传神的关键——眼睛

要点 1：抓准时机通过眼神传达信息

“眼睛是心灵的窗户”，透过眼睛可以观察出喜怒哀乐，通过对眼神的精彩抓拍，能使摄影作品更具感染力与魅力，传达出更多的画面信息。

对动物眼睛精彩形态和神情的抓取，需要摄影师具有敏锐的洞察力，并把握好抓拍的时机。

▲ 拍摄两只狼的特写，在画面中狼的眼睛看起来十分突出，透过狼眼传递出警觉性，将其野性充分展现出来「焦距：350mm ｜光圈：F4｜ 快门速度：1/400s｜ 感光度：ISO500」

要点 2：利用小景深突出警惕的眼神

动物天生就有多疑、敏感的本性，在拍摄时只需制造一点让它们不安的气氛或声音，就可获得精彩的画面，采用长焦镜头拍摄，将前景、背景虚化，从而可以更好地突出动物敏锐、警惕的眼神

▲ 狐狸机警的眼神在小景深的画面中非常突出「焦距：400mm ｜光圈：F5｜ 快门速度：1/500s｜感光度：ISO640」

要点 3：透过铁笼表现渴望自由的眼神

拍摄动物园中的动物时，可以不必虚化铁笼，而是故意将其留在画面中，以便更好地表现动物被关在笼中向外望去的眼神，其流露出渴望自由的神情，会令观者产生怜惜的情绪，这样的画面能传达出一种呼吁人类要爱护动物的信息。

▲ 透过铁笼可看到老虎和猴子不满的眼神，这样的画面很明显地传达出了动物对自由渴望的信息，能起到呼吁人们爱护动物的作用「左图 焦距：300mm ｜光圈：F9｜ 快门速度：1/320s｜ 感光度：ISO200」「右图 焦距：300mm ｜光圈：F5.6｜ 快门速度：1/640s｜ 感光度：ISO400」

让碍眼的铁笼消失

要点 1：让镜头避开铁笼

动物照片中的铁笼有时也让人觉得不舒服，如果铁笼的网洞足够大，我们可以直接将相机镜头伸进去，这样就可以避免拍摄到碍眼的铁笼了。但需要特别注意的是，如果动物离笼子比较近，还是要小心一些，尤其在镜头刚刚好伸进去的时候（如果网洞略小一点的话，更不要硬塞进去，否则会划坏镜头），如果遇到突发事件，很容易因猛地抽回相机而划坏镜头，严重的甚至可能会损坏镜头与相机的卡口。

要点 2：利用大光圈虚化铁笼

如果铁笼的铁丝不是非常粗，而镜头光圈也够大时，可以用镜头抵住铁丝网，通过使用大光圈来虚化铁丝网。

➤ 避开铁丝网拍摄会使画面看起来比较舒服，主体更加突出，但拍摄时需要注意安全「焦距：200mm ｜光圈：F4.5｜ 快门速度：1/200s｜ 感光度：ISO100」

拍摄宠物的技巧

宠物摄影是动物摄影中的一大门类，因为宠物在日常生活中扮演着越来越重要的角色，主人们都希望把家里小猫小狗的可爱表情及动作用相机记录下来，作为永久的珍藏。不过拍摄宠物并非一件易事，要熟悉宠物的性格特点，并且掌握几种实用的拍摄技巧。

不同视角拍摄宠物的效果

要点 1：俯视表现动物的萌表情

垂直俯视时，利用广角镜头的透视畸变性能，使看向镜头的宠物产生少许变形，其萌萌的表情很惹人怜爱，也使画面多了几分趣味性。

➤ 宠物的身形通常都比较娇小，因此大多数情况下采用的是俯拍，此时将猫的眼睛作为表现重点，突出其萌动、好奇、敏感的天性「焦距：70mm ｜光圈：F8｜ 快门速度：1/400s｜ 感光度：ISO100」

要点 2：平视表现真实自然的宠物

放低的角度与宠物的视线在同一水平线上，减弱了宠物的防备心理，让宠物依然处于自己的世界，使照片显得更自然。

➤ 采用平视的角度拍摄，表现出一种人与动物的平等感，画面看起来非常自然，有亲近感「焦距：80mm ｜光圈：F2.8｜ 快门速度：1/125s｜ 感光度：ISO200」

要点 3：仰视表现特殊视角的宠物

俯视是人观察宠物最常见的视角，因此在拍摄相同的内容时，总是在视觉上略显平淡。因此，除了一些特殊的表现内容外，可以多尝试仰拍。当然，由于多数宠物还是比较"娇小"的，因此至少我们应该保证大致以平视的角度进行拍摄。

➤ 仰视以天空为背景拍摄狗狗，干净、明亮的画面中，狗狗黑漆漆的圆眼睛和粉粉的小舌头非常可爱「焦距：135mm ｜光圈：F8｜ 快门速度：1/500s｜ 感光度：ISO100」

拍摄宠物时对背景的选择

要点 1：简洁的背景突出宠物

在拍摄宠物时，对背景的选择也要坚持简约而不简单的理念。选择单一的简洁背景能够突出宠物，而同时需要对宠物所处环境做必要的交代。

利用大光圈虚化了猫咪周围的杂草，使其在画面中显得更突出「焦距：200mm｜光圈：F2.8｜快门速度：1/500s｜感光度：ISO100」

要点 2：利用特写使宠物充满画面

如果背景较为杂乱，或者对于照片无实际意义，可以采用特写的方法，让宠物充满画面，而不纳入背景。

摒弃了不必要的多余环境，用特写的方式突出了猫咪温馨、动人的一刻「焦距：100mm｜光圈：F2.8｜快门速度：1/200s｜感光度：ISO100」

拍摄鸟类的技巧

仰视以蓝天为背景拍摄鸟儿

要点1：以蓝天为背景得到简洁的画面

在拍摄飞鸟时，以蓝天为背景是最方便，也是最佳的选择。有时候天空的色彩并不如意，可用偏振镜增加画面的饱和度，让缺乏层次的天空看起来更蓝。

以天空为背景拍摄树枝上的鸟儿，不但可以避开杂乱的枝叶，还可以较好地衬托出鸟儿的轮廓与羽毛。

采用这种手法拍摄时，应该注意避免在画面中仅仅出现一根树枝与鸟儿的构图形式，这样的画面看上去单薄而又乏味，应该通过构图在画面中纳入更多的环境元素，以丰富画面构成。

➤ 红色的花枝以对角线的形式出现在画面中，绿身红喙的鸟儿站在枝头上望向远方，以蓝天为背景仰视拍摄，在避开纷乱枝叶的同时，也获得了主体清晰、色彩艳丽的画面效果「焦距：300mm｜光圈：F5.6｜快门速度：1/1600s｜感光度：ISO800」

要点2：用合适的陪体使画面更生动

仰视拍摄站在树上的鸟儿，利用前景的各种景物作为陪体，这样既丰富了画面、交代了鸟儿所处的环境，又使画面中鸟儿的主体地位得以突出。

➤ 表现黑白羽毛的鸟儿时，将红色的果子也纳入画面中，在蓝天、红果的衬托下，画面看起来非常简洁、明朗，将鸟儿衬托得很突出「焦距：300mm｜光圈：F6.3｜快门速度：1/1000s｜感光度：ISO200」

要点3：将杂乱的树枝虚化

以仰视的角度表现树枝上栖息的鸟儿时，可通过将前景的树叶虚化的方法来衬托鸟儿，还可将蓝天也纳入画面中来，这样不仅使鸟儿显得更加灵动，最后得到的画面也很清新、动人。

➤ 仰视拍摄栖息在树上的老鹰时，利用较大光圈将周围的枝叶虚化并纳入画面中，不仅能起到引导视线的作用，而且也将画面点缀得很漂亮「焦距：270mm｜光圈：F5.6｜快门速度：1/800s｜感光度：ISO400」

学习技巧 使用超长焦镜头拍摄时选择三脚架的技巧

1. 如果使用的摄影器材在2千克以上，或是使用焦距400mm以上的超长焦镜头时，需要刚性更高、最大承重至少要达到5千克以上的大型三脚架，以确保相机的稳定。

2. 在拍摄时常常要上下、左右移动云台，以便于在取景器中寻找被摄体。选择带有能够前后滑动平衡板的云台，就能够在保持平衡的状态下固定住云台，这样拍摄时向上下、左右移动都会很轻松，只需拧紧旋钮就可以使云台停止移动。

使用悬臂云台也不错，它不是将相机和镜头安装在云台上方，而是把器材悬挂在云台上，通过平衡板调节重心，这样就像不倒翁一样总能在一定的位置取得平衡。这种云台可以使相机顺畅地移动，在追随摄影中最能体现出其优势。

3. 还应注意三脚架与云台的重量比最好是2∶1。如果云台过重，会使整体重心升高，这样三脚架很容易翻到。

知识链接 什么样的云台适合“打鸟”

三脚架一般都需要搭配云台使用，拍鸟用的云台和三脚架一样，除了需要极为稳定外，还要求使用灵活。目前主要有两种最适合架设拍鸟器材的云台，一种是液压拍鸟/观鸟云台，如漫富图526云台，可最大支撑16千克的负荷，还具有可更换和可移动的摇臂设计，通过简便的垂直刻度和高度可调的镜头平台，便于重复定位时保持平衡，也可以用于平稳、快速地横向和纵向追踪拍摄；另一种是采用碳纤维材质的NEST悬臂云台，可大大减轻云台本身的重量。

通过明暗对比突出光影中的鸟儿

在拍摄鸟儿时，顺光能够表现鸟儿色彩丰富的羽翼，逆光能够表现鸟儿优美的体形，而点光则能够在阴暗、低沉的环境中照亮鸟儿，从而使其在画面中显得格外突出、醒目，当然这种光线是可遇而不可求的，其成因与太阳、云彩、树枝等环境因素的位置有很大关系。

采用这种光线拍摄鸟儿时，应该用点测光针对画面中相对较明亮的鸟儿身体进行测光，或者降低1挡曝光补偿，从而使环境以暗调呈现在画面中，而鸟儿的身体则相对明亮。

▲ 以深色背景拍摄白色的鸟儿，在顺光光线下，白色鸟儿的羽毛细节被表现得很细腻「焦距：600mm | 光圈：F5.6 | 快门速度：1/640s | 感光度：ISO400」

留白让飞鸟有运动空间

要点 1：留白为飞鸟留出运动空间

如果在运动物体的前方留出空白，就能够形成运动空间，以帮助观者感受物体的运动趋势，这符合观者的视觉习惯，使其不会由于视线受阻而产生不舒服的感觉。因此在拍摄飞行中的鸟儿时，应该刻意在其运动方向的前方留出一定的空间，以避免画面给人“头撞南墙”的阻塞感。

◀ 构图时在飞鸟前方预留出较大的空间，增强画面虚拟空间的延续性以及飞鸟飞行的动势，使画面动感十足「焦距：320mm ｜光圈：F7.1｜ 快门速度：1/640s｜ 感光度：ISO800」

要点 2：利用飞鸟在画面中的面积表现运动空间大小

飞鸟在画面中占据的面积大小也会影响其运动空间的大小，飞鸟的体积越小，画面的运动空间看起来就越大。因此，若想得到视觉上很有冲击力的画面，可使飞鸟在画面中占据较大的面积；若想使画面的运动空间看起来很大，则可使飞鸟在画面中占据的面积小一些，而留白的面积大一些。

◀ 严冬季节，大雪挂满枝头，三只飞鸟在空中自由地飞翔，构图时有意在鸟儿前方留出一定的空间，使画面在视觉感受上更加空灵、舒适「焦距：360mm ｜光圈：F9｜ 快门速度：1/1250s｜ 感光度：ISO1000」

要点 3：使用高速快门连续拍摄

高速快门对于拍摄飞鸟有非常重要的意义，因为只有使用较高的快门速度才能将其清晰地拍摄下来。通常，要清晰定格横向飞行的鸟，要求快门速度至少要达到1/1000~1/2000秒；如果想表现水鸟出水或入水时水花飞溅的瞬间，快门速度至少要达到1/1500秒；拍摄迎面飞来的鸟时，快门速度可以稍低一些。

如果拍摄森林中的鸟儿时，拍摄环境的光线较暗，可以将感光度数值调到ISO400以获得更高的快门速度，这样的感光度数值对画质没有太大的影响。如果相机的档次较高，例如使用的是Canon EOS 5Ds/5DsR，可以将感光度数值调整到ISO1600而不会影响画质。调整感光度数值的原则是，使用该感光度拍摄的照片，其画面中的噪点可通过后期处理来消除，即不会影响画面的品质。

为了提高拍摄的成功率，可以启用高速连拍模式来拍摄，只要按住快门不放，相机便会连续拍摄多张照片。

拍摄时需要注意对焦模式的选择，可以使用人工智能伺服自动对焦模式，该自动对焦模式适合拍摄对焦距离不断变化的运动主体。只要保持半按快门状态，相机就会对主体进行持续对焦。

▲ 由于鸟儿飞行的速度非常快，除了需要设置较高的快门速度，还应使用连拍模式，这样可以快速抓拍几张照片，最后可从中选取构图、曝光都合适的照片「焦距：300mm｜光圈：F5.6｜快门速度：1/3200s｜感光度：ISO400」

用特写展现鸟儿最美或最有特色的局部

选择不同的景别拍摄鸟儿，可以传达不同的信息。拍摄鸟儿的整体可以使观者更多地了解鸟儿的整体外貌及身体特征，还有助于表现其生存环境。而对于那些有局部特色的鸟儿，如天鹅的曲颈、孔雀的尾翼、飞鹰的硬喙、猫头鹰的眼睛，可以采取拍摄其局部特写的手法，即只对其局部特征进行表现，这也是在动物园中拍摄鸟儿时，由于环境较杂乱，而采取最多的一种应对方法。

▲ 利用特写来表现开屏的孔雀，可使其美丽的羽毛在画面中尽情展现「焦距：135mm｜光圈：F7.1｜快门速度：1/400s｜感光度：ISO200」

知识链接 鸟类摄影网站推荐

① 西南山地

www.swild.cn/

② 车坛影协网“野鸟部落”版块

www.ctps.cn

③ 美国国家地理杂志

www.animals.nationalgeographic.com/animals/photos/birds-of-paradise/

④ 加拿大鸟类摄影网站

www.glennbartley.com/

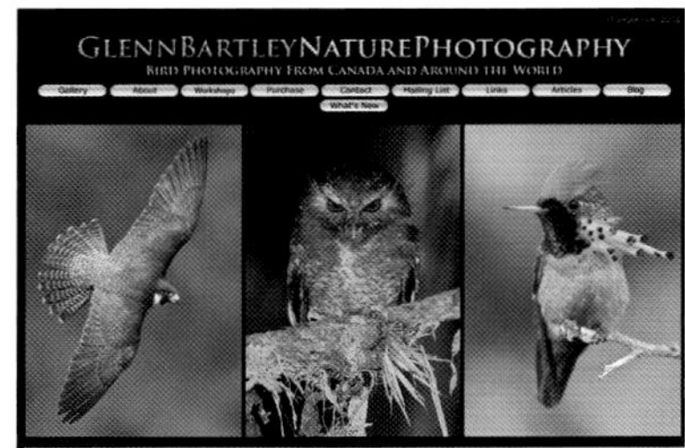

⑤ 中国观鸟网

www.cbw.org.cn/

⑥ 世界鸟类图片库

www.worldbirder.com/

⑦ 菲律宾鸟类摄影论坛

www.birdphotoph.proboards.com/index.cgi

⑧ 鸟类摄影网站

www.birdphotographers.net

学习技巧 春季是拍摄鸟类的黄金季节

初春是许多鸟类开始发情的时节，大部分鸟类会在带有鲜艳的嫩绿色且不是很浓密的枝头跳跃、鸣叫，以吸引异性，在这样的时间不仅容易寻找到鸟类，而且不会由于树枝与树叶过于浓密而导致拍摄困难。春末夏初是许多鸟类繁殖的季节，可在在树林中寻找鸟巢，以守株待兔的形式拍摄，有很大概率拍摄到鸟类筑巢、交配、孵卵、育雏、捕食等动作。

同时，应该在早晨与黄昏时寻找拍摄机会，此时鸟类会四处活动觅食，动作多样、姿态各异，而且此时的光线也非常适合拍摄。

拍摄技巧 利用隐蔽、等候、跟随的拍摄方式

隐蔽的拍摄方式适合在枝繁叶茂的地点进行拍摄，摄影师可以利用枝叶、树干等藏身，根据需要还可以为镜头包裹迷彩的“炮衣”，从而达到更佳的隐蔽效果。

等候的拍摄方式适合在地势平坦开阔的沼泽、湖泊、滩涂等环境中进行拍摄，摄影师应该在较远距离架好三脚架守候较长的时间，鸟类在感觉不到威胁的情况下，会在周围自然活动。

跟随的拍摄方式对器材有一定要求，所使用的器材一定要轻便，例如可以使用70-200mm F2.8L镜头拍摄灵活好动的鸟类。在拍摄过程中，当鸟儿移动时，相机也必须跟随移动，以拍摄到连续的画面。

为照片添加情感特色

鸟类的情感世界与人类并没有本质不同，生老病死、爱恨离别在鸟类中同样存在，只是人类无法读懂。

拍摄到一个漂亮的画面，固然能够令人赞叹，而一个有意义、有情感的画面却会令人难忘。因此，在拍摄鸟儿时，应该注意捕捉鸟儿之间争吵、呵护、关爱的场景，以艺术写意的手法来表现鸟儿在自然生态环境中感人至深的情感，这样的画面就具有了超越同类作品的内涵，使人感觉到画面中的鸟儿是鲜活的，与人类一样拥有丰富的情感世界，也有喜悦哀愁，也会由于情感不同而做出不同的动作。

如果能够捕捉到这样可以引起观众情感共鸣的场景，无疑能够大大提高照片的档次。

▲ 在树枝上站立着的一对鸟儿十分亲昵，像是在谈情说爱，用长焦镜头将其抓拍下来，这幅画面充满了浓浓的感情，看起来十分有趣「焦距：400mm ｜光圈：F5.6｜ 快门速度：1/640s｜ 感光度：ISO200」

拍出细节清晰、锐利的“数毛片”

在摄影圈中，将那种鸟类的羽毛清晰可见、细节丰富锐利的摄影作品俗称为“数毛片”。这类照片能够充分展现鸟类羽毛的色彩和细节，清晰度达到了极高的标准，可以用细致入微来形容。

要达到这种极高的清晰度，对于鸟类摄影爱好者来说，的确不是一件容易的事，因此成为很多鸟类摄影爱好者追求的一种“境界”。

要拍摄出这样的照片，除了要求被拍摄的鸟类处于暂时的静止或运动较缓慢的状态外，还要求摄影爱好者掌握必要的拍摄技巧。

▲ 小景深的画面将鸟儿独特的羽毛表现得非常细腻、清晰，为了避免手震导致画面变虚，拍摄时使用了三脚架「焦距：400mm｜光圈：F4｜快门速度：1/800s｜感光度：ISO400」

▲ 利用特写的形式表现了老鹰的头部，在柔和的光线下，将其白色羽毛的层次与质感表现得很细腻「焦距：300mm｜光圈：F4｜快门速度：1/1000s｜感光度：ISO500」

知识链接 鸟类摄影大赛简介

1.“飞羽瞬间”中国国家地理摄影大赛由《中国国家地理》杂志社主办，主旨是“推开自然之门，昭示人文精华”。

http://cng.dili360.com/zt/bird/

2.英国野生动物摄影年赛由英国BBC《野生动物》杂志和英国自然历史博物馆联合创办，目前已经成为，国际野生动物摄影领域规模和影响力最大、最具权威性的一项赛事和环保活动，其中含有鸟类竞赛单元。

http://www.nhm.ac.uk/visit-us/whats-on/temporary-exhibitions/wpy/

3.美国《国家地理》全球摄影大赛是由美国国家地理学会举办的跨越国界的高水平国际摄影赛事。

http://www.nationalgeographic.com/

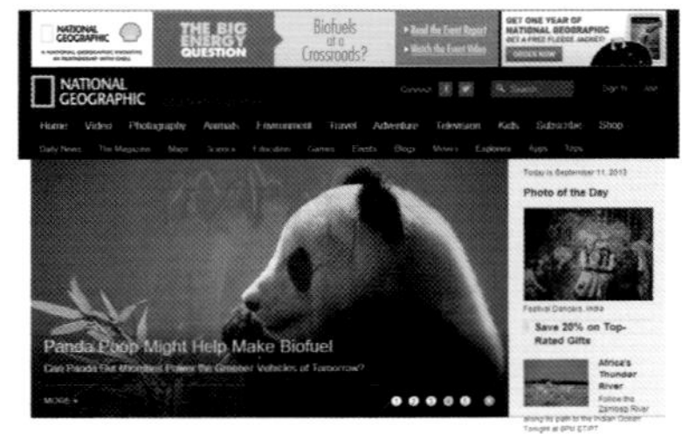

要点1：设置稍高一些的快门速度

快门速度要能够凝固瞬间，宁高勿低。无论是飞翔中还是正振翅欲飞的鸟儿，其运动速度都是非常快的，要凝固它们飞翔的瞬间，就一定要使用高速快门。通常情况下，快门速度应达到1/500s以上，最好能够保持在1/800s以上。这样在连拍或单次拍摄时，才能够保证拍摄到清晰、凝固瞬间的动作。

要点2：设置合适的对焦点

在拍摄近景尤其是特写时，以鸟儿眼睛作为对焦位置来保证其眼神的清晰，会使照片变得更加生动。由于鸟类是一种特别易动的动物，它很可能前一刻还在漫步徜徉，下一刻就展翅高飞了。因此，在对焦时应采用连续自动对焦方式，以便于在鸟儿运动时能够连续对其进行对焦，最终获得清晰、对焦准确的画面。

要点3：借助于三脚架来固定相机

在拍摄鸟类时，通常都是使用长焦镜头的，它们普遍较重，长时间端着这种镜头拍摄鸟类，确实是一件非常辛苦的事，因此，一个好用的三脚架是必不可少的。

要点4：设置合适的光圈

使用镜头的最佳光圈，避免拍摄出有明显像差、色彩的照片。除此之外，由于在拍摄鸟类时通常都是使用长焦镜头，如焦距为200～400mm的长焦镜头，已经具备了较强的虚化能力。因此，在拍摄时通常不会使用过大的光圈，以避免导致画面景深过浅、背景、虚化过度的效果，使用的光圈通常都在F4以上。

要点5：设置较低的感光度

应使用较低的感光度，过高的感光度必然导致画质下降。

▲ 由于拍摄环境光线比较充足，因此设置了较低的感光度，这样拍出来的画面画质比较细腻，鸟儿羽毛的质感也表现得很好「焦距：280mm ｜光圈：F5.6｜ 快门速度：1/1250s｜ 感光度：ISO640」

拍摄花卉的技巧

利用广角镜头拍出花海的气势

要点 1： 选择制高点俯视花海

与拍摄单个花朵相比，拍摄花海更容易让摄影师有成就感。首先要找一个能够俯瞰花海的制高点，这样有利于纳入更多的花卉。且在构图时要注意避免出现单纯拍摄花海而使画面显得单调的情况，要合理利用周围其他的景物进行对比，从而获得开阔、广袤的花海效果。

要点 2 ： 利用广角镜头形成透视效果

拍摄花海时要选择广角镜头，此类镜头比较适合表现大片花海的整体效果，可营造出一种宽阔、宏大的气势，拍摄时使用小光圈可以获得较大的景深，使无论远近的花朵都能获得清晰呈现。

▲ 要想将花海表现得更具有壮阔感，广角镜头和横画幅构图的结合是最佳的选择。画面中红色、黄色、紫色花朵组成的花海被表现得非常壮阔、宏大「焦距：18mm ｜光圈：F13｜ 快门速度：1/40s｜ 感光度：ISO100」

利用散点构图拍摄星罗棋布的花卉

散点式构图是指将多个有趣的点有规律地呈现在画面中的一种构图手法，其主要特点是“形散而神不散”，特别适合拍摄大面积花丛，在拍摄鸟群、羊群等题材时也较常被采用。

采用这种构图手法拍摄时，要注意花丛的面积不要太大，否则没有星罗棋布的感觉。另外，花丛中要表现的花卉与背景的对比要明显。这种构图手法不仅适合拍摄花丛，也适合拍摄开放在一枝花茎上的几朵鲜花，在构图时同样要注意点的分布位置。

拍摄技巧 使花卉照片的背景更纯净

以单色背景为例，较为常见的就有黑色与白色两种选择，纯黑色或白色背景的花卉照片具有极佳的视觉效果，画面中蕴涵着一种特殊的氛围。想要获得黑色或者白色背景，只要在花朵的背后放一块黑色或白色的背景布就可以了，如果手中的反光板就有黑面和白面，也可以直接放在花卉的后面。在放置背景时，要注意背景布和花朵之间的距离，这样获取的纯色背景比较自然。

以天空作为背景，也是十分常见的一种表现形式，完全不需要携带任何道具，只要挑选天空中合适的区域作为背景即可。

使用大光圈进行拍摄，将背景进行最大限度的虚化，也是一种比较常见的简化背景的方法。

➤ 黄色的花朵点缀着整个画面，花儿在蓝天背景的衬托下显得生机盎然，画面给人一种清新、明朗的感觉「焦距：70mm | 光圈：F4 | 快门速度：1/320s | 感光度：ISO100」

利用对称式构图拍摄造型感良好的花朵

对称式构图通常是指画面中心轴两侧有相同或者视觉等量的被摄物，使画面在视觉上保持相对均衡，从而产生一种庄重、稳定的协调感、秩序感和平稳感。

要点 1：利用花卉本身的形状形成对称式构图

绝大多数花卉的结构都是对称的，在拍摄时可以通过构图更完美地在画面中展现这种对称感，从而给人带来美的视觉享受。

要点 2：利用水面或镜面形成对称式构图

除了直接拍摄花朵展现其对称结构外，还可以利用水面或镜面形成镜像对称，增强画面的趣味性。

▶ 以蓝、黄两种颜色为主的花蕊呈线条状开放着，以对称式构图进行拍摄，可使花朵表现出稳定的协调感和秩序感，给人以独特的视觉享受「焦距：60mm｜光圈：F8｜快门速度：1/200s｜感光度：ISO100」

▼ 白色的花朵在画面中呈半月状，这种开放式结构给人留下悬念，采用对称式构图又能使画面获得一种平稳感「焦距：100mm｜光圈：F4｜快门速度：1/500s｜感光度：ISO100」

使用反光板对花卉进行补光

拍摄技巧 **借助于反光板和散光板提亮花卉**

拍摄花卉的配件有迷你反光板和迷你散光片，其功用也是提亮阴影部分和扩散直射过来光线。

在逆光下拍摄花卉时，虽然花瓣部分呈半透明状很好看，但逆光的部分很破坏画面的美感，虽然使用曝光补偿可提亮画面，但会使受光部分出现死白。此时，若使用反光板对暗部进行补光，能够获得很好的效果。

而在光线强烈的时候拍摄花卉，花蕊和其他花朵的重叠会在花瓣上投下阴影，因此导致画面产生较大的明暗反差，给人呆板的印象。若使用散光片，则可以减弱光线，使阴影不明显，以得到柔和的画面效果。

要点1：利用反光板得到柔和的花卉画面

在户外拍摄花卉时，难免会碰到强烈的直射光。虽然这种光线下的花卉立体感较强，但明暗对比也会过强，影响花卉精美细节的展示。例如，当阳光来自左上方时，强烈的光线会在花朵的右下方留下较浓厚的阴影，此时，如果在花卉背光处使用反光板进行补光，不但能够提亮花卉暗部，减少光比，在刮风时还能挡风，以保证照片的清晰程度，可谓一举两得。

➤ 在阳光充足的条件下拍摄花卉时，可在其背光处放置反光板，不仅能很好地防止花朵被风吹动，还可增加暗部的亮度，缩小画面的明暗对比，使画面中的花卉呈现出柔和的色彩「焦距：35mm｜光圈：F7.1｜快门速度：1/1250s｜感光度：ISO100」

要点2：利用反光板提亮浅色花卉

在树林中拍摄时，很容易因为光线不够充足而导致画面看起来较暗，尤其是拍摄浅色花朵时，较暗的画面无法很好地表现花朵的洁净、亮丽之美。使用反光板为花朵补光的同时，还可以再增加1挡曝光补偿，使花朵看起来更加纯净，同时给人以清新自然的感觉。

➤ 在光线不是很充足的环境中拍摄时，使用了反光板对花卉进行补光，得到了明亮的画面效果，将浅色花卉清新的感觉表现得很好「焦距：200mm｜光圈：F2.8｜快门速度：1/100s｜感光度：ISO100」

逆光表现花卉的独特魅力

采用逆光拍摄花卉时，可以清晰地勾勒出花朵的轮廓线。逆光还可使花瓣呈现出透明或半透明效果，能更细腻地表现出花的质感、层次和花瓣的纹理。要注意的是，在拍摄时应利用闪光灯、反光板进行适当的补光处理。

要点 1：逆光下的半透明效果表现纹理

由于花朵有着纤薄、半透明的独特质感，因此摄影师可选择逆光进行拍摄，以将其被光线穿透的漂亮画面纳入镜头，从而更细腻地表现出花的质感和纹理。

▲ 蓝紫色的花瓣占据了画面的中心位置，采用逆光拍摄，在深色背景的衬托下，可看出花茎上有一圈漂亮的轮廓线条，而花瓣则呈现为一种朦胧的半透明效果，画面很唯美「焦距：60mm ｜光圈：F5｜ 快门速度：1/800s｜ 感光度：ISO200」

要点 2：逆光拍摄剪影表现花卉形体

使用逆光进行拍摄时，还可以采用点测光模式对准光源周围进行测光，将花朵拍摄成为剪影效果，从而在画面中突出花朵漂亮的轮廓线条。

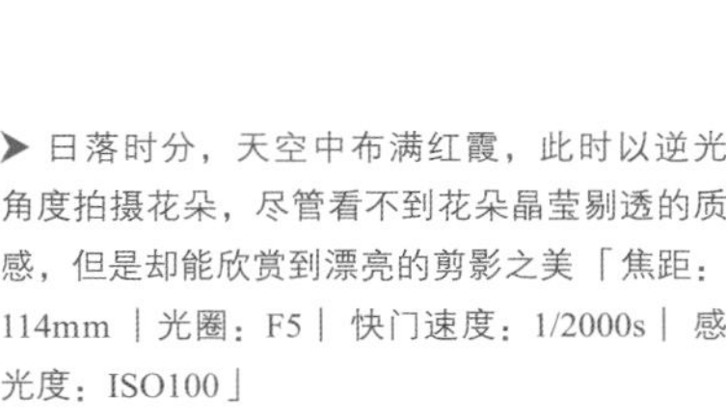

➤ 日落时分，天空中布满红霞，此时以逆光角度拍摄花朵，尽管看不到花朵晶莹剔透的质感，但是却能欣赏到漂亮的剪影之美「焦距：114mm ｜光圈：F5｜ 快门速度：1/2000s｜ 感光度：ISO100」

要点 3：采用逆光拍摄暗背景花卉

在明暗反差较大的环境中采用逆光拍摄时，使用点测光对准花朵最亮的地方进行测光、拍摄，这样拍出来的画面中花朵很明亮，而背景却是“全黑”的效果，能够有效地突出花卉的轮廓和质感。

围栏旁边的牵牛花迎光绽放着，对着亮处测光得到暗调的背景，使观者的注意力集中到画面的主体——明亮且透明的花体上，这是从不起眼的地方发现并提炼美的典型案例，画面简洁且富有活力「焦距：50mm ｜光圈：F1.8｜ 快门速度：1/320s｜ 感光度：ISO200」

让鲜花娇艳欲滴

在拍摄花卉时，为了将其表现得更加生动，摄影师通常会选择在清晨或雨后拍摄挂有水珠的花朵，此时的花朵在水滴的点缀下，会呈现出娇艳欲滴的鲜活感与灵动的生命感。

由于拍摄的距离较近，因此建议使用微距镜头，在测光与对焦时应该以花朵上的水滴为依据。

要点 1：寻找合适的拍摄时机

自然界中出现晶莹的水滴通常有两种情况，一种是雨后，一种是清晨。

雨后拍摄的是雨滴，天晴之后无论是公园还是自家的楼下，花瓣与小草的嫩叶上都会出现晶莹剔透、透亮浑圆的水滴，如果是在白天的阵雨后，就会有大量的时间供摄影师创作。

清晨的露珠多出现在春夏季节，夜晚的地面冷却后，近地层空气中的水汽就会凝结在物体之上，形成小小的露珠。但当太阳升起后，由于温度升高，露珠会因热逐渐蒸发，因此拍摄时要抓紧时机。

学习技巧 为花卉添加“露水”的技巧

拍摄带水珠的花卉时，除了自然形成的水滴外，也可以人工使用喷壶，在花瓣与小草的嫩叶上制造水滴，以供拍摄。

◀ 采用特写的形式拍摄沾满水珠的花朵，蓝色花瓣在圆润的水珠点缀之下，呈现出娇艳欲滴的鲜活感与灵动的生命力「焦距：100mm ｜光圈：F4.5｜ 快门速度：1/60s｜ 感光度：ISO100」

要点 2：使用微距镜头拍摄

通常挂在花瓣与小草嫩叶上的水滴都不会太大，否则就会由于自重而滑落，如果要对这些小小的水滴进行放大拍摄，最低的要求是使用专业的微距镜头，这样才能够以较大的倍率在画面中放大水滴，例如，使用佳能的EF 100mm F2.8L IS USM专业微距镜头。更专业的拍摄器材是使用近摄接圈或镜头皮腔，可以获得更高的放大倍率。

要点 3：利用手动对焦精细对焦

由于拍摄水滴时通常都距离水滴较近，因此使用自动对焦往往会出现对焦不准确或无法合焦的情况，要准确对焦就要依靠摄影师进行手动对焦，而对焦是否准确则决定了最终的成像质量。

花瓣与小草嫩叶上的水滴位置通常比较低，因此无法使用三脚架进行拍摄，而需要摄影师放低视角，甚至趴在地上进行手持拍摄，此时相机的震动就成为了必须面对的问题，要避免由于按快门时对相机造成的震动，应该使用反光镜预升模式。

要点 4：选择逆光角度拍摄

为了使拍摄出来的水滴能够折射太阳的光线，从而使水滴在画面中表现出晶莹剔透的质感与炫目的光芒，在拍摄时最好采取逆光的角度，而且在这种光位下，半透明的叶片与花瓣的纹理清晰可见，在画面中能够表现得通透自然、色调明快。

在拍摄带水珠的花朵时，还应该选择稍暗一点的背景，这样拍出的水滴才会显得更加晶莹剔透。拍摄之前要变换不同角度观察水珠的光影效果，以便找到能较好地表现带有反光的澄澈透明水珠的角度，或者通过反光板为水滴制造反光效果。

要点 5：用好曝光补偿

根据“白加黑减”的曝光理论，在拍摄有水滴及阳光照射的明亮花草时，应该做正向曝光补偿，这样能够弥补相机的测光失误。但这种规则并非绝对，如果拍摄的水滴所附着的花草本身色彩较暗，例如墨绿色或紫色，则非但不能够做正向曝光补偿，反而应该做负向曝光补偿，这样才能够在画面中突出水滴的晶莹质感。

要点 6：控制画面的景深

在拍摄水滴时，如果其背景较为杂乱，可以使用大光圈使景深更浅，背景更加虚化，且色彩均匀、淡雅，此时如果使用小光圈拍摄，其背景虽然也能虚化，但会在画面中出现较重、较深的色块。

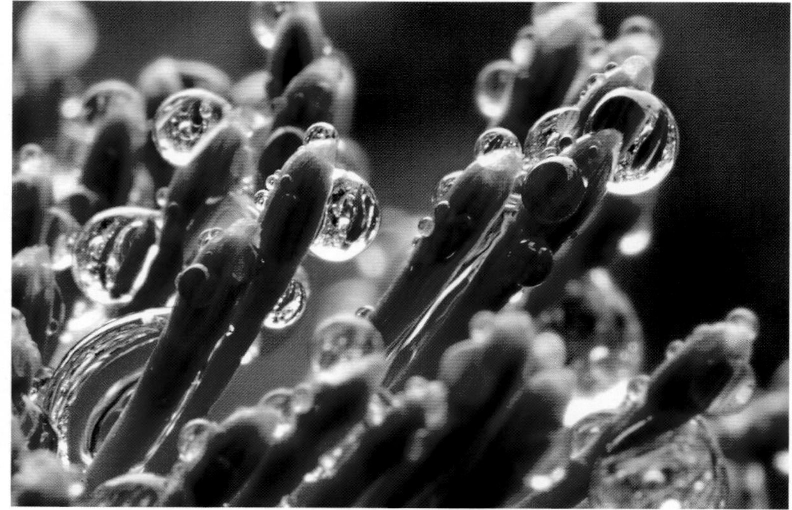

▲ 点缀着水珠的花卉看起来非常具有灵动的气质，因此在拍摄时如何表现出水珠晶莹剔透的感觉很重要「左图 焦距：180mm｜光圈：F6.3｜快门速度：1/125s｜感光度：ISO100」「右图 焦距：100mm｜光圈：F10｜快门速度：1/100s｜感光度：ISO200」

利用昆虫为画面增加生机

要点 1：注意昆虫在画面中的体积大小

在拍摄娇艳动人的花朵时，会发现花丛中有无数小昆虫，例如蝴蝶、蜜蜂和金龟子等，将这些可爱的小虫子摄入画面中，不但不会影响到花卉的拍摄效果，反而会让花卉显得更加新鲜动人、富有生机。

不过，在拍摄带昆虫的花卉时，要注意对昆虫位置以及大小的安排。不要让昆虫占据画面中太显眼的位置，它的色彩相对于花的颜色也不能过于艳丽，否则会造成喧宾夺主而影响花卉的表现效果。

漂亮的瓢虫点缀在色彩鲜亮的花朵上显得十分突出，也使画面充满了生机与韵味「焦距：100mm｜光圈：F5.6｜快门速度：1/400s｜感光度：ISO100」

要点 2：使用高速快门将昆虫清晰定格

由于昆虫随时会移动，尤其是会飞的蜜蜂、蝴蝶等，为了将其清晰地定格在画面中，应使用较高的快门速度，同时还可借助于动态的昆虫与静止的花卉形成动静对比，让画面更有生机勃勃的感觉。

另外要注意的一点是，由于昆虫会处于不停地飞动或爬行当中，摄影师应该耐心地等待拍摄机会，等到昆虫处在合适的角度和位置后再按下相机的快门。

在拍摄花卉时，将在其附近飞舞的蜜蜂也纳入到画面中，立刻为画面增添了许多趣味和生机，由于蜜蜂飞舞的速度较快，可设置较高的快门速度以便将其表现得很清晰「焦距：200mm｜光圈：F6.3｜快门速度：1/800s｜感光度：ISO200」

拍摄树木的技巧

另类角度表现树木

如果拍摄的地点有水面，水中的树影也是值得拍摄的有趣题材，原本笔直的树木会由于水面的波动而呈现出弯弯曲曲的抽象美感，平时很熟悉的树木也让人有了几分陌生。

在拍摄水中倒影时，需要注意避免拍摄者本人的倒影出现在画面中。另外，还要注意水面的波纹大小，太大的波纹会干扰倒影的成像效果，使画面完全不可辨识；而过于平静的水面则使画面少了抽象的美感，画面效果会趋于普通。

➤ 绿草中夹杂着的水塘上，倒映着枝干蜿蜒的树影，设置了小光圈进行拍摄，影子被表现得十分清晰，画面充满趣味「焦距：28mm | 光圈：F4 | 快门速度：1/25s | 感光度：ISO100」

利用水中倒影得到抽象画面

许多风光摄影师偏爱使用广角镜头拍摄风景，以展现草原、荒野、雪山、湖海的壮阔气势，但如果希望得到更有特色的画面，有时要反其道而行之，即用长焦镜头来拍摄。

长焦镜头能够使画面中不再出现多余、杂乱的风景元素，往往能够获得难得一见的视角。例如，将风景的局部元素抽象成几何图形和大面积的色块，拍摄时要注意通过构图使整个画面有一种几何结构感，要想在这方面有所提高，可以多观赏抽象绘画大师的画作，从中学习其精湛的构图形式。

➤ 利用长焦镜头表现了倒映着黑色树干的水面，画面中泛着涟漪的水面看起来很像一幅抽象画 「焦距：200mm | 光圈：F9 | 快门速度：1/125s | 感光度：ISO100」

拍摄穿透树林的“耶稣圣光”

当阳光穿透树林时，由于被树叶及树枝遮挡，因此会形成一束束透射林间的光线，这种光线被摄友称为“耶稣圣光”，能够为画面增加神圣感。

要点 1：选择合适的时间

要拍摄这样的题材，最好选择清晨或黄昏时分，此时太阳斜射向树林中，能够获得最好的画面效果。

要点 2：采用逆光或侧光光位

在实际拍摄时，可以迎向光线用逆光进行拍摄，将太阳安排在画面的黄金分割点上，使光线呈束状从此位置发散开；也可以采用侧光进行拍摄，从而获得光线穿过林木时成片状的光线效果。随着太阳的位置不断发生变化，穿透树叶的光线造型也会发生变化，摄影师应该尝试拍摄不同时间段的光线，以获得不同的画面效果。

要点 3：利用点测光突出光线效果

为了突出光影的效果，应该采用点测光模式，以林间光线的亮度为准拍摄出暗调照片，使树叶部分暗一些，光线及树叶边缘部分变得通透、明亮。也可以对林中相对明亮的区域测光，并在此基础上增加1~2 挡曝光补偿，使画面多一些细节，形成半剪影画面效果。

▲ 雾气氤氲的树林中照射进来一束光线，透过枝叶呈现为放射性的线条，形成神圣的耶稣圣光 「焦距：28mm | 光圈：F10 | 快门速度：1/60s | 感光度：ISO200」

拍摄技巧 **用垂直线构图突出树木生长感的技巧**

垂直线构图是最常用于表现树木的构图形式，在拍摄时如果要表现树木强劲的生命力，可以采取树干在画面中上下穿插直通到底的构图形式，让观赏者的视觉超出画面的范围，感觉到画面中的主体有无限延伸感。

如果要表现生长感，可以采取将地面纳入画面，但树干垂直伸出画面的构图形式。

用垂直线构图表现树木时，要注意在画面中合理安排不同粗细的树干，从而使画面有变化。

如果画面中绝大多数树干的粗细均匀，应通过构图使画面中的树干疏密程度不一。

拍摄技巧 **使用大光圈和长焦镜头拍摄树木特写的技巧**

对于拍摄单一或少量的植物对象来说，主要是以小景深虚化背景的手法来突出主体。要获得小景深，最佳的方法当然是使用大光圈和长焦镜头的组合，比如 200mm F2.8 的组合，已经在一定程度上可以与普通的微距镜头相媲美了。使用大光圈拍摄得到的虚化效果要比单独使用长焦镜头得到的虚化效果更柔和一些。

拍摄树影展现光影之美

在拍摄树林时，如果只是单纯地拍摄一棵树未免显得单调，可以借助于周围的环境来美化画面。通常可以选择夕阳时分进行拍摄，此时的光线角度比较低，如果使用点测光对亮处测光，可使树木在画面中呈现为剪影效果，地面上的阴影也会加重，拍摄时可将阴影也纳入画面中，呈放射状的深色阴影好似钢琴的琴键，看起来有一种韵律美感。

要点 1：利用点测光精准测光

利用点测光对亮处测光可以增强阴影的厚重感。

要点 2：利用广角镜头的透视效果

利用广角镜头的透视性能使地面上的阴影呈放射状。

要点 3：构图时只表现树干部分

在构图时不纳入树冠，不仅使画面更加简洁，还可使画面具有很强的形式美感。

▲ 在严冬季节，树木笔直地在雪地上挺立着，选择在太阳升起不久以逆光拍摄，可将树干的影子呈线条状平铺在白雪之上，冷调的画面光影交织，给人冰冷又美丽的感觉。由于拍摄时使用了广角镜头，因此画面前景处的投影显得较为夸张，起到了增强画面空间感的作用「焦距：18mm ｜光圈：F8｜ 快门速度：1/160s｜ 感光度：ISO100」

拍摄昆虫的技巧

选择最适合的构图形式

由于昆虫常常出现在花丛中或树叶上，在拍摄时要适当调整角度，让画面中被摄主体的阴影尽量减少。拍摄昆虫类照片时，对于用光的调整比较难，但是对于拍摄角度的调整相对比较容易一些，我们要做的就是用最快的速度找到昆虫最美的角度，然后按下快门。

要点 1：利用特写强调细节

在微距摄影中，为了强调拍摄对象的细节，常常将其局部充满画面，或者占据画面的大部分面积，从而达到突出主体的目的。

➤ 在拍摄时让蜻蜓的头部占据整个画面，细节的完美表现使画面看上去十分具有震撼力「焦距：180mm｜光圈：F4｜快门速度：1/200s｜感光度：ISO100」

要点 2：斜线构图表现昆虫身体线条

对于那些身体较长的昆虫而言，斜线构图是最常见的构图形式之一，通常是以昆虫本身的线条，或通过倾斜相机等形式，让画面具有一定的倾斜，从而形成斜线构图形式，增加画面的延伸感与动感。

➤ 通常会采用斜线构图表现体型较长的昆虫，这样的构图方法可使画面看起来很舒服「焦距：60mm｜光圈：F7.1｜快门速度：1/100s｜感光度：ISO100」

要点 3：黄金分割构图表现小体型的昆虫

如果拍摄的昆虫身体较小，为了更好地突出昆虫在画面中的主体地位，建议使用黄金分割构图法。

原因很简单，将画面中想要表现的主体或主体的头部置于画面横竖三等分线的位置，或者置于其分割线的四个交点位置，使其处于画面的视觉焦点上，这样的构图方法可以使原本娇小的昆虫在画面中显得非常突出，更容易引起观者的注意。

➤ 虽然瓢虫的体型很小，在构图时将其置于画面的黄金分割点处一样可起到引人注目的作用「焦距：100mm｜光圈：F4｜快门速度：1/60s｜感光度：ISO100」

拍摄技巧 借助于可低机位拍摄的三脚架进行微距摄影的技巧

进行微距摄影时，为了更加靠近被摄主体，需使用可以低机位拍摄的三脚架。可使用能改变开脚角度的普通三脚架，有的三脚架中柱是两段的，可以使中柱变短，还有的三脚架能够更换更短的中柱。另外，也可以使用低机位拍摄专用的紧凑型三脚架。

除此之外，还有一种中柱可以自由改变角度的三脚架，使用它可以实现更低机位的拍摄。

常见的低机位三脚架有金钟的Geo CarmagneN645和竖力的ULTRA1 UL-114 Carbon 3WAY。

拍摄技巧 利用即时取景拍摄昆虫的技巧

对于微距摄影而言，清晰是评判照片是否成功的标准之一。由于微距照片的景深都很浅，所以，在进行微距摄影时，对焦是影响照片成功与否的关键因素。

一个比较好的解决方法是，使用Canon EOS 5Ds/5Ds R的实时取景显示功能进行拍摄，在实时取景显示拍摄状态下，被摄对象能够通过液晶监视器显示出来，按下放大按钮，即可将液晶监视器中的图像进行放大，以检查拍摄的照片是否准确合焦。

找到最合适的背景

微距摄影的拍摄对象都是体积比较小的物体，所以在构图时，一定要注意背景的取舍，不能使背景太过杂乱，否则就会干扰到主体的表现。

如果是在野外拍摄，可以用随身携带的黑布或者纯色的纸放在被摄主体的后面，遮挡住杂乱的背景，以突出被摄主体。另外，使用微距镜头拍摄时，由于其本身就具有很好的背景虚化功能，同样可以起到简洁背景的作用，这也是微距摄影中最常见的一种对背景进行处理的手法。

▲ 选择几乎纯黑背景拍摄停靠在花朵上的蜻蜓时，使用点测光对蜻蜓进行测光，得到的画面中蜻蜓的翅膀呈半透明状，其纹理也清晰可见「焦距：180mm ｜光圈：F5.6｜ 快门速度：1/125s｜ 感光度：ISO100」

找到最美的角度

许多昆虫的身体上都有漂亮的图案，这些图案通常都是需要重点表现的，在拍摄时摄影师要能够找到展现这些美丽图案的拍摄角度。例如，对于蝴蝶可以用平视的角度拍摄其侧面，虽然以俯视角度能够拍摄出两个翅膀上的图案，但采用这样的角度拍出的照片会略显呆板。

而对于瓢虫而言，则应该在其上方以向下倾斜45°左右的角度进行拍摄，从而在展现其圆润外壳的基础上，表现其身体上的图案。拍摄其他不同类型的昆虫时，都应该先对其身体上的图案进行仔细观察，确定采用哪一种角度表现其身体的图案最合适后，再进行拍摄。

▲ 摄影师以不同的角度拍摄蝴蝶翅膀上的花纹，其花纹的颜色、形状均被表现得十分细腻、完美「焦距：100mm ｜光圈：F2.8｜ 快门速度：1/400s｜ 感光度：ISO100」

钢铁森林入画来——建筑、城市夜景摄影理念与技巧

Chapter 22

拍摄建筑的技巧

表现建筑的韵律美感

韵律原本是音乐中的词汇，但实际上在各种成功的艺术作品中，都能够找到韵律的痕迹，韵律的表现形式随着载体形式的变化而变化，但均可给人节奏感、跳跃感、生动感。

建筑摄影创作也是如此，建筑被称为凝固的音符，这本身就意味着在建筑中隐藏着流动的韵律，这种韵律可能是由建筑线条形成的，也可能是由建筑自身的几何结构形成的。

要形成韵律不需要特别的造型，将关注的目光放在建筑的局部，就会发现建筑体上以相同间隔重复出现的对象，例如，廊柱、窗户、穹顶的线条等。

因此在拍摄建筑时，只要不断地调整视角，通过构图手法就能在画面中表现建筑的韵律，拍摄出优秀的建筑照片。

要点 1：利用建筑线条塑造画面的韵律美感

在取景时，可借助于建筑重复的线条形成韵律美感，利用广角镜头的透视特性可夸张这种效果。

➤ 由于摄影师拍摄建筑内部时采用仰视的拍摄角度，使得建筑的线条节奏如音符一般在画面中荡动，给人一种全新的视觉感受「焦距：17mm ｜光圈：F16｜ 快门速度：1/80s｜ 感光度：ISO200」

要点 2：利用阴影塑造画面的韵律美感

在光线充足的情况下，建筑物上会产生各种深浅程度不一和形状不同的阴影，在画面中纳入这些阴影可增强生动感，还可衬托出建筑的立体感，有序的阴影与建筑结构也可构成具有韵律美感的画面。

➤ 有规律的建筑及其影子构成的画面很有韵律美感「焦距：17mm ｜光圈：F10｜ 快门速度：1/200s｜ 感光度：ISO200」

要点 3：从独特视角表现建筑的韵律美感

除了寻找有次序的结构线条和借助于阴影等方式，还可以尝试变换拍摄角度，以俯视角度从上至下拍摄室内楼梯，由于透视的关系，螺旋状的楼梯会呈现出很有节奏的旋转韵律美感。

➤ 螺旋状的旋梯在画面中形成了一种渐隐的视觉变化，不仅可引导观者的视线，还体现出一种韵律美「焦距：20mm ｜光圈：F14｜ 快门速度：1/80s｜ 感光度：ISO400」

拍摄建筑时前景、背景与环境的选择

建筑是人类日常生活的重要组成部分，而建筑题材也是摄影中的一大类别，无论是楼宇房屋、现代建筑、名胜古迹、桥梁高塔、城市全景还是街景随拍，都有各自的特色，也有各自的拍摄方法。

在拍摄前，最好先围绕建筑四周走上一圈，根据建筑的外形特征，寻找合适的拍摄地点，然后再选择最为合适的镜头，在取景器中精心构图，把对画面表达有帮助的前景和背景纳入画面，与表现主题无关的部分则排除在外，然后按下快门，即可成就一幅优秀的建筑摄影作品。

要点 1：利用前景营造空间感

纳入前景表现建筑时，除了要衬托出建筑的特点，还可借助于前景营造出画面的空间感。拍摄时应设置中等光圈，虚化最靠近前面的部分，避免画面过于杂乱。

➤ 摄影师将飘动的彩色丝带作为画面的前景，通过动与静、宽与窄、高与矮的对比，表现出了建筑物高大的气势「焦距：50mm ｜光圈：F10｜ 快门速度：1/10s｜ 感光度：ISO320」

要点 2：利用背景衬托建筑特色

在选择建筑画面的背景时，可多寻找几个拍摄地点，除了能衬托建筑的特色，还应选择在颜色、明暗上有区别的背景，这样不仅可将建筑与背景区分开，也可使画面看起来更有空间感。

➤ 以洁白、冰冷的雪山为背景表现宗教气息的建筑，在表现出环境特色的同时，将建筑物衬托得更加庄重、肃穆「焦距：200mm ｜光圈：F10｜ 快门速度：1/100s｜ 感光度：ISO100」

要点 3：利用环境衬托建筑物的体量

利用环境衬托建筑时，可使用广角镜头进行拍摄，并借助于周围的景物与建筑形成明显的大小对比，在这些陪体的对比和衬托之下，可将建筑物宏伟的体量、宏大的气魄表现得更加充分。

➤ 表现具有神秘气质的建筑时将其两边对称的环境也纳入到画面中来，整个画面给人匀称、平衡、稳定的美感「焦距：24mm ｜光圈：F9｜ 快门速度：1/200s｜ 感光度：ISO100」

利用极简主义拍摄建筑

单纯、简洁的建筑通常会给人留下深刻的印象，因此，在拍摄时可利用极简的画面组成、构图方式去表现建筑物，以得到简洁的建筑画面效果。

要点 1：找寻简单的建筑物

拍摄与构思的同时，除了要寻找简单结构的建筑物，还应去推测哪些是必须留在画面中的，哪些是要摒弃的，因此要学会取舍以获得简洁的画面。

要点 2：利用简单的构图法

通常会使用黄金分割法构图，就是指取景时将主体放在关键的线条上，这样能达到强化视觉，形成有意思的极简构图。

要点 3：通过线条辅助视觉

线条的表现在建筑画面中非常重要，可通过水平线或者垂直线形成有力的构图，还应妥善控制线条的指向性，使画面以最精简的元素组成，比如从画面中心指向四周、用圆弧作画，或者以线条去呈现隧道式的视觉感受，都是非常实用的极简构图手法，也能让观者从自身角度去看见每个不同的画面。

◀ 采用垂直仰视的角度表现高耸入云的建筑，利用这样的拍摄角度很简洁、明了地突出了此建筑的特色「焦距：16mm ｜光圈：F13｜ 快门速度：1/500s｜ 感光度：ISO100」

摄影问答 一定要拍摄新奇的建筑吗

世界各地的新奇建筑都有其独到之处，具有全新和个性化的设计理念，因此在外形上看起来都比较独特，吸引着我们去记录下这些建筑。

其实反映各地的地标性建筑的摄影作品已经非常多了，想从众多建筑摄影作品中脱颖而出就显得有些困难，因此，在拍摄建筑时，需要有自己独特的视角，这样无论是拍摄造型独特的现代建筑，还是普通的住宅楼，相信一样可以获得独特、精彩的摄影作品。

知识链接 建筑摄影名家推荐

①阿尔伯特 • 列维（Albert Levy）

在欧洲和美国拍摄了大量建筑照片，尤其是拍摄的美国建筑，为美国留下了珍贵的建筑照片档案。

②尤金 • 阿杰（Eugene Atget）

其整个摄影生涯几乎都在拍摄老巴黎的城市街景，因此为巴黎老城留下了珍贵的记录，也被评论家认为是超现实主义的先驱。

③弗里德里克 • H • 伊文思(Frederick H.Evans)

其拍摄的建筑以精确的构图和美妙的影调著称，注重于表现建筑之美，也有表现建筑局部的作品。

④玛格丽特 • 伯克 • 怀特 (Margaret Bourke-White)

她是著名的报道摄影师，她很关注城市、建筑、工厂和人的关系，她拍摄的城市建筑具有抽象的形体美，表现了对现代工业社会的赞美。

拍摄技巧 3个拍摄城市雕塑的技巧

1. 寻找合适的时间段。如果要展示雕塑的细节，无疑应该选在上午或下午阳光不十分强烈的时间段。如果要拍摄雕塑的剪影效果，应该在早晨或黄昏拍摄，因为在白天拍摄时，背景往往容易形成一片死白，而雕塑剪影的黑度却不够。

2. 选择恰当的拍摄角度。许多雕塑都有主展示面，是雕塑最美的一个面，这也应该是拍摄者所关注的角度。

3. 注意雕塑与周围环境的互动关系。要想拍出新奇的雕塑照片，应该在取景时注意游人或周围景物与雕塑的互动关系，通过叠加、错视、对比等手法，使两者之间产生有趣的联系，这样才会使照片更生动。

拍摄技巧 展示建筑局部精美的技巧

很多建筑的局部有时甚至比整体更具美感，这样的局部会让观者自发地联想建筑的整体，因此会使照片更有张力。

在实际拍摄时，首先要找到可以拍摄的局部，然后再寻找其中形式感较强的部分，通过构图与光影来强化这个局部。要注意的是，在照片上要表现出让观者对建筑局部有一定了解的信息，能够体会到这是什么。

拍摄技巧 拍好室内建筑的几个要点

1. 找到合适的角度。看似美轮美奂的建筑结构，却并不一定可以用镜头捕捉下来。因此，找到合适的角度与使用恰当的镜头焦段，是完成一张好照片的又一先决条件。最好的解决办法就是四处走走，同样的一片区域，从不同的角度观察会有不一样的透视关系。

2. 现场光为主，人工光为辅。室内建筑摄影应尽量利用现场光，这样可以更好地突出其现场气氛。但如果现场光较差，则可以用闪光灯在需要的位置进行多点位补光。这种布光方法还可应对全黑环境的室内摄影。

3. 脚架必不可少。建筑内部的亮度相对较差，而且为了保持照片的质量与景深，往往会使用较低的感光度和较小的光圈，此时势必需要延长曝光时间，因此一个稳定的三脚架或独脚架是必不可少的。

要点4：细节的美感

还可以通过建筑的细节部分来获得极简的画面效果，仔细观察建筑的每个角落，将过去那些没有在意或忽略的精致细节，通过取景技巧或构图安排来使其变得独特或呈现出超乎预期的效果。

要点5：光影的魅力

光影的把控也是拍摄极简风格建筑的关键因素之一，透过光线多层次的质感，感受画面中光线的状况，掌握时机追寻好的光线，即可运用光的色泽，诠释出建筑的不同效果。

选择拍摄的时机，让光与影决定建筑的氛围。以一天当中的日照时间来说，若要拍出光线的质感，要在旭日东升后的1~2小时，或者太阳落山前的1~2小时进行拍摄，因为这两个时段的光线能使建筑的色彩更加丰富，同时斜射的光线会加长影子，使建筑的立体感更强。

要点6：善用比例创造视觉感受

在拍摄建筑物时，还可以通过与周围环境的对比形成不同的视觉效果。以渺小的陪衬对象对比出建筑物的高大，从而营造出不同于一般的极简风格氛围与效果。

▲ 为了更好地突出雕塑的立体感，摄影师采用了侧光进行拍摄，利用明暗对比突出了雕塑优美的线条「焦距：200mm ｜光圈：F11 ｜ 快门速度：1/640s ｜ 感光度：ISO100」

▲ 日暮时分天空最后一抹蓝色与黄色的灯光形成了鲜明的对比，也将原本普通、单调的建筑画面点缀得很有美感「焦距：30mm ｜光圈：F5.6 ｜快门速度：1/10s ｜ 感光度：ISO200」

利用建筑表面的反光材质呈现多维空间

在玻璃等现代建筑的表面材质中，很多都可以清晰地反射出周围环境的影像，我们可以充分地利用这一特点，将原本不在一个面上的图像融合在一起进行表现，很多时候可以得到让人意想不到的效果。

要点 1：借助于玻璃窗营造交错感

光滑的玻璃也可以形成反光，但由于其透明的特性还会透出玻璃的另一面景象，拍摄时应通过仔细观察将两者很好地融合在一起，或情景交融将画面内容进一步扩展，或形成强烈的对比进一步衬托要表现的内容。

➤ 玻璃将现代环境与古老的佛像重叠在一起，在画面中呈现出一个亦真亦幻的世界，构成一幅耐人寻味又有趣味的画面「焦距：30mm｜光圈：F9｜快门速度：1/20s｜感光度：ISO800」

要点 2：利用建筑物本身材质反射周围景物

一些材质光滑的建筑物本身也具备反光的特性，为了凸显其材质，可选择合适的角度进行表现，可以通过周围的景物如实反射来表现材质，也可纳入美丽的景象为建筑锦上添花。

➤ 通过表现建筑物玻璃上反射的景物，仿佛蓝天白云也被置入了建筑中一样，画面给人一种非常特殊的视觉感受「左图 焦距：200mm｜光圈：F16｜快门速度：1/500s｜感光度：ISO100」「右图 焦距：24mm｜光圈：F7.1｜快门速度：1/200s｜感光度：ISO200」

要点 3：利用周围金属物体反射建筑物

除了直接表现建筑，还可以寻找一些标新立异的拍摄方式，如拍摄建筑周围的一些反光金属物体上反射的建筑影像。不过要注意的是，拍摄时最好采用小景深，以便使被反射的建筑物影像更加突出。

➤ 在公园游玩的时候，利用金属栏杆来表现建筑也不失为一种新颖的方式「焦距：200mm｜光圈：F4｜快门速度：1/200s｜感光度：ISO100」

拍摄夜景的技巧

拍摄流光飞舞的车流

夜间的车流光轨是常见的夜景拍摄题材，在深色夜幕的衬托下，流光飞舞的车灯轨迹非常美丽。

要点1：使用三脚架固定相机

将相机安装在三脚架上，并确认相机稳定且处于水平状态。调整相机的焦距及脚架的高度等，对画面进行构图。

要点2：选择合适的曝光参数

选择快门优先模式，并根据需要将快门速度设置为30s以内的数值，如果要使用超出30s的快门速度进行拍摄，则需要使用B门。设置感光度数值为ISO100，以保证成像质量。并将测光模式设置为评价测光模式。

要点3：选择较高的拍摄位置

拍摄时应该找到一个能够俯视拍摄车流的高点，如高楼或立交桥，从而拍摄出具有透视效果的线条。拍摄时寻找的道路最好具有一定的弯曲度，从而使车流形成的光轨呈曲线状。

半按快门进行对焦，确认对焦正确后，按下快门完成拍摄，为了避免手按快门时产生震动，推荐使用快门线或遥控器来控制拍摄。

「焦距：45mm｜光圈：F6.3｜快门速度：1/100s｜感光度：ISO100」

「焦距：45mm｜光圈：F5｜快门速度：1/10s｜感光度：ISO100」

「焦距：45mm｜光圈：F7.1｜快门速度：10s｜感光度：ISO100」

➤ 这组大场景的夜景画面中，呈曲线效果的车流不但为画面增加了动感，也表现出了城市夜景的繁华与璀璨

拍摄建筑的水畔倒影

许多建筑物本身是对称的，而表现这样对称建筑的方法也很多，例如，可以采用平视的角度在地平线上展现左右对称的建筑，也可以采用垂直俯视的方式，以地面为背景展现其对称的结构。

如果建筑物的周围有水面，还可以利用水面的倒影形成镜像式的对称构图，为画面增加美感。

要点 1：选择合适的天气

需要注意的是，应该选择没有风的时候拍摄，否则水面被吹皱的情况下，倒影的效果也不会理想。

要点 2：在较远的位置拍摄

在表现水中倒影时，为了将倒影纳入画面，需要在较远的位置进行拍摄。

要点 3：设置合适的光圈

缩小光圈以得到大景深的画面，使远处的建筑物也能清晰呈现。

要点 4：使用三脚架

由于缩小光圈拍摄时，需要长时间的曝光，应使用三脚架固定相机。

拍摄提示 拍摄夜景前的器材准备

由于夜间光线较暗，属于微光拍摄的范畴，拍摄时对曝光要求比较高，通常曝光时间较长，因此要携带稳固的三脚架，以便于稳定相机。

此外，快门线也是必备的，无论是否使用B门进行拍摄，使用快门线开启快门都能够保证相机不会由于人为的操作而发生抖动。

通常应配备标准和中长焦变焦镜头，若要拍摄较大场面，如俯视城市繁华地区，可携带广角变焦镜头。

由于现在越来越多的建筑物都附加了夜间造型灯光，因而如果希望拍摄出的照片中灯光呈现漂亮的星芒效果，拍摄时要使用星光镜。

为了防止强光线直射镜头产生光晕，要特别注意突如其来的车灯、行人的手电筒，如果遇到可能出现的强光，应该用黑色的绒布或黑色卡纸遮挡镜头，待强光过后继续曝光，因此应该携带黑色的绒布或黑色卡纸，以备不时之需。

▲ 蓝色的天空下是星光闪闪的灯火，水面上倒映着大桥及沿岸灯火的影子。摄影师使用小光圈和低速快门拍摄，水畔的夜色被表现得异常迷人，且画面有很强的纵深感「焦距：17mm ｜光圈：F14｜ 快门速度：1/25s｜ 感光度：ISO100」

拍摄呈深蓝色调的夜景

要点 1：拍摄夜景的最佳时间段

为了捕捉到典型的夜景气氛，不一定要等到天空完全黑下来才去拍摄，因为相机对夜色的辨识能力比不上我们的眼睛。太阳已经落山，夜幕正在降临，路灯也已经开始点亮了，此时是拍摄夜景的最佳时机。城市的建筑物在路灯等其他人造光源的照射下，显得非常漂亮。而此时有意识地让相机曝光不足，能拍摄出非常漂亮的呈深蓝色调的夜景。

要点 2：拍摄夜景的最佳天气

要拍出呈深蓝色调的夜空，最好能选择一个雨过天晴的夜晚，在这样的夜晚，天空的能见度好、透明度高，在天将黑未黑的时候，天空中会出现醉人的蓝调色彩，此时拍摄能获得非常理想的画面效果。在拍摄蓝调夜景之前，应提前到达拍摄地点，做好一切准备工作后，慢慢等待最佳拍摄时机的到来。

➤ 使用小光圈俯拍建筑群，即使远处的建筑也被表现得很清晰，城市夜晚的景象一览无余，画面很有气势「焦距：20mm｜光圈：F13｜快门速度：3s｜感光度：ISO100」

摄影问答 拍摄夜景时，为何迟迟无法按下快门

出现这种问题，很有可能是上一张照片拍摄完成后，相机在进行长时间曝光降噪处理，此时可以注意一下相机上的指示灯是否长亮或闪烁，如果是，那就代表是在处理数据。

通常情况下，长时间曝光降噪功能需要的时间，与照片曝光的时间是基本相同的。例如某照片曝光了30s，那么降噪时大约也需要相同的时间。因此，在拍摄时，还要特别注意电池的电量是否充足，否则在处理过程中，相机因没电而自动关机的话，那么整张照片就废掉了。

摄影问答 为什么在使用相同感光度的情况下，夜景照片比在白天拍摄的照片噪点更多

这与相机的曝光方式有很大关系，而其中的原理，却不是一两句话可以解释清楚的。但要特别注意的是，在相同感光度下，夜晚拍摄确实比白天拍摄要产生更多的噪点，因此，在拍摄夜景时，常常建议采用最低的感光度，以保证画面的质量。

当然，使用较低的感光度以后，快门速度就会降低，很多时候都是低于安全快门的，此时就需要使用三脚架以保持相机的稳定，以确保拍摄的成功率。

拍摄皓月当空的美景

要点 1：拍摄月亮时要注意曝光控制

拍摄月亮有一条通用的法则，即拍摄满月用F11光圈，拍摄弦月用F8光圈，拍摄新月则用F5.6光圈。在黑夜中，月亮比我们想象的要亮，拍摄月亮最忌讳曝光过度，曝光过度会使月亮成为一个白圈。因此，拍摄月亮时通常需要减少1~2挡曝光补偿。

➤ 适当地减少曝光补偿可以使月亮的细节更丰富「焦距：170mm ｜光圈：F8｜ 快门速度：1/10s｜ 感光度：ISO100」

要点 2：选择适当的快门速度

由于月亮是在不断运动的，如果使用过慢的快门速度，即使是将相机放在三脚架上，拍摄出来的月亮也是模糊的。因此在拍摄时，可根据拍摄现场的光线环境来选择合适的快门速度，快门速度尽量不要超过1秒。

➤ 选择合适的曝光时间以保证月亮清晰成像「焦距：230mm ｜光圈：F5.6｜ 快门速度：1/100s｜ 感光度：ISO200」

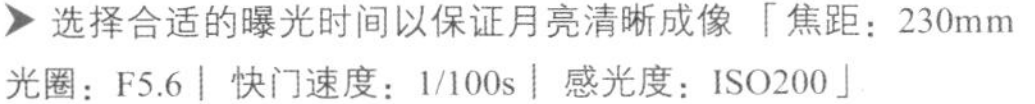

要点 3：利用焦段控制月亮在画面中的大小

拍摄月亮时，变焦倍数越大，拍到的月亮就越大。用标准镜头拍摄时，月亮在画面中的直径大概只有0.5mm，但当使用长焦镜头的400mm焦段拍摄时，月亮在画面中的直径可达4mm。使用长焦镜头再配合增距镜，可以使月亮充满画面。

➤ 使用长焦镜头拍摄，可以使月亮在画面中所占面积增大「焦距：300mm ｜光圈：F11｜ 快门速度：1/15s｜ 感光度：ISO200」

奇幻的星轨拍摄技巧

要点 1：拍摄前需注意“天时”与“地利”

星轨是一个比较有技术难度的拍摄题材，总体来说要拍摄出漂亮的星轨要有“天时”与“地利”。

“天时”是指时间与气象条件，拍摄的时间最好在夜晚，此时明月高挂，星光璀璨，适宜拍摄出漂亮的星轨，天空中应该没有云层，以避免星星被遮盖住。

“地利”是指合适的拍摄地点，由于城市中的光线较强，空气中的颗粒较多，因此对拍摄星轨有较大影响。所以，要拍出漂亮的星轨，最好选择郊外或乡村。构图时要注意利用地面的山、树、湖面、帐篷、人物、云海等对象，丰富画面内容，因此选择拍摄地点时要注意。

同时要注意，如果在画面中纳入了比星星还要亮的对象，如月亮、地面的灯光等，长时间曝光之后，容易使这一部分严重曝光过度，影响画面整体的艺术效果，所以要注意回避此类对象。

拍摄技巧 拍摄夜景时控制曝光的技巧

即使是在城市里，夜间的光线也是很弱的，照明多为点状光源，这时的灯光既是照明光源，又是画面的一种构图元素，且明暗反差较大，因此曝光控制有一定难度。

如果拍摄时天空未完全暗下来，想要在画面中保留天空的层次，就要以天空的亮度为准，但拍摄时要以所测得曝光数据的 1 / 3左右进行曝光，因此具体操作时应该做负向曝光补偿，以保证被摄景物有足够的层次，同时避免天空过亮。

如果拍摄时天色已黑，这时的曝光数据很难准确测量，因为夜景的明暗反差太大，如以亮部测光，曝光必然不足；如果以暗部测光，曝光必然过度。通常可以采取的方法是，以画面的中间亮度作为测光点，拍摄时根据所测得的曝光数据增加 1~2 挡曝光补偿，以保证暗部和中间亮度部位的细节层次得到充分的表现。

➤ 拍摄星轨时也可纳入地面的景物来美化画面「焦距：24mm ｜光圈：F7.1｜ 快门速度：1800s｜ 感光度：ISO800」

要点 2：设置B门长时间曝光

拍摄时要用B门，以自由地控制曝光时间，使用带有B门快门释放锁的快门线可以让拍摄变得更加轻松。如果对焦困难，应该用手动对焦的方式。

必须要指出的是，如果曝光时间较长，照片中肯定会出现大量噪点，虽然在后期处理时可以利用软件对噪点进行消除，但最终得到的照片画质也仍然不可能令人满意。因此，目前较流行的是采取短时间曝光连续拍摄，然后在后期进行合成的方法。

要点 3：选择不同的拍摄方向

在拍摄星轨时，选择不同的拍摄方向会得到不同的画面效果。如果是将镜头中心对准北极星长时间曝光，拍出的星轨会成为同心圆，在这个方向上曝光1小时，画面上的星轨弧度为15° ，如果曝光2小时，画面上的星轨弧度为30° 。而朝东或朝西拍摄，则会拍出斜线或倾斜圆弧状的星轨画面。

要点 4：选择适合的镜头

正所谓“工欲善其事，必先利其器”，在拍摄星轨时，器材的选择也很重要，质量可靠的三脚架自不必说，镜头的选择也是重中之重，应该以广角镜头和标准镜头为佳，通常选择35~50mm左右焦距的镜头。如果焦距太短的话虽然能够拍摄更大的场景，但星轨在画面中会比较细；而如果焦距过长的话，视野又会显得过窄，不利于表现星轨。

▲ 漂亮的星轨照片

本书较为全面地讲解了 Canon EOS 5DS/5DSR 的使用方法与拍摄技巧。内容涵盖了相机各按钮以及菜单的操作和使用方法，光圈、快门速度、感光度、高级曝光模式、景深、对焦模式、测光模式、白平衡、照片风格、柱状图、曝光补偿、多重曝光、HDR 等对拍摄而言至关重要的摄影知识。同时，本书对 Canon EOS 5DS/5DSR 常用附件，如三脚架、镜头、滤镜等的使用和选购技巧也进行了深入剖析。最后，本书还针对摄影爱好者经常拍摄的摄影题材，如自然和城市风光、人像、花卉、树木、鸟类、昆虫、儿童、宠物等，讲解了大量的实拍技巧。

为了补充正文中未涉及或讲解不够深入的知识点以及拓展读者的视野，本书在编写过程中采用侧栏的方式增加了大量摄影知识，其中包括摄影问答、学习技巧、知识链接、佳片欣赏、名师指路、拍摄技巧、拍摄提示等，知识点数量多达 200 余个。

本书所附光盘内容同样丰富、精彩、实用，不仅有近 1200 分钟的摄影实战、后期处理、Photoshop CC 使用方法和技巧等内容的教学视频，还附赠了近 500 页实用的摄影类电子书。

相信各位摄友通过阅读本书一定能够玩转手中的 Canon EOS 5DS/5DSR 并迅速提高摄影水平，从而拍摄出令人满意的摄影作品。

图书在版编目(CIP)数据

Canon EOS 5DS/5DSR 数码单反摄影从入门到精通（超值版）/FUN 视觉，雷波编著. —北京：化学工业出版社，2015.10

ISBN 978-7-122-25164-0

ISBN 978-7-89472-902-6（光盘）

Ⅰ.①C… Ⅱ.①F… ②雷… Ⅲ. ①数字照相机-单镜头反光照相机-摄影技术 Ⅳ.①TB86②J41

中国版本图书馆 CIP 数据核字(2015)第 218084 号

责任编辑：孙 炜　　　　装帧设计：王晓宇

责任校对：程晓彤

出版发行：化学工业出版社（北京市东城区青年湖南街 13 号 邮政编码 100011）

印　　装：北京方嘉彩色印刷有限责任公司

880mm×1092mm 1/16 印张 20 字数 500 千字 2015 年 11 月北京第 1 版第 1 次印刷

购书咨询：010-64518888（传真：010-64519686） 售后服务：010-64518899

网　　址：http://www.cip.com.cn

凡购买本书，如有缺损质量问题，本社销售中心负责调换。

定　　价：99.00 元（附 1DVD-ROM）